U0285606

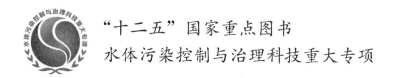

"十二五"国家重点图书

水体污染控制与治理科技重大专项

城镇污水处理厂污泥处理处置技术与装备

张　辰　主编

唐建国　主审

中国建筑工业出版社

图书在版编目（CIP）数据

城镇污水处理厂污泥处理处置技术与装备/张辰主编.
北京：中国建筑工业出版社，2018.8
ISBN 978-7-112-22415-9

Ⅰ.①城…　Ⅱ.①张…　Ⅲ.　①污泥处理　Ⅳ.①X703

中国版本图书馆 CIP 数据核字（2018）第 147503 号

"十二五"国家重点图书

水体污染控制与治理科技重大专项

城镇污水处理厂污泥处理处置技术与装备

张　辰　主编

唐建国　主审

*

中国建筑工业出版社出版、发行（北京海淀三里河路9号）

各地新华书店、建筑书店经销

霸州市顺浩图文科技发展有限公司制版

北京圣夫亚美印刷有限公司印刷

*

开本：787×1092毫米　1/16　印张：19½　字数：450千字

2018年10月第一版　　2018年10月第一次印刷

定价：**88.00**元

ISBN 978-7-112-22415-9

（32292）

版权所有　翻印必究

如有印装质量问题，可寄本社退换

（邮政编码100037）

本书全面系统地阐述了国内外污泥处理处置的主流技术和新技术进展，以及相关的技术装备。本书分为上下两篇共 16 章。上篇为基本技术理论，在梳理和分析比较国内外污泥处理处置现状和标准政策体系的基础上，围绕污泥浓缩、厌氧消化、脱水、堆肥、热干化、土地利用、焚烧等主流技术，系统介绍了污泥处理处置技术理论、工艺类型、技术要点和经验；在已经应用或具有应用前景的新技术方面，主要介绍了污泥热解、水热处理等资源化和能源化新技术。下篇为主要技术装备，系统介绍了国内外污泥处理处置装备的类型、特点和工程实践。

本书可作为污泥处理处置行业各级从业人员的入门书，可为环境工程、市政工程专业教学、设计和运行管理人员提供系统参考。

责任编辑：于　莉

责任校对：王雪竹

本书编委会

上海市政工程设计研究总院（集团）有限公司

    张　辰　谭学军　王磊磊　王　磊　王逸贤　段妮娜　刘战广

住房和城乡建设部科技与产业化发展中心

    薛重华　石春力

同济大学

    戴晓虎　戴翎翎　刘志刚

江南大学

    王　硕　李　激　陈晓光　杨艳坤

中国市政工程华北设计研究总院有限公司

    郭兴芳　申世峰　陈　立

南开大学

    于宏兵　王启山　孙　发　于　坤　杨　楠　王　倩

前　言

随着我国城镇化水平和环境保护要求的不断提高，我国城镇污水处理能力日益增强。根据国家住房和城乡建设部的统计，截至 2016 年 3 月，我国城镇污水处理厂数量达到 3910 座，污水处理能力达到 1.67 亿 m^3/d，相应的污泥产量为 3000 万～4000 万 t/年。预计到 2020 年，我国的城镇污水处理厂污泥产量将达到 6000 万～9000 万 t/年。

目前，城镇污水处理厂污泥处理处置已经成为政府、行业专家、公众共同关注的焦点，也逐步成为我国生态文明建设的工作重点。在"十二五"期间，我国污泥处理处置技术得到了快速发展，已有一批良好的原创性技术储备，并形成了一批代表性示范工程。但另一方面，污泥处理处置技术和装备的集成化水平仍不高，污泥的安全处置率仍较低，难以完全达到污泥的减量化、稳定化、无害化、资源化的要求。随着"十三五"规划的出台，建设资源节约型社会以及生态环境总体质量改善将得到进一步的重视，环保问题将被提升到一个新的历史高度。"水十条"也已明确提出地级及以上城市污泥无害化处理处置率应于 2020 年底前达到 90％以上的目标。这对我国的污泥处理处置工作提出了更高要求，因此需要对国内外污泥处理处置技术和装备的现有基础和最新进展进行全面系统的梳理与总结，在此基础上提升我国污泥处理处置的总体发展水平。

本书的编写紧紧围绕污泥行业的核心内容，全面系统地阐述了国内外污泥处理处置的主流技术和新技术进展，以及相关的技术装备。本书分为上下两篇共 16 章。上篇为基本技术理论，在梳理和分析比较国内外污泥处理处置现状和标准政策体系的基础上，围绕污泥浓缩、厌氧消化、脱水、堆肥、热干化、土地利用、焚烧等主流技术，系统介绍了污泥处理处置技术理论、工艺类型、技术要点和经验；在已经应用或具有应用前景的新技术方面，主要介绍了污泥热解、水热处理等资源化和能源化新技术。下篇为主要技术装备，系统介绍了国内外污泥处理处置装备的类型、特点和工程实践。本书可作为污泥处理处置行业各级从业人员的入门书，可为环境工程、市政工程专业教学、设计和运行管理人员提供系统参考。

由于作者水平有限，本书疏漏、错误和不当之处在所难免，尚请读者批评、指正。

目　录

上篇　基本技术理论

下篇　主要技术装备

上 篇

基本技术理论

第 1 章 概 论

1.1 污泥性质与组成

城镇污水处理厂污泥主要来源于初次沉淀池、二次沉淀池等污水处理工艺环节，是污水在生化、物化处理过程中的副产物，主要由有机残片、细菌菌体、无机颗粒、胶体等组成，具有亲水性强、可压缩性能差、脱水性能差的特点。通常情况下，污水处理厂初次沉淀池和二次沉淀池产生的污泥含水率高达 99% 以上，其有机物含量高、易腐化发臭、密度较小，是一种呈胶状液态，介于液体和固体之间的浓稠物，可以用泵运输，但它很难通过沉降进行固液分离。

有机物是污泥的重要组成部分，其在污泥中多以胞外聚合物（EPS）的形式存在，多呈稳定的多孔网状聚合结构。有研究表明，活性污泥质量的 80%、总有机物的 50%～90%、污泥干重的 15% 都来自于 EPS，因此 EPS 是污泥有机物的主要组成部分。污泥 EPS 主要包括了微生物絮体、微生物水解及衰亡产物以及附着在微生物絮体上的污水中的有机物等，该类物质主要以 C 和 O 组成的高分子多糖、蛋白质、核酸、腐殖酸类复杂有机化合物及油脂等形式存在，是污泥中最主要的碳源物质。

污泥兼有资源性和危害性的双重特性。一方面，污泥中含有氮、磷等营养物质和大量有机质，使其具备了制造肥料和作为生物质能源的基本条件；另一方面，污泥中含有大量病毒微生物、寄生虫卵、重金属、特殊有机物等有毒有害物质，存在严重的二次污染隐患。因此，如何在有效处理处置污泥污染物的同时，从中最大化地获得有价值的物质，是当前环境领域中研究的一个重点方向。

1.2 国内外污泥处理处置现状

1.2.1 国外污泥处理处置现状

各国对污泥的处理处置方式差异明显，如美国 16000 座污水处理厂年产 750 万 t 污泥（干重）中约 60% 经厌氧消化或好氧发酵处理成生物固体用作农田肥料，另外有 17% 填埋，20% 焚烧，3% 用于矿山恢复的覆盖。

2010 年，欧洲污泥焚烧占 27%，预计 2030 年达到 30%。污泥经适当处理后农用在欧洲普遍推广应用，如 2010 年统计数据显示，欧盟 27 国污泥农用的比例为 39%，根据污泥农用情况，可以发现荷兰、奥地利、希腊、比利时、瑞典、芬兰、德国西南部分州基本不农用；英国、法国、意大利、西班牙、丹麦、挪威以及卢森堡对农用持鼓励政策，如英国、丹麦和挪威进行农用的污泥分别占到了其污泥产量的 75%、70% 和 78%。波兰污泥排放量约为 80×10^4 t/年，与西欧相比，波兰更多的是采用高温厌氧消化（产生沼气）、机械脱水与用溶胞产物脱水干化相结合的处理方法，污泥经过脱水/干化后，使用沼气产生的能量焚烧，回收灰分中的磷，最后剩余的灰分可用于建筑行业作为建材使用。俄罗斯主要采用自然干化床处理，封闭干化床一般被用于寒冷潮湿的地区，或用于要求减少占地空间和消除气味的地区。土耳其污泥处理处置采用包括浓缩、稳定、脱水和干化在内的现代化处理技术，同时通过焚烧将灰分回用于建筑材料。德国每年产生的污泥为 220 万 t（干重），大于 5000t 污水处理厂设有厌氧消化处理系统，污水处理厂电耗的 40%～60% 则由污泥厌氧消化产生的沼气提供；英国和法国每年产生的污泥为 120 万 t 和 85 万 t，60% 的污水处理厂有厌氧稳定处理，以回收污泥中的生物质能。

欧盟各成员国中采用填埋方法处置污泥比例最低者为英国（8%），最高者为希腊、卢森堡（90%）；在污泥农用方面，比例最低者为希腊、爱尔兰（10%），最高者为法国（60%）；进行污泥焚烧比例最低者为意大利（1%），最高者为丹麦（24%）。欧盟最近正在修改废物处理法令，要求欧盟所有国家都必须遵循该法令。最初的法令（86 /278 /EEC）只要求将废物处理分为 3 个等级，即再使用、再循环与土壤恢复。考虑到公众对废物处理分 3 个等级能否满足环境保护的质疑，欧盟于 2006 年把此法令的 3 个等级增加到了 5 个等级，即环境保护、再使用、再循环、土壤恢复和最终处置，并相应制定了严格的标准，以尽可能地降低污泥填埋给环境带来的不利影响，特别是对地表水、地下水、土壤、空气和公众健康的影响。此标准定义了废物的不同分类（市政废物、危险废物、无危险废物和难降解废物），并且规定了废物的处置地点和填埋方式（表面填埋和深度填埋）。

西欧各国通过严格的法规控制简单的污泥处理处置方法，倡导污泥农用，在保护土壤、消除污泥不利影响的同时，最大限度地发挥污泥回用于农业的使用价值。欧洲环保委员会在环境保护法令中指出，污泥回用于农业必须是安全的，污泥中不应含有对农作物有害的病原菌。然而，民众却对这种污泥管理策略颇有微词，甚至提出了严重质疑。公众担心污泥农用对环境的不利影响主要体现在：（1）不能满足农作物的营养要求；（2）不利于对地表水、地下水的保护；（3）污泥中的氮可能造成地下水的污染。对于工业废水处理过程中产生的污泥，因其含有重金属等有害成分而不宜农用，否则会在一段时间内影响土壤结构，对农作物和人类健康造成极大危害。在这种情况下，可采用污泥焚烧处置，但处置成本较高，而且还会破坏污泥本身的肥料价值。尽管如此，有关污泥焚烧的处置方法在欧洲的一部分地区还是受到了相当程度的重视，往往与垃圾焚烧一并考虑。

日本和韩国以前采用的污泥处理处置技术主要包括焚烧、热干化、堆肥及填海，如韩国曾将大量的污泥（77%）进行填海处置。由于热干化和焚烧处理的能耗极高，且为满足严格的尾气排放标准，导致处置成本进一步提高，所以日本已转向制定新的污泥管理政策，这将对污泥的安全排放起到重要作用。目前，日本已制定了大区域污泥处置和资源利用的 ACE 计划，主要包括污泥无害化后用于农业（包括园林或绿地）、污泥焚烧后将灰分制成固体砖或其他建筑材料、利用污泥发电及供热。韩国从 2008 年开始禁止污泥填海处置，而现行法律又不容许在农业土地上使用污泥堆肥产生的肥料，因此韩国也在寻求新的污泥处理处置方法。澳大利亚和新西兰通过努力把有益的农田使用作为污泥最终处置的主要方式，澳大利亚已经很好地提高了此方法的使用率，其中 6 个主要城市中的 5 个（占国家人口 50% 的居住地）几乎将所有的污泥都进行了农用，只有墨尔本 1 个城市的污泥采用堆积方式（65%）。

综上所述，国外目前比较明确地将土地利用作为污泥处置的主要方式和鼓励方向。污泥土地利用主要包括 3 个方面：一是作为农作物、牧场草地肥料的农用；二是作为林地、园林绿化肥料的林用；三是作为沙荒地、盐碱地、废弃矿区改良基质的土地改良。由于运输距离、操作难度等客观因素，污泥农用量远高于林用和土地改良。另外，欧美普遍采用厌氧消化和好氧发酵技术对污泥进行稳定化和无害化处理，其中 50% 以上的污泥都经过了厌氧消化处理，美国还建设了 700 多套好氧发酵处理设施。污泥的厌氧消化或好氧发酵为污泥的土地利用，尤其是农用提供了较好的基础。

1.2.2　国内污泥处理处置现状

1. 国内污泥处理处置方式

2014 年我国重点流域污水处理厂污泥处置方式主要包括土地利用、填埋、建筑材料利用和焚烧。其中，污泥填埋所占比例为 53.79%，填埋方式主要为在城市生活垃圾填埋场进行混合填埋，仅有少量深度脱水污泥在专门填埋污泥的填埋场进行填埋处置；污泥焚烧所占比例为 18.31%，以电厂协同焚烧为主，单独焚烧所占比例较低；污泥建筑材料利用所占比例为 16.08%，建筑材料利用的主要方式为制水泥和制砖；污泥土地利用所占比例为 11.01%，处置方式主要为园林绿化和土地改良，尚无污泥用作农用肥料、农田土壤改良材料。个别污水处理厂的污泥重金属含量超标严重，一直处于应急堆置状态。

目前，我国污泥处理技术主要包括厌氧消化、好氧发酵、深度脱水、干化焚烧等。

（1）厌氧消化

我国自"九五"开始推广污泥厌氧消化技术，然而较早建成的污泥厌氧消化设施中能够稳定运行的比例却较低。在"十一五"和"十二五"期间陆续颁布了多项政策和指南，鼓励城镇污水处理厂采用厌氧消化工艺进行污泥稳定化，厌氧消化工程建设逐渐增多。近年来，以提升污泥厌氧消化效率为目标，我国在污泥改性、处理效率和资源化产物品质提高、产物资源化利用等方面进行了诸多有益探索，储备了系列原创技术和引进再创新技术，形成了一批代表性示范工程，为污泥问题的解决提供了必要的技术支撑。其中，污泥高级厌氧消化成为最近几年来污泥处理领域内一个鲜明的发展方向，在长沙、镇江、襄阳、北京等地已得到工程化应用。我国"十一五"和"十二五"期间建成的部分污泥厌氧消化工程见表 1-1。

我国部分已建成的污泥厌氧消化工程 表1-1

序号	工程名称	设计规模(t/d,含水率以80%计)	建成年份
1	石家庄桥东污水处理厂厌氧消化工程	400	2007
2	青岛市麦岛污水处理厂污泥处理处置工程	240	2008
3	郑州王新庄污水处理厂污泥厌氧消化工程	500	2008
4	重庆鸡冠石污水处理厂污泥厌氧消化工程	600	2009
5	上海白龙港污水处理厂污泥处理工程	1020	2009
6	大连夏家河污泥厌氧消化项目	600	2009
7	内蒙古乌海污泥厌氧处理项目	200	2009
8	新疆乌鲁木齐河东污水处理厂污泥厌氧消化及热电联产升级改造项目	395	2010
9	长沙市污水处理厂污泥集中处置工程	500	2011
10	襄樊市污水处理厂污泥综合处置示范项目	300	2011
11	浙江宁海县城北污泥处理处置项目	150	2011
12	西安市第五污水处理厂污泥处理项目	330	2012
13	平顶山市污泥处置项目	200	2012
14	昆明主城区城市污水处理厂污泥处理处置项目	500	2012
15	广东省中山市污泥处理厂	300	2012
16	天津津南污泥处理厂	800	2013
17	海口混合有机垃圾污泥协同消化项目	500	2014
18	北京高碑店污水处理厂污泥高级消化工程	1358	2014
19	合肥小仓房污水处理厂污泥处置项目	200	2014
20	山东唯亿低碳环境园二期工程	200	2014
21	邵阳市启动污泥集中处置工程	200	2014
22	合肥污泥资源化利用工程	200	2015
23	北京小红门污水处理厂泥区改造工程	900	2015
24	北京高安屯污泥处理中心工程	1836	2015
25	北京槐房再生水厂泥区工程	1220	2015
26	北京清河第二再生水厂泥区工程	814	2015
27	威海市临港区污水处理厂工程污泥及有机质固废资源化利用项目	200	2015
28	秦皇岛北戴河新区污泥处理工程	300	2016

(2) 好氧发酵

好氧发酵是我国污泥稳定化处理的主要技术之一,环境保护部2010年颁发了《城镇污水处理厂污泥处理处置污染防治最佳可行技术指南(试行)》,推荐将好氧发酵作为污泥处理污染防治最佳可行技术之一，目前我国部分已建成的污泥好氧发酵工程见表 1-2。

我国部分已建成的污泥好氧发酵工程   表 1-2

序号	工程名称	设计规模 (t/d,含水率以 80％计)	建成年份
1	秦皇岛绿港污泥处理工程	200	2009
2	山东安绿能源科技有限公司污泥处理处置项目	150	2009
3	洛阳市污泥无害化处理改造工程	170	2010
4	长春北郊污泥堆肥处理与制肥工程	400	2010
5	上海朱家角脱水污泥应急工程	120	2010
6	唐山西郊污泥好氧发酵工程	400	2011
7	沈阳振兴污泥好氧发酵工程	1000	2011
8	北京排水集团庞各庄污泥堆肥项目	250	2011
9	上海青浦区污泥处理处置工程	200	2011
10	寿光污泥堆肥与资源化利用工程	300	2011
11	日照市污泥生物处理厂	120	2011
12	南阳污泥处理处置工程	200	2012
13	哈尔滨污泥集中处置工程	700	2012
14	娄底市城市污泥无害化处理与综合利用工程	200	2012
15	上海松江污泥好氧堆肥工程	120	2012
16	山东威海安绿肥业污泥有机肥项目	150	2012
17	广东东莞市污泥处理处置项目	200	2012
18	无锡市芦村污水处理厂污泥处理工艺改造项目	220	2012
19	天津张贵庄污泥处理处置工程	300	2012
20	新乡污泥处理处置工程	300	2013
21	洛阳市污泥无害化资源化工程	228	2013
22	内蒙古通辽污泥处置中心项目	150	2013
23	包头市城市污水处理厂污泥利用工程	300	2013
24	常熟市污泥资源化项目	300	2013
25	湖北武汉污泥处置项目(陈家冲一期)	175	2014
26	哈尔滨污泥处理厂项目	650	2014
27	青岛小涧西垃圾堆肥改造工程	150	2014
28	长春串湖污泥生物沥淋法干化处理项目	275	2015
29	郑州污泥处置利用工程	100/600	2009/2015
30	贵港市污泥集中处理与处置工程项目	100	2015
31	武汉汉西污水处理厂污泥项目	435	2016

（3）深度脱水

污泥深度脱水方面，国内已经有超过 100 座污水处理厂采用了污泥药剂调理后板框压榨脱水的工艺，可使污泥含水率降低到 60％以下，特殊条件下达到 50％以下，很大程度上减少了污泥容积量，部分典型工程如表 1-3 所示。然而，大部分污泥深度脱水工艺调理剂用量较大，在环境效益和消纳途径等方面存在一定局限性。

我国部分已建成的污泥深度脱水工程　　　　表 1-3

序号	工程名称	设计规模 (t/d,含水率以 80%计)	建成年份
1	襄樊市污泥项目	200	2008
2	苏州污泥干化项目	300	2011
3	呼和浩特市污泥水热干化项目	100	2011
4	上海市白龙港污泥预处理应急工程	1500	2012
5	西安市第六污水处理厂污泥干化项目	160	2013
6	西安市第四污水处理厂污泥深度工程	150	2013
7	安徽省阜阳市颍南污水处理厂污泥深度处理项目	120	2014
8	宿州市城南污水处理厂深度脱水工程	100	2014
9	六安市城北污水处理厂污泥深化处理系统项目	100	2014
10	深圳市南山污水处理厂污泥处理系统升级改造工程	400	2015
11	扬州污泥干化项目	300	2015
12	淮安市主城区污泥高干脱水项目	200	2015
13	凯里市污水处理厂污泥处置工程	100	2015
14	兰州污水处理厂污泥集中处置工程	400	2016

（4）干化焚烧

我国许多城市都相继开展了污泥干化焚烧的尝试，尤其是"十一五"和"十二五"期间，在污泥干化＋单独焚烧、干化＋水泥窑协同焚烧、干化＋电厂掺烧、干化＋垃圾协同焚烧等技术路线方面均进行了工程尝试，部分已建成的污泥干化焚烧工程见表 1-4。

我国部分已建成的污泥干化焚烧工程　　　　表 1-4

序号	工程名称	设计规模 (t/d,含水率以 80%计)	建成年份
1	上海石洞口(流化床/桨叶干化＋流化床焚烧)	360	2004
2	杭州萧山(喷雾干化＋回转窑焚烧)	360	2009
3	深圳南山(带式干化＋电厂掺烧)	400	2009
4	嘉兴新嘉爱斯(圆盘干化＋电厂掺烧)	2050	2010
5	苏州工业园区(两段式干化＋电厂掺烧)	300	2011
6	成都市第一城市污水处理厂(薄层干化＋流化床焚烧)	400	2011
7	无锡锡山(深度脱水＋流化床焚烧)	100	2011
8	佛山南海(桨叶干化＋垃圾协同焚烧)	300	2012
9	杭州七格(循环流化床一体化干化焚烧)	100	2013
10	上海竹园(桨叶干化＋流化床焚烧)	750	2015
11	石家庄(桨叶干化＋回转窑焚烧)	600	2015
12	温州(桨叶干化＋流化床焚烧)	240	2016
13	深圳上洋(二段式干化＋流化床焚烧)	800	2016

2. 国内污泥处理处置面临的问题

我国污泥处理处置起步晚，面临的问题主要表现在：

（1）污泥产量大，处理处置率低

截至 2016 年底，全国城镇污水处理厂污泥总产量已经高达 4300 万 t/年，按预测，到"十三五"规划末，全国城镇污水处理厂污泥产量将达到 6000 万～9000 万 t/年，但目前我国进行简易填埋处置的污泥占污泥总产量的 60% 以上，另有 23% 左右的污泥未经任何处理处置，随意堆弃。

（2）污泥泥质有别于其他国家，处理处置难度大

据住房和城乡建设部对全国 300 多个城市的调查结果，由于部分城市未认真落实《城市排水许可管理办法》，污水源头监控不严，工业废水有毒有害物质未经妥善处理进入了城市排水管网系统，使得我国城镇污水处理厂污泥重金属含量偏高（见表 1-5）。相对应地，处理后产物没有出路。此外，由于我国城镇污水处理厂普遍采用圆形沉砂池（旋流沉砂池），脱砂效率低，加上大量的基建、施工建设，泥砂水直接排入排水管网系统，导致我国污水处理厂污泥砂含量高、有机物含量低，我国污泥有机质平均含量低于 50%（见表 1-6），远低于发达国家污泥有机质含量（50%～75%），加大了污泥处理处置难度。

我国典型污泥与德国典型污泥重金属含量对比 （mg/kg 干污泥）　　表 1-5

重金属指标	中国			德国
	平均值	最高值	最低值	
Cd	2.01	999	0.04	1.0
Cu	219	9592	51	300
Pb	72.3	1022	3.6	37
Zn	1058	30098	217	714
Cr	93.1	6365	20	37
Ni	48.7	6206	16.4	25
Hg	2.13	17.5	0.04	0.6

我国典型污泥与德国典型污泥有机物、TN、TP、K 含量对比　　表 1-6

污染物指标	中国	德国
有机物	30%～60%	50%～75%
TN	1.3%～4.1%	4%～5%
TP	0.2%～2.6%	2.0%～3.5%
K	0.4%～1.0%	0.2%～0.3%

（3）责任主体落实不清，地方政府对技术路线把握不清晰

部分地方政府没有很好地履行污泥处理处置责任主体职责，未将污泥处理处置纳入到地方

主要污染物消减指标的考核体系，污泥处理处置规划缺失。对当地污泥泥质、产量等缺乏基础分析，技术路线不清，工程建设存在较大的任意性和盲目性，运营制度尚未建立，从储存、运输到处理处置全过程监管不严。

（4）污泥处理处置配套政策不完善

污泥资源化利用虽已纳入《资源综合利用目录》中，但是污泥处理处置工程投融资、建设、运营、管理、技术、设备、监管和衍生品资源化利用等相关的配套保障、激励和财税等政策体系尚未形成，污泥处理处置收费政策和体系也不完善，有待进一步的研究明确。如污泥处理处置税收优惠政策主要是《增值税目录》、《所得税目录》、《企业办法》和《设备目录》，但《增值税目录》和《所得税目录》仅对污泥焚烧及建筑材料利用产品给出了优惠政策，并未单独列出污泥处理处置税收优惠政策；《设备目录》仅对污水处理厂内部分污泥处理设备购置给出了税收优惠政策。

（5）污泥处理处置标准体系不完善

我国污泥处理处置标准体系不完善，关于污泥处理处置设施建设设计规范、操作规程、运行过程监管和运行效果评价考核标准、污泥资源化利用相关标准及其环境安全性监测监管标准等依然缺失。另外，现行污泥处理处置标准存在不衔接等问题，相关标准间缺乏统一和协调。

（6）污泥处理处置技术及装备有待突破

尽管国家有关部门近年来已经设立了一批污泥处理处置及资源化利用技术研究课题，但研究重点偏向于国外已有污泥处理处置技术的引进、消化、创新和设备的改进，对部分污泥处理处置关键技术的研究与国外差距大，如污泥源头减量技术和预处理技术、高效清洁好氧发酵技术、污泥协同处置二次污染物控制技术等。此外，对国产装备，尤其是污泥干化、焚烧等大型装备的研究严重不足，污泥处理处置设备国产化率低，能力薄弱，现有的国产设备故障率也较高。

1.3 国内外污泥处理处置标准

1.3.1 国外污泥处理处置的法律法规及相关标准

1. 欧盟

目前，欧洲污泥处理处置主要以农用和焚烧为主，但欧盟各国在污泥土地利用和焚烧方面制定的法律法规及标准差异明显。

（1）土地利用

欧盟在 1986 年颁布了《污泥农业利用指导规程》（86/278/EEC），并于 1991 年、2003 年和 2009 年进行了三次修订。总体上，《污泥农业利用指导规程》鼓励污泥农用，并防止污泥对土壤、作物、动物和公众的影响。《污泥农业利用指导规程》对各成员国有约束力，各国标准不得低于《污泥农业利用指导规程》的要求。其基本规定为：1）污泥须经生物、化学或热处理，降低危害，禁止未经处理的污泥直接农用；2）为避免残留病原体的潜在健康风险，在水果或蔬菜正在生长或长成以及收获前的 10 个月内，禁止施用；3）施用污泥的牧地，三周内禁止动物进入；4）按照污泥氮、磷等营养物含量和土壤背景值确定施用量，避免流失后污染地下水。

欧盟《污泥农业利用指导规程》中对重金属提出表 1-7 中的限值要求。

欧盟《污泥农业利用指导规程》中重金属限值　　表 1-7

重金属指标	污泥限值（mg/kg）	土壤限值（mg/kg）	年施用量（kg/hm²）
Cd	20～40	1～3	0.15
Cu	1000～1750	50～140	12
Ni	300～400	30～75	3
Pb	75～1200	50～300	15
Zn	2500～4000	150～300	30
Hg	16～25	1～1.5	0.1

为了防止污泥农用过程中对环境及周围居民造成不利影响，2006 年，欧盟发布了土壤保护对策，对《污泥农业利用指导规程》展开评估，以保证在营养物最大程度循环利用的基础上，进一步限制有害物质进入土壤。

2007—2010 年，欧盟对《污泥农业利用指导规程》进行了大规模后评价，结论为：自《污泥农业利用指导规程》实施以来，没有科学文献证明污泥农用会导致环境或健康风险。但是，大部分成员国制定了比《污泥农业利用指导规程》更严格的标准，其作用难以判定。

为促进污泥规范化土地利用，欧盟正在全面修订《污泥农业利用指导规程》。目前提出两套方案在成员国中征求意见。其中对污泥重金属、持久性有机物、病原体、有机物稳定性和营养物指标限值分别提出两个征求意见方案（见表 1-8～表 1-10）。同时对污泥利用土壤中重金属限值、土地利用过程中种植农作物类型与污泥施肥周期、污染物检测频率等也提出两个征求意见方案（见表 1-11～表 1-13）。

欧盟《污泥农业利用指导规程》征求意见稿中污泥重金属限值（mg/kg）　　表 1-8

重金属指标	限值（mg/kg）	
	方案 1	方案 2
Cd	10	5
Cr	1000	150
Cu	1000	400
Hg	10	5
Ni	300	50
Pb	750	250
Zn	2500	600

欧盟在新的规程修订过程中，对污泥农用过程中重金属污染可能造成的环境和健康风险态度如下：随着污泥中重金属浓度的降低，其对环境和健康的不利影响已逐年下降，制约污泥农用的效应降低；此外，相关研究表明铜和锌是植物生长的必需元素，其对污泥农用的不利抑制

应该在新的指南中予以调整。

欧盟《污泥农业利用指导规程》征求意见稿中污泥持久性有机物限值（mg/kg）　表 1-9

持久性有机物指标	限值	
	方案 1	方案 2
PAH	6	6
PCB	0.8	0.8
TEQ	—	0.1
LAS	—	5000
NPE	—	450

对污泥农用过程中有机污染物的态度如下：虽然英国研究表明污泥中 PCDD/Fs、PCBs 和 PAHs 等 POPs 的通量与大气污染沉降到土壤的通量相比可以忽略，但由于环境中持久性有机物含量逐年增加，且毒性增强，故在污泥农用过程中应对 POPs 类物质予以重视，防范其可能造成的环境及健康风险。

对污泥农用过程中病原体的态度如下：病原微生物是污泥农用过程中最重要的指标，控制病原体数量是预防污泥农用风险的最重要方面，现有污泥处理技术已能满足控制病原体的需要。

欧盟《污泥农业利用指导规程》征求意见稿中病原体、有机物稳定性和营养物限值　表 1-10

指标	方案 1	方案 2
病原体	每克干污泥中大肠杆菌数量不能超过 5×10^5 个	1. 污泥中大肠杆菌的去除率高于 99.99%，或者大肠杆菌的数量不能超过 1×10^3 个； 2. 污泥中 Salmonella Senftenberg W775 的去除率高于 99.99%； 3. 每克干污泥中 Clostridium perfringens 孢子的数量不超过 1×10^3 个； 4. 每 50g 湿污泥中不能含有沙门氏菌
有机物稳定性	没有 N、P、C 比值的具体要求	没有 N、P、C 比值的具体要求
营养物	在填埋和储存过程中须达到稳定化处理以降低甲烷产量。稳定化后污泥中化学需氧量降低，具体指标为污泥中 VS 的去除率降低 38%，或者稳定化后污泥氧利用率低于 1.5mg O_2/(g VSS·h)	在填埋和储存过程中须达到稳定化处理以降低甲烷产量。稳定化后污泥中化学需氧量降低，具体指标为污泥中 VS 的去除率降低 38%，或者稳定化后污泥氧利用率低于 1.5mg O_2/(g VSS·h)

欧盟《污泥农业利用指导规程》征求意见稿中土壤重金属限值（mg/kg）　表 1-11

方案 1				方案 2			
重金属指标	$5 \leqslant pH < 6$	$6 \leqslant pH < 7$	$pH \geqslant 7$	重金属指标	$5 \leqslant pH < 6$	$6 \leqslant pH < 7$	$pH \geqslant 7$
Cd	0.5	1	1.5	Cd	0.5	1	1.5
Cr	50	75	100	Cr	50	75	100

重金属指标	方案 1			重金属指标	方案 2		
	5≤pH<6	6≤pH<7	pH≥7		5≤pH<6	6≤pH<7	pH≥7
Cu	30	50	100	Cu	30	50	100
Hg	0.1	0.5	1	Hg	0.1	0.5	1
Ni	30	50	70	Ni	30	50	70
Pb	70	70	100	Pb	70	70	100
Zn	100	150	200	Zn	20	20	200

欧盟《污泥农业利用指导规程》征求意见稿中种植农作物类型与污泥施肥周期限值

表 1-12

方案 1	方案 2
在水果、蔬菜等施肥过程中施肥周期为 10 个月； 在施肥过程中禁止向土壤中施用未经任何处置的污泥——改为在某些特定情况下允许将未经任何处置的污泥注入土壤中； 明确禁止将未经处置的污泥注入或者掺入土壤——改为液体污泥可以通过注入或者迅速掺加的方式进入土壤	禁止任何形式的污泥向水果、蔬菜和草地中施用

欧盟《污泥农业利用指导规程》征求意见稿中污染物检测频率　表 1-13

每种植物污泥的施用量 (t 干污泥/年)	每年最低的检测次数					备注
	农艺指标	重金属指标	有机物指标（不包括二氧(杂)芑）	二氧(杂)芑	微生物指标	
≤50	1	1	—	—	1	与方案 2 类似，但方案 3 检测的物质项目更多
50～250	2	2	—	—	2	
250～1000	4	4	1	—	4	
1000～2500	4	4	2	1	4	
2500～5000	8	8	4	1	8	
>5000	12	12	6	2	12	
在抽样研究与提交 QAS 调查报告情况下检测频率另行讨论						

（2）焚烧技术

在污泥焚烧方面，欧盟对垃圾和污泥焚烧排放的烟气执行统一标准，即《欧盟废物焚烧指令》（2000/76/EC），该指令旨在预防或尽可能地限制废物焚烧和共烧（co-incineration）过程对环境的负面影响，规定了专用焚烧炉和水泥窑焚烧或共烧固体废物（包括污泥）的技术与管理要求，内容包括废物的接收要求、设施运行条件、污染物排放限值以及监测要求等，其中污染物排放主要限制指标包括 TSP、TOC、HCl、HF、SO_2、氮氧化物、重金属、二噁英/呋喃等，焚烧尾气污染物排放限值见表 1-14。

（3）填埋技术

1999 年 4 月，《欧盟废物填埋指令》（1999/31/EC）实施生效，作为今后欧洲各国填埋处理方式的总体纲要，规定了一个总体框架，以该指令为基础，各国自行制定适合本国国情的法令。该指令中，包括了各国需要进行的废物处理的政策变更：其一，规定了封场后填埋场管理期间的事宜。指令第 10 条规定，须保证填埋场封场后至少 30 年的管理费用，这相当于间接规定了封场后的管理期限。换言之，要求填埋结束后 30 年期间，保证填埋场达到不会辐射影响周边环境的标准。为达到该标准，实际上不能填埋微生物分解性高的有机物垃圾，因为以有机物为主体的填埋场经过数百年后还会释放出污染物质。其二，划分了填埋物的性质，同时指出应减少废物填埋处理量及消减其有害性。对于可微生物分解的废物的填埋处理量，目标设定为：至少在 2006 年降低到 1995 年水准的 75％，2009 年降低到 50％，2016 年降低到 35％；为达到该目标，推荐对废物进行前处理后再埋。

欧盟固定源尾气排放指令标准（mg/m³）　　　　　　　　　表 1-14

指标	限值	备注
TSP	10	
TOC	10	
HCl	10	
HF	1	
SO_2	50	
$NO+NO_2$（以 NO_2 计）	200	
Cd	0.05	
Ti	0.05	
Hg	0.05	
As	0.5	标准核算状态： 尾气中 O_2 体积含量 11％； 干气体； 温度 273K； 压强 101.3kPa
Pb	0.5	
Cr	0.5	
Co	0.5	
Cu	0.5	
Mn	0.5	
Ni	0.5	
V	0.5	
Sn	0.5	
PCDDs+PCDFs	0.1	

德国在 1993 年颁布的《废弃物处理的技术指南》（TASi）中规定，在今后 12 年期间（2005 年 6 月截止）须对需填埋处理的废弃物作前期处理，并在 1996 年颁布的《关于资源化及废弃物管理的法律》（Krw-/AbfG）中规定，自颁布日起 20 年后将废弃物直接填埋处理的比例降低到 0 的目标。2001 年德国颁布的《生活垃圾及从生物处理设施排出的废弃物处理的环保安全保养的法规》，将 TASi 的内容以法律形式予以确认，该法规由 3 个细则法规构成，其中尤为重要的是《生活垃圾处理的环保安全保养的法规》（AbfAbIV）。AbfAbIV 规定了 TASi 中一般废弃物残渣的 2 种填埋标准：类别Ⅰ及类别Ⅱ，见表 1-15。污泥的有机物含量约占干污泥量

的 30%～70%，因此污泥必须经过高温处理才能达到这样的标准，这基本上禁止了污泥直接填埋方式的应用。

德国废弃物填埋标准要求　　　　　　　表 1-15

指标	填埋类别 Ⅰ	填埋类别 Ⅱ
剪切强度(kN/m²)	≥25	≥25
有机物含量(%)	≤3	≤5
总碳(%)	≤1	≤3
可萃取的亲脂物(%)	≤0.4	≤0.8
pH 值	5.5～13.0	5.5～13.0
电导率(μS/cm)	10000	50000
总碳(mg/L)	≤20	≤100
酚(mg/L)	≤0.2	≤500
砷(mg/L)	≤0.2	≤0.5
铅(mg/L)	≤0.2	≤1
镉(mg/L)	≤0.05	≤0.1
铬(mg/L)	≤0.05	≤0.1
铜(mg/L)	≤1	≤5
镍(mg/L)	≤0.2	≤1
汞(mg/L)	≤0.005	≤0.02
锌(mg/L)	≤2	≤5
氟(mg/L)	≤5	≤25
氨氮(mg/L)	≤4	≤200
氰化物(mg/L)	≤0.1	≤0.5
可吸附的有机卤素化合物(mg/L)	≤0.3	≤1.5
溶解性物质(%)	≤3	≤6

2. 美国

1993 年，美国联邦政府首次制定了《污水污泥利用或处置标准》（40 CFR PART 503），并分别于 2001 年和 2007 进行了数次修正。该标准包括污泥土地利用、填埋和焚烧 3 种方式，总体上是一个鼓励污泥农用的法规，其中填埋执行原有废弃物填埋法规。在制定污泥处理处置政策过程中，美国联邦官方认为符合法规要求的生物固体，可以作为肥料循环利用，以改善和维持土壤的地力，促进植物生长。

在土地利用方面，40 CFR PART 503 对污泥质量的规定主要包括重金属和病原体两个方面。在重金属浓度控制指标中，不仅有最高浓度限制，还有月平均浓度限制、累积负荷限制和年污染负荷限制（见表 1-16）。在病原体控制方面，40 CFR PART 503 按病原体数量分为 A 级和 B 级污泥，并执行不同的处理工况（表 1-17）。在污泥填埋和焚烧方面，40 CFR PART 503 对污泥单独填埋作了具体规定，包括总体要求、污染物限值、管理条例、监测频率、记录和报告制度等，焚烧产生的烟气控制按美国烟气污染控制法案的控制标准执行。

《污水污泥利用或处置标准》（40 CFR PART 503）规定农用污泥重金属指标　　表1-16

重金属指标	日均限值 （mg/g）	月均限值 （mg/g）	年污染负荷 [kg/(hm²·年)]	年累积量 [kg/(hm²)]
As	75	41	2.0	41
Ca	85	39	1.9	39
Cu	4300	1500	75	1500
Pb	840	300	15	300
Mn	75	17	0.85	17
Ni	420	420	21	420
Se	100	100	5.0	100
Zn		2800	140	2800
Hg	57			

　　事实证明，40 CFR PART 503并未对公众健康造成危害。但是美国国家科学院建议美国环保署应对40 CFR PART 503方案定期跟踪、监测、评价，特别是对污泥中有机化学污染物和病原体进行跟踪、监测、评价。

　　需要说明的是，2011年3月21日，美国联邦专门发布了污水污泥焚烧新排放标准和法案《Standards of Performance for New Stationary Sources and Emission Guidelines for Existing Sources：Sewage Sludge Incineration Units》（《新建固定源性能标准与已建源排放准则：污水污泥焚烧单元》）（40 CFR PART 60 [EPA-HQ-OAR-2009-0559]），该法案涉及美国204套多膛炉和流化床焚烧炉，包括9项大气污染指标：Cd、Pb、Hg、HCl、CO、NO_x、SO_2、PM、$PCDD/PCDF$。对比可以发现，新法案对污泥焚烧的控制远严于40 CFR PART 503。通过本法案的实施，美国期望到2015年，每年减排1.8kg汞、1.7t镉、1.5t铅、450t酸气、58t颗粒物，另外也促使业主放弃焚烧，采用循环再生利用技术。

《污水污泥利用或处置标准》按病原体数量规定的A级和B级污泥处理工况　　表1-17

A级污泥（能有效降低病原体数量）	B级污泥（能进一步降低病原体数量）
1. 污泥好氧消化——市政污泥通过热空气或者氧气搅拌维持稳定的反应温度及水力停留时间，好氧消化在40d水力停留时间条件下应控制在20℃，而在60d水力停留时间下应控制在15℃； 　　2. 空气干化——将市政污泥在沙床或者铺设好的凹地里干燥，时间最少需要3个月，在此阶段，污泥堆体的温度应保持在0℃以上； 　　3. 污泥厌氧消化——控制在厌氧条件下反应，污泥在15d水力停留时间下须控制在35～55℃下运行，而在20℃条件下运行需要60d； 　　4. 污泥堆肥——通过使用内置式通风管、固定式曝气管道或者添加草料共同堆肥方式，使得污泥堆体能够在40℃以上温度下保持5d，或者在超过55℃条件下每天最低保持4h，并保持5d连续运行； 　　5. 石灰稳定——通过在污泥中加入适量的石灰使得污泥的pH值在2h后达到12以上	1. 污泥堆肥——通过使用内置式通风管、固定式曝气管道方式，使得污泥堆体能够在55℃以上温度下至少保持3d，在使用添加草料共同堆肥条件下在55℃以上温度下保持15d以上连续运行；在55℃条件下运行过程中，需要至少翻转5次； 　　2. 空气干化——使用热气体直接或者间接干燥法将市政污泥的含水率降低至10%以下，控制待干化污泥颗粒的温度超过80℃，或者与污泥接触后空气的温度高于80℃； 　　3. 热处理——将液体污泥在特殊设备里加热至180℃或者更高温度，时间持续30h； 　　4. 高温好氧消化——市政污泥通过热空气或者氧气搅拌维持稳定的反应温度及水力停留时间，好氧消化温度控制在55～60℃，反应时间持续10d以上； 　　5. β射线照射——将市政污泥在室温条件下使用β射线照射，辐射强度至少为1.0Mrad； 　　6. γ射线照射——将市政污泥在室温条件下使用γ射线照射，如Co60和Ce137，辐射强度至少为1.0Mrad； 　　7. 加热杀菌法——维持污泥温度在70℃以上至少达到30min

3. 日本

日本制定了多部与污泥有关的法律法规、管理办法、操作标准，主要包括《污泥绿农地使用手册》、《污泥建设资材利用手册》、《废弃物处理法》等。其中，日本建设部制定的《污泥绿农地使用手册》，主要用于促进污泥景观利用。1999 年日本约有 60.6% 的污泥使用在农业和景观上，在污泥再利用方面的执行上，日本制定了相当严格的重金属限值标准，以规范污泥作为农地使用。日本对于填埋污泥中污染物限值极其严格，除了对重金属限制外，还包括烷基汞化合物、苯、多种有机物指标。日本是全世界最早回收再利用焚烧炉灰渣和熔融渣的国家，1991 年，日本建设省制定了《污泥建设资材利用手册》，推广污泥回收再利用工作。

由此可见，欧美发达国家在污泥处理处置方面制定的相关规定主要包括 4 大类型：土地利用、填埋、制建筑材料、焚烧。

1.3.2 国内污泥处理处置的法律法规及相关标准

为了全面推动我国城镇污泥处理处置的规范化开展，以指导全国城镇污水处理厂污泥处理处置设施更加合理地进行规划建设，不断提高污泥处理处置的管理水平，全面推进城镇污水处理厂污泥处理处置工作，我国在近 30 年（特别是近 10 年）间制定了大量与污泥处理处置相关的法律法规和技术标准，极大地推动了污泥处理处置工作。

1. 法律法规

目前我国已制定的污泥处理处置方面的法律法规或技术指南有 3 项（见表 1-18），这些规范和指南在制定过程中针对国内污泥处理处置的实际需求，结合我国相关政策的要求和现有污泥处理处置设施的运行实践，借鉴国际上污泥处理处置的成功经验，指导全国城镇污水处理厂污泥处理处置设施更加合理地进行规划建设，明确了我国城镇污泥处理处置设施的规划、建设和管理的技术要求，为污泥处理处置技术方案选择提供了依据，以期不断提高污泥处理处置的管理水平，全面推进我国城镇污水处理厂污泥处理处置工作，防止对环境安全和公众健康造成危害。

2. 相关标准

目前我国与污泥处理处置相关的主要标准见表 1-18。自进入 21 世纪以来，我国在污泥处理处置标准方面开展了一系列的工作，制定了污泥泥质系列标准，规定了污泥最终处置的泥质要求；在污泥处理相关技术规程方面，完成了《水泥窑协同处置污泥工程设计规范》GB 50757—2012、《城镇污水处理厂污泥处理技术规程》CJJ 131—2009、《城镇污水污泥流化床干化焚烧技术规程》CECS 250—2008 等，规定了污泥处理设施的设计、施工和运行要求。此外，还制定了《城镇污水处理厂污泥处理 稳定标准》CJ/T 510—2017，提出了衡量污泥处理产物稳定的指标体系和评价标准，对于提升污泥处理行业的监管水平具有重要意义。

1.3.3 国内外污泥处理处置标准、政策差异

1. 国内外污泥处理处置法律法规及相关标准比较

我国在污泥处理处置相关标准的制定过程中，充分参考了美国、欧盟、德国及英国等国家污泥处理处置的相关标准。当前，美国、欧盟、德国及英国等国家采用的污泥标准及主要内容见表 1-19。

我国污泥处理处置相关政策及标准 表 1-18

类别	序号	名称
法律法规或技术指南	1	《城镇污水处理厂污泥处理处置及污染防治技术政策(试行)》(建城[2009]23号)
	2	《城镇污水处理厂污泥处理处置技术指南(试行)》(2011)
	3	《城镇污水处理厂污泥处理处置污染防治最佳可行技术指南(试行)》(2010)
国家标准	4	《农用污泥中污染物控制标准》GB 4284—1984
	5	《城镇污水处理厂污染物排放标准》GB 18918—2002
	6	《室外排水设计规范》GB 50014—2006(2016年版)
	7	《城镇污水处理厂污泥处置 分类》GB/T 23484—2009
	8	《城镇污水处理厂污泥泥质》GB 24188—2009
	9	《城镇污水处理厂污泥处置 混合填埋用泥质》GB/T 23485—2009
	10	《城镇污水处理厂污泥处置 园林绿化用泥质》GB/T 23486—2009
	11	《城镇污水处理厂污泥处置 单独焚烧用泥质》GB/T 24602—2009
	12	《城镇污水处理厂污泥处置 土地改良用泥质》GB/T 24600—2009
	13	《城镇污水处理厂污泥处置 制砖用泥质》GB/T 25031—2010
	14	《水泥窑协同处置污泥工程设计规范》GB 50757—2012
城建行业标准	15	《城镇污水处理厂污泥处理 稳定标准》CJ/T 510—2017
	16	《污泥脱水用带式压滤机》CJ/T 508—2016
	17	《城市污水处理厂污泥检验方法》CJ/T 221—2005
	18	《城镇污水处理厂污泥处理技术规程》CJJ 131—2009
	19	《城镇污水处理厂污泥处置 农用泥质》CJ/T 309—2009
	20	《城镇污水处理厂污泥处置 水泥熟料生产用泥质》CJ/T 314—2009
	21	《城镇污水处理厂污泥处置 林地用泥质》CJ/T 362—2011
环保行业标准	22	《环境保护产品技术要求 污泥脱水用带式压榨过滤机》HJ/T 242—2006
	23	《环境保护产品技术要求 污泥浓缩带式脱水一体机》HJ/T 335—2006
中国工程建设协会标准	24	《城镇污水污泥流化床干化焚烧技术规程》CECS 250—2008

国外发达国家污泥处理处置标准制定工作起步较早,涵盖了污泥泥质、污泥量、污泥转移台账制度、相关信息记录及报告制度等,而我国污泥处理处置标准制定工作起步较晚,直到2011年,我国才制定了相对比较完整的污泥处理处置标准体系,但仍缺乏污泥运输处置台账制度等制度。

通过对比国内外污泥标准关于重金属、病原体和微生物、挥发性有机物和致癌物的指标及限值后可发现,我国制定的污泥标准(特别是农用标准)涉及的重金属种类比较全面,与欧美等发达国家相比差异较小,但我国重金属限值类型只有一种,即最高允许浓度限值。尽管新颁布的土地改良泥质、农用泥质和园林绿化泥质标准提到了对污泥使用量、污泥累积使用量、连续使用年限和施用频率的要求,但欧盟和美国规定了污泥进行农用时土壤中重金属的控制限值,而我国污泥农用标准未对此做出规定。总体上,我国污泥农用泥质A级标准对重金属的限值要求要高于欧美发达国家,虽然能防止污泥重金属污染,但在一定程度上又限制了污泥土地利用过程。

　　我国在新制定的污泥园林绿化、土地改良、农用、林地用、制砖用及混合填埋覆盖土泥质标准中引入了粪大肠菌群数和蛔虫卵死亡率指标。其中污泥农用标准中对于粪大肠杆菌的规定要严于美国 B 级污泥标准，但较美国 A 级污泥标准宽松。土地改良用泥质还增加了细菌总数指标，规定干污泥中细菌总数应小于 10^8 MPN/kg，较美国宽松。目前我国缺少根据污泥分级管理来确定病原微生物含量的指标。

　　我国制定的城镇污水处理厂污染物排放标准、园林绿化、土地改良、林用、农用及制砖用泥质标准中均对污泥有机物含量进行了限值要求，其中对污泥中 AOX、PCDD/PCDF、PCB 等有机物含量的限值要求与发达国家标准基本一致。此外，我国制定的园林绿化、土地改良用泥质标准对发达国家污泥标准中尚未引入的总氰化物、矿物油、挥发酚和二噁英类等提出了限值要求，上述指标在控制污泥中有毒有害有机物进入土地方面将起到积极作用。

美国、欧盟、德国及英国目前主要的污泥标准及内容　　　　表 1-19

国家	标准名称	主 要 内 容
美国	污水污泥利用或处置标准 (40 CFR PART 503)	包括总体要求、污染物限值、管理条例、监测频率、记录和报告制度等内容，确保任何施入土壤的污泥病原体与重金属含量低于规定的水平
欧盟	污泥标准 (CEN/TC 308)	制定了污泥参数的标准规范，形成了污泥处理处置方法的指导准则，提出了污泥管理的未来需求
	污泥农业利用指导规程 (86/278/EEC)	对施用污泥后土地的锌、铜、镍、镉、汞、铅等金属浓度及 pH 值都做了规定，是欧盟各成员国制定污泥标准时参考的基本框架。大多数国家对污泥中重金属含量的限值均比 86/278/EEC 规定的限值低
	废物指令 (75/442/EEC)	要求废物在处置时不能污染土壤
	欧盟废物焚烧指令 (2000/76/EC)	旨在预防或尽可能地限制废物焚烧或共烧(co-incineration)过程对环境的负面影响，规定了专用焚烧炉和水泥窑焚烧或共烧固体废物(包括污泥)的技术和管理要求、包括废物的接收要求、设施运行条件、污染物排放限值、监测要求等。 对 HCl、HF、SO_x、NO_x、颗粒物、有机物、Hg、Cd、Pb、二噁英/呋喃等提出了限值，且明显高于我国当前执行的《生活垃圾焚烧污染控制标准》GB 18485—2014
	欧盟废物填埋指令 (1999/31/EC)	限制填埋可生物降解的废物，禁止液态和未处理的废物填埋。要求欧盟成员国到 2013 年相比 1995 年减少 50% 的生物可降解废物的填埋
	污泥行动文件	对限制污泥农用的重金属和有机污染物提出了浓度限值
德国	废物处置法 (AbfG)和(Krw-/AbfG)	对用于农业或园艺的污泥和施用污泥的农田土壤的相关性质进行了规范。污泥农用条例禁止在永久牧场和林业用地上施用污泥，新污泥农用条例中首次给出了污泥中的 PCB、PCDD/PCDF、AOX 的限值
	污泥法(Abfkl·rV)	
英国	污泥农用法规 (Statutory Instrument 1989 No.1263)	给出了污泥用于农业时的总体要求和污染物控制要求，详细规定了污泥施用后的注意事项、污泥施用地点的要求和相关信息的记录和保存要求等，并规定了污泥用于农业时各类污染物的控制限值
	控制废物法规(Statutory Instrument 1992 No.588)	规范污泥收集、控制和处置过程
	废物收集与处置法规 (Statutory Instrument 1988 No.819)	

2. 我国污泥处理处置相关法律法规建议

目前我国在污泥处理处置方面的标准制定上仍然存在着一定的问题，主要表现在：

（1）污泥处理处置标准体系不完善，关于污泥处理处置设施建设设计规范、操作规程、运行过程监管和运行效果评价考核标准、污泥资源化利用相关标准及其环境安全性监测监管标准等依然缺失；

（2）某些泥质指标限值的科学性和合理性还有待深入研究；

（3）部分污泥泥质标准间相关指标缺乏统一及协调；

（4）缺乏解决污泥源头泥质和出路的标准；

（5）目前制定的大多还只是泥质标准，还需进一步开展规程、规范和技术导则的研究编制。

通过对国内外污泥处理处置标准相关指标参数的比较和国内不同泥质标准相关指标参数的比较得知，我国污泥标准和发达国家污泥标准存在一定的差异，且我国制定的污泥标准之间相关指标参数间有待进一步衔接，建议在未来的工作中可从以下方面开展相关标准或规范的修订、编制研究工作：

（1）重点研究污泥土地利用过程中的基础标准、通用标准、产品标准3个层次的标准，并建立标准框架体系，主要包括：1）为保证污泥土地利用的安全性，应在污泥标准制修订过程中，提出适合我国的土壤中重金属控制限值和重金属施用负荷限值；2）制定并完善污泥厌氧消化/好氧发酵设施设计规程和操作规程等行业通用标准；3）制定适合蔬菜和粮食等食物链作物肥料、非食物链作物肥料的污泥标准。配合各地方政府制定支持污泥厌氧或好氧发酵产品用于园林绿化等的土地利用政策，强制要求市政工程和园林绿化工程优先采用合格的污泥衍生产品。在污泥协同焚烧标准方面，建议开展以下研究：1）制定污泥协同焚烧设施建设设计规程和操作规程；2）制定并完善污泥协同焚烧产品（水泥、电力、砖、轻骨料等）质量评价标准。

（2）结合我国土壤缺锌的基本现状和生产实际，建议通过文献调研、试验研究、长期观测和综合评价，解决《农用污泥中污染物控制标准》GB 4284—1984 对铜、锌含量要求过严的问题；我国《农用污泥中污染物控制标准》GB 4284—1984 对铜在酸性土壤（pH<6.5）和碱性土壤（pH>6.5）的限值要求分别为 250mg/kg 干污泥和 500mg/kg 干污泥，而对锌的限值分别为 500mg/kg 干污泥和 1000mg/kg 干污泥，该标准对铜和锌的限值在一定程度上阻碍了污泥土地资源化利用。20 世纪的全国第二次土壤普查结果及近 20 年我国相关土壤中金属含量的调研结果均显示，我国小麦、水稻主要产区的石灰性土壤及一些水稻土均属缺锌土壤，故建议充分参考欧盟和美国标准对污泥农用过程中锌的限值要求（欧盟和美国标准对锌的限值分别为 2500~4000mg/kg 干污泥和 7500mg/kg 干污泥）。鉴于铜在全国首次土壤污染状况调查中超标率较高（2.1%），且人类活动对土壤中铜含量有一定影响，故建议根据我国土壤中铜的背景值数据、当地农用土地铜的浓度、欧盟和美国标准（污泥中铜的限值分别为 1000~1750mg/kg 干污泥和 4300mg/kg 干污泥），适当放宽土地利用污泥中铜的浓度。同时建议在污泥农用标准中根据土壤的酸碱性对施用污泥的泥质进行细化，以全面降低污泥农用可能引起的土壤污染。

（3）以《城市排水许可管理办法》的颁布为契机，加强污水源头监控，规范处理后污水的达标排放行为，防止含有毒有害物质的工业废水未经妥善处理进入城市排水管网系统，以全面提高城镇污泥泥质。

（4）制定污泥处理处置设施运营状况考核制度或相关考核标准及全流程（源头、过程、末端）监管制度，以保障污泥在运输、处理处置及进入市场过程中的规范化运营。

第 2 章　污 泥 浓 缩

2.1　污泥浓缩理论

2.1.1　污泥浓缩目的

污泥浓缩是污泥处理和处置的第一阶段，污泥浓缩的主要目的是使污泥缩小体积，减小后续污泥处理构筑物的规模和处理设备的容量。

污水处理过程中产生的污泥含水率很高，一般情况下初沉污泥含水率为 95%～97%，剩余污泥含水率为 99.2%～99.6%，初沉污泥与剩余污泥混合后的含水率一般为 99%～99.4%，体积非常大。污泥经浓缩处理后含水率降至 97%～98%，体积也大大减小。如将含水率为 99.5% 的污泥浓缩至含水率 98%，体积就是原来的 1/4，可大大减小后续污泥处理构筑物的规模和减少污泥处理设备的数量。浓缩后的污泥仍保持流动状态。

2.1.2　污泥水分和去除方式

污泥中水分的存在形式有 3 种：

（1）游离水：存在于污泥颗粒间隙中的水，称为间隙水或游离水，约占污泥中水分的 70%。这部分水一般借助外力可以与泥粒分离。

（2）毛细水：存在于污泥颗粒间的毛细管中，称为毛细水，约占污泥中水分的 20%。这部分水也有可能用物理方法分离出来。

（3）内部水：黏附于污泥颗粒表面的附着水和存在于其内部的内部水，约占污泥中水分的 10%。这部分水只有经过干化才能分离，但也不完全。

污泥含水率与污泥状态的关系如图 2-1 所示。

通常，污泥浓缩只能去除游离水的一部分。

2.1.3　污泥浓缩原理

1. 重力浓缩原理

重力浓缩是污泥浓缩的一种重要方式，是依靠污泥中固体物质的重力作用对污泥颗粒进行沉降和压密，也是一种沉淀过程。

根据污水中悬浮物质的性质、凝聚性能的强弱和浓度的高低，沉淀可分为 4 种类型，污泥在二次沉淀池和污泥浓缩池的沉淀浓缩过程中，实际上都存在着自由沉淀、絮凝沉淀、区域沉淀、压缩沉淀的沉淀过程，如图 2-2 所示。

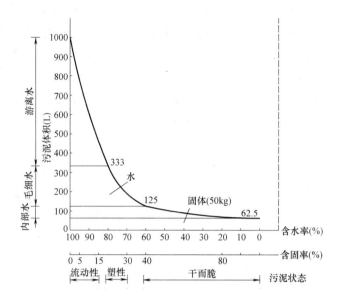

图 2-1　污泥含水率与污泥状态的关系

自由沉淀：其特征为污水中悬浮物质浓度不高，在沉淀过程中，固体颗粒呈单颗粒状态，并保持其原有的性状和尺寸，颗粒之间互不碰撞，也不粘合，各自独立完成沉淀过程。固体颗粒在沉砂池和初次沉淀池的初期属这种类型。

絮凝沉淀：其特征为在沉淀过程中颗粒之间相互碰撞并粘合形成较大的絮凝体，使颗粒的直径和质量逐渐增大，沉降速度加快。固体颗粒在初次沉淀池的后期和二次沉淀池的初期属这种类型。

区域沉淀，又称成层沉淀或拥挤沉淀：

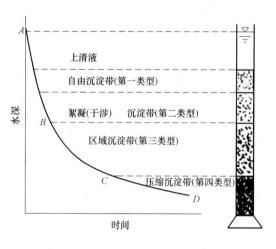

图 2-2　污泥在二次沉淀池中的沉淀过程

其特征为随着悬浮物质浓度提高，颗粒间的碰撞机会大大增加，形成了颗粒间的相互干扰和牵制，沉速大的颗粒无法超越沉速小的颗粒，在聚合力的作用下，颗粒群结合成一个整体，各自保持相对不变的位置，整体下沉，液体和颗粒群之间形成清晰的固-液界面，沉淀显示为界面下沉。二次沉淀池下部的沉淀过程和重力浓缩池开始阶段属这种类型。

压缩沉淀：其特征为颗粒间互相接触、互相支撑，上层颗粒的重力作用将下层颗粒中的间隙水挤出界面。剩余污泥在二次沉淀池泥斗中的沉淀过程和重力浓缩池的浓缩属这种类型。

悬浮物质在重力浓缩池中的沉淀形态基本上经历了这 4 种类型的沉淀，只是自由沉淀和絮凝沉淀比较短暂，以区域沉淀和压缩沉淀为主。

连续式重力浓缩池的工艺如图 2-3 所示，污泥经浓缩池中心管流入，入流污泥量和固体浓

度分别用 Q_0、C_0 表示；上清液由溢流堰溢出，上清液的流量和固体浓度分别用 Q_e、C_e 表示；浓缩污泥从池底排出，排出的污泥量和固体浓度分别用 Q_u、C_u 表示。当浓缩池运行正常时，池中的固体量处于平衡状态，即单位时间内进入浓缩池的固体量和排出浓缩池的固体量相等，上清液带出的固体量可忽略不计。

浓缩池中存在 3 个区域，即上清液区、阻滞区和压缩区。当污泥连续输入时，阻滞区固体浓度基本稳定，该区不起压缩作用，但其高度将影响压缩区污泥的压缩程度，污泥的浓缩主要在压缩区完成。

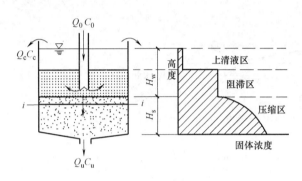

图 2-3 连续式重力浓缩池工况

1969 年，迪克在污泥浓缩试验中引入了固体通量的概念，固体通量即单位时间内通过单位面积的固体质量，单位为 $kg/(m^2 \cdot h)$。固体通量是重力浓缩池设计的重要参数。迪克认为，通过重力浓缩池任何一个断面的固体通量，由两部分组成，一部分是浓缩池底部连续排泥所造成的向下流固体通量；另一部分是污泥自重压密所造成的固体通量。即：

$$G=G_u+G_n \tag{2-1}$$

式中　G——任一断面的总固体通量，$kg/(m^2 \cdot h)$；

G_u——向下流固体通量，$kg/(m^2 \cdot h)$；

G_n——污泥自重压密所造成的固体通量，$kg/(m^2 \cdot h)$。

如图 2-3 所示，断面 i-i 处固体浓度为 C_i，通过该断面处的向下流固体通量为

$$G_u=uC_i \tag{2-2}$$

式中　u——向下流流速，m/h；是浓缩池底部连续排泥所造成的界面下降流速，若浓缩池的面积为 A（m^2），池底排泥流量为 Q_u（m^3/h），则 $u=Q_u/A$；

C_i——断面 i-i 处的固体浓度，kg/m^3。

通过断面 i-i 处污泥自重压密所造成的固体通量为：

$$G_n=v_iC_i \tag{2-3}$$

式中　v_i——污泥固体浓度为 C_i 时的界面沉速，m/h。

则公式（2-1）也可写成下式：

$$G=G_u+G_n=uC_i+v_iC_i=C_i(u+v_i) \tag{2-4}$$

当入流污泥量 Q_0 和入流固体浓度 C_0 一定时，存在一个控制断面，这个断面的固体通量最小，称为极限固体通量 G_L，浓缩池的设计表面积应该是：

$$A \geqslant Q_0C_0/G_L \tag{2-5}$$

式中　A——浓缩池的设计表面积，m^2；

Q_0——入流污泥量，m^3/h；

C_0——入流固体浓度，kg/m^3；

G_L——极限固体通量，$kg/(m^2 \cdot h)$。

在重力浓缩池正常运行时，极限固体通量也是池中处于平衡状态的固体通量，运行中的固体通量若大于极限固体通量，意味着浓缩池超负荷运行。

固体通量是重力浓缩池设计的重要参数，又称为固体过流率或污泥固体负荷。G_L 值可通过试验或参考同类性质重力浓缩池的运行数据确定。

2. 机械浓缩原理

机械浓缩是通过机械设备对污泥混合液施加外力，辅以滤网等设施进行固液分离，使污泥得到浓缩。

离心浓缩法的原理是利用污泥中固体和液体的密度差，在高速旋转的离心浓缩机中，固体和液体所受到的离心力不同而被分离。由于离心力是重力的 500~3000 倍，在很大的重力浓缩池需要几小时甚至十几小时才能达到的浓缩效果，在很小的离心浓缩机内十几分钟就能完成。

重力带式浓缩机和离心筛网浓缩器的原理是将污泥通过运动的网状结构的多孔介质，排放出液体并把固体留在介质上而实现浓缩。

虹吸式污泥过滤浓缩设备是利用虹吸原理，采用虹吸低压过滤方式达到污泥浓缩的目的。

3. 气浮浓缩原理

气浮浓缩是将污泥中的固体颗粒与液体分离的又一种方法。气浮浓缩与重力浓缩所不同的是改变了污泥中固体颗粒移动的方向，以固体颗粒向上浮起代替了向下沉降，以浮渣代替了浓缩污泥。

气浮浓缩主要采用溶气气浮法。在一定温度下，空气在液体中的溶解度与空气受到的压力成正比，即服从亨利定理。液体在溶气罐中加压并压入压缩空气，使空气大量溶解在水中，当压力恢复到常压时，所溶解的空气即变成细小的气泡从液体中释放出来，大量的细小气泡附着在固体颗粒的周围，形成密度小于水的气浮体，在浮力作用下使颗粒强制上浮，在水面形成浮渣，达到气浮浓缩的目的。

气浮浓缩的效率与液体中固体颗粒的表面性质及密度有直接的关系。表面性质为疏水性的颗粒与空气气泡的润湿接触角大，气粒两相接触面积大，相对容易与空气气泡结合，颗粒与气泡组成的气浮结合体比较牢固，颗粒不易脱落，气浮浓缩的效率相对较高。而表面性质为亲水性的颗粒与空气气泡的润湿接触角小，气粒两相接触面积小，相对不易与空气气泡结合，颗粒与气泡组成的气浮结合体不牢固，颗粒容易脱落，气浮浓缩的效率相对较差。在污泥浓缩中，气浮浓缩法比较适用于颗粒易于上浮的疏水性污泥或颗粒难以沉降易于聚合的场合，如含油污泥、相对密度接近 1 的剩余污泥等。

2.2 污泥浓缩技术分类

污泥浓缩技术分为 3 大类：重力浓缩、机械浓缩和气浮浓缩。

2.2.1 重力浓缩

重力浓缩是一种重力沉降过程，污泥中的颗粒在重力作用下向下沉降聚集，从互相接触支撑，到上层颗粒挤压下层颗粒，压出下层颗粒的间隙水，通过重力的挤压使污泥压密而实现污泥浓缩。

进行重力浓缩的构筑物称为重力污泥浓缩池。重力污泥浓缩池按其运转方式可分为连续流和间歇流，按其池形可分为圆形和矩形，其中圆形的重力污泥浓缩池又有竖流式和辐流式。

间歇流式重力污泥浓缩池可采用圆形或方形水池，设有进泥管和分层设置的上清液排出管，底部设泥斗及排泥管，工作时先将污泥充满水池，然后静置沉降，让污泥浓缩压密，定期分层排出上清液，浓缩后的污泥从泥斗的排泥管排出。图2-4为间歇流式重力污泥浓缩池示意图。

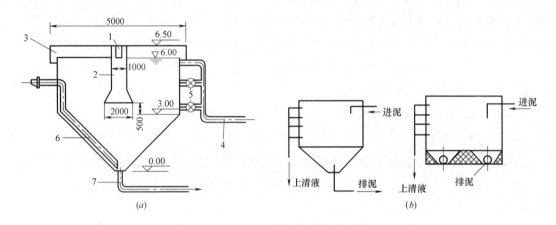

图2-4 间歇流式重力污泥浓缩池示意图

（a）带中心管；（b）不带中心管

1—污泥入流槽；2—中心筒；3—出液堰；4—上清液排出管；5—闸阀；6—吸泥管；7—排泥管

间歇流式重力污泥浓缩池主要适用于小型污水处理厂，污泥量较小的处理系统，一般不少于两个，一个进泥，另一个浓缩，交替使用。

连续流式重力污泥浓缩池可采用圆形或矩形水池，为方便排泥，通常采用圆形水池，分为竖流式和辐流式两种，其构造与沉淀池类似。连续流式重力污泥浓缩池适用于大多数城镇污水处理厂的污泥浓缩，水量较小的可采用竖流式重力污泥浓缩池。竖流式重力污泥浓缩池一般由中心管进泥，上清液通过溢流堰排出，下部设泥斗，浓缩污泥通过泥斗下的排泥管排出，一般不用机械刮泥设备。图2-5为多斗连续流式重力污泥浓缩池。水量较大的污水处理厂一般采用辐流式重力污泥浓缩池，并配置机械刮泥设备。图2-6为带刮泥机与搅动装置的连续流式重力污泥浓缩池，污泥由中心进泥管连续进泥，上清液通过溢流堰排出，浓缩污泥用刮泥机缓缓刮至池中心污泥斗，由排泥管排出。

2.2.2 机械浓缩

机械浓缩是通过机械设备的作用实现污泥浓缩的方式。

用于污泥浓缩的机械设备种类很多，根据机械设备的性质和运行方式可分为离心浓缩机和

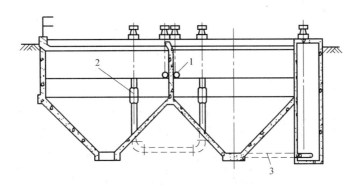

图 2-5 多斗连续流式重力污泥浓缩池

1—进口；2—可升降的上清液排出管；3—排泥管

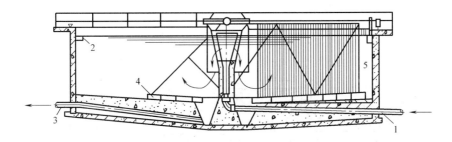

图 2-6 带刮泥机与搅动装置的连续流式重力污泥浓缩池

1—中心进泥管；2—上清液溢流堰；3—排泥管；4—刮泥机；5—搅泥栅

重力带式浓缩机等。

离心浓缩机是最早用于污泥浓缩的机械设备，经过几代的更换发展，现在普遍采用卧螺式离心浓缩机。离心浓缩机也是污水处理厂常用的污泥机械浓缩设备，其原理和形式与离心脱水机基本相同，其差别在于用于污泥浓缩时一般不需加入絮凝剂，而用于脱水时必须加入絮凝剂。离心浓缩机适用于不同性质的污泥，不同规模的污水处理厂均可使用。图 2-7 为离心浓缩机示意图。

带式浓缩机主要用于污泥浓缩脱水一体化设备的浓缩段。重力带式浓缩机（Gravity Belt Thickener，GBT）主要由框架、进料装置、滤带承托、进料混合器、动态泥耙、滤带、冲洗和纠偏装置等组成。其主要工作原理是：经过混凝的污泥在浓缩段均匀分布到滤带上，依靠重力作用分离其中大量游离水分，污泥得到浓缩，流动性变差后，再进入后面的压滤段。

随着污泥处理设备的不断改进和发展，污泥浓缩脱水一体机已被一些污水处理厂采用，尤其对于采用脱氮除磷工艺的污水处理厂，采用污泥浓缩脱水一体机是比较恰当的选择。污泥浓缩脱水一体机的使用，使作为一个独立的污泥处理阶段的污泥浓缩成为污泥脱水的一部分。

2.2.3 气浮浓缩

气浮浓缩是借助微小气泡与污泥颗粒之间的黏附作用，使污泥颗粒在气泡的作用下上浮而实现污泥浓缩。

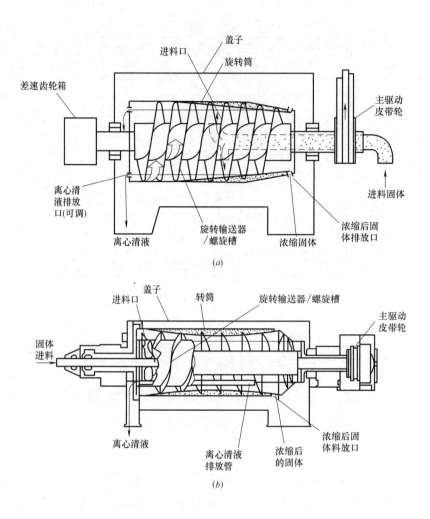

图 2-7 离心浓缩机示意图

(*a*) 侧视图；(*b*) 俯视图

　　污泥气浮浓缩最常用的方法是压力溶气气浮法，主要由加压泵、溶气罐、减压阀、进水室和气浮池组成，污泥或澄清水与压缩空气压入溶气罐，在高压下，大量空气在溶气罐内溶入液体，溶入大量空气的液体经过减压阀在进水室中恢复常压，所溶解的空气即变成微细气泡从液体中释放，大量微细气泡附着在颗粒周围，在气浮池中，微细气泡携带着颗粒上浮，在池面形成浮渣使污泥得到浓缩，浮渣通过刮泥设备撇除，澄清水从气浮池下部排出。气浮浓缩可分为无回流加压溶气气浮和有回流加压溶气气浮两种方式。用全部污泥加压溶气气浮称为无回流加压溶气气浮；用回流水加压溶气气浮称为有回流加压溶气气浮，其工艺流程如图 2-8 所示。

　　气浮浓缩池可采用矩形或圆形，当处理能力小于 100m³/h 时，多采用矩形气浮浓缩池；当处理能力大于 100m³/h 时，一般采用圆形辐流式气浮浓缩池。图 2-9 为气浮浓缩池的基本池形。

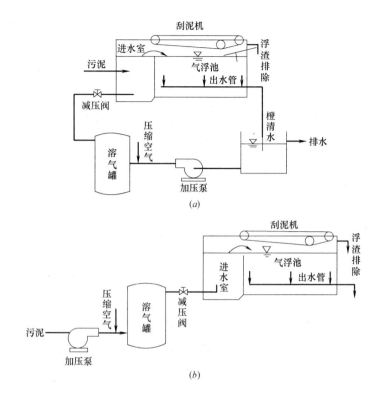

图 2-8　气浮浓缩系统

(a) 有回流；(b) 无回流

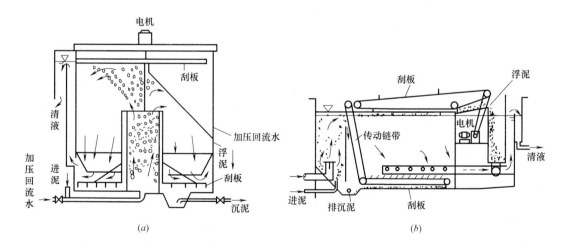

图 2-9　气浮浓缩池基本池形

(a) 圆形；(b) 矩形

第 3 章　污泥厌氧消化

3.1　污泥厌氧消化理论

污泥厌氧消化是指在无氧条件下，污泥中的有机物被兼性菌及专性厌氧菌分解为甲烷（CH_4）和二氧化碳（CO_2）的过程，是实现污泥稳定化的重要方法和主要环节。

污泥厌氧消化的主要目的如下：

（1）减少污泥体积。通过厌氧消化过程，减少了污泥中可降解有机物含量，使污泥的体积减小。与厌氧消化前相比，厌氧消化污泥的体积一般可减少 1/2～1/3。

（2）稳定污泥性质。厌氧消化后减少了污泥中可分解、易腐化物质的数量，从而使污泥性质得以稳定。

（3）提高污泥的脱水效果。通常情况下未经厌氧消化的污泥呈黏性胶状结构，不易脱水。而经过厌氧消化的污泥，胶体物质被气化、液化或分解，使污泥中的水分与固体易分离。

（4）获得高附加值的甲烷气体。污泥厌氧消化过程中产生的沼气中甲烷含量约占 2/3，可作为燃料用来发电、烧锅炉、驱动机械等。

（5）消除部分恶臭。污泥在厌氧消化过程中，硫化氢分离出硫离子与重金属铁、铜等结合成为硫化物，因此厌氧消化后的污泥恶臭味相对较小。

（6）提高污泥的卫生质量。污泥在厌氧消化过程中，可灭活大部分病原微生物、寄生虫卵以及其他有害微生物等，使污泥卫生化。

同污水、其他有机质等的厌氧消化过程一样，污泥的厌氧消化也遵循厌氧过程的不同阶段理论，如二段理论、三段理论、四段理论、多段理论等（见表 3-1）。二段理论简单地将厌氧消化分为酸性发酵阶段和产甲烷阶段，是人们对厌氧消化过程的最早认识。其中酸性发酵阶段就是复杂有机物（如糖类、脂类和蛋白质类等）在发酵细菌的作用下发生水解和酸化，分解为脂肪酸、醇类、CO_2 和 H_2 等产物的过程；产甲烷阶段（也称为碱性发酵阶段）则是专性厌氧菌将酸性发酵阶段的产物转化为 CH_4 和 CO_2 的过程。随着人们对厌氧消化生物学过程和生化过程的深入研究和认识，人们把酸性发酵阶段细分为水解和发酵阶段以及产氢产乙酸（酸化）阶段。水解和发酵阶段就是在发酵菌的作用下，多糖水解为单糖，然后酵解为乙醇和脂肪酸等；蛋白质则先水解为氨基酸，然后经脱氨基作用产生脂肪酸和氨；脂类转化为脂肪酸和甘油，甘油进一步转化为醇类。酸化阶段则是在产氢产乙酸菌的作用下，把第一阶段的产物脂肪酸和醇类等转化为乙酸、CO_2 和 H_2 的过程。同时，将水解和发酵阶段进一步区分为水解阶段和酸化阶段，从而厌氧消化有了四段理论的说法。同二段理论不同，三段理论和四段理论中的产甲烷阶段除利用乙酸、甲酸、甲醇等有机物转化为甲烷外，还可利用 CO_2 和 H_2 合成甲烷。当厌氧处理对象为复杂有机物时，厌氧消化过程要比三段理论和四段理论更复杂，根据 IWA 推出的 ADM1（Anaerobic Digestion Model No. 1）结构化模型，厌氧消化过程中的反应分为胞内和胞外两大类，其中胞外反应过程包括初步分解和水解两步，即将复杂颗粒化合物转化为惰性物质、颗粒状碳水化合物、蛋白质和脂类（初步分解过程），然后在胞外水解酶的作用下，进一步转化为单糖、氨基酸和长链脂肪酸（水解过程）。胞内生化过程则包括发酵产酸、产氢产乙酸和产甲烷 3 个步骤。胞外和胞内反应过程包含了 19 个子过程、7 类微生物。

　　不管是二段理论，还是三段、四段及多段理论，实质上都是对两阶段理论的细化和完善，以便更好地揭示厌氧发酵过程中不同代谢菌群之间相互功能、相互影响、相互制约的动态平衡关系。

厌氧消化理论分类　　　　　　　　　　　　　表 3-1

类别	过程步骤				
二段理论	酸性发酵				产甲烷
三段理论	水解和发酵			产氢产乙酸	产甲烷
四段理论	水解		酸化	产氢产乙酸	产甲烷
多段理论	初步分解	水解	发酵产酸	产氢产乙酸	产甲烷

3.2 污泥厌氧消化工艺

　　污泥厌氧消化技术借鉴了污水、其他有机质等厌氧消化过程而发展，因此其很多工艺与污水、其他有机质的厌氧消化一样，但又有自己的特殊工艺。

　　根据不同运行条件，污泥厌氧消化工艺有不同分类。

　　按照厌氧消化过程的效率，污泥厌氧消化工艺可以分为低速和高速两类。低速厌氧消化工艺是指其运行温度、停留时间和有机负荷不进行人工控制，厌氧消化装置内无搅拌设施和回流设施，因此反应器内微生物浓度较低，所需停留时间长，臭味明显，目前已很少应用。相对应的通过加热（外部或内部热交换、蒸汽等方式）对厌氧消化系统进行恒温控制，且均匀进料保持有机负荷稳定，并实现完全搅拌混合，这样的厌氧反应器其处理效率明显提高，因此称为高速厌氧消化工艺。现阶段运行的厌氧消化反应器基本属于高速厌氧消化工艺。如延时厌氧消化通过回流反应器中的污泥来延长泥龄（见图 3-1），从而增大反应器内固体含量，减小池容，减少短流现象出现，提高 VSS 分解率和产气率等。但增加固液分离设备可能会抵消厌氧消化池减小的占地面积。此外，固液分离阶段是否会影响厌氧菌的活性及其他操作管理问题还没有定论。延时厌氧消化的关键是固液分离设备，传统的重力分离效率不高，随着离心、气浮等固液分离技术的发展，该工艺也得到了进一步完善。

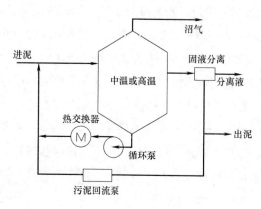

图 3-1 污泥延时厌氧消化工艺流程

按照运行温度污泥厌氧消化工艺，可以分为常温、中温和高温三类。其中常温厌氧消化的温度为 15～20℃，基本不需要外加热量，但消化时间长、病原菌灭杀率低、消化效率低，容易受到外界环境的影响。中温厌氧消化和高温厌氧消化的温度分别为 33～35℃ 和 52～55℃，两者都需要一定的外加热源，消化效率高、消化后产品卫生程度好，受环境影响小。尽管高温厌氧消化效率和病原菌灭杀程度更高，但高温厌氧消化能耗大，且操作管理难，系统稳定性稍差，而中温厌氧消化则比较适中，因此中温厌氧消化是当前污泥厌氧处理应用最多的工艺。把高温厌氧消化和中温厌氧消化结合（称为异温分段厌氧消化，IPAD，见图 3-2），在充分利用高温厌氧消化优点的同时，又能部分利用高温相的余热，因此该工艺在北美地区得以应用。

按照厌氧阶段理论，污泥厌氧消化工艺可以分为单相和两相两类（见图 3-3）。顾名思义，单相厌氧消化是指水解、酸化、产甲烷等反应均在一个反应器中完成，而两相厌氧消化则把酸化和甲烷化两个阶段分离在两个串联反应器中，使产酸菌和产甲烷菌各自在最佳环境条件下生长，充分发挥其各自的活性，达到提高容积负荷率、减小反应容积、增加运行稳定性并提高处理效果的目的，但两相厌氧消化因相分离会导致操作复杂，且酸化阶段会产生高浓度的硫化氢。

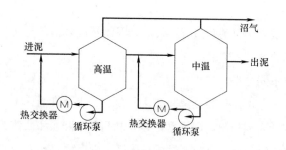

图 3-2 IPAD 工艺流程

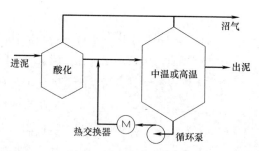

图 3-3 污泥两相厌氧消化工艺流程

根据反应器串联个数，污泥厌氧消化工艺可以分为单级（段）和两级（段）两类。单级（段）厌氧消化也可以称为单相厌氧消化，而两级（段）厌氧消化则完全不同于两相厌氧消化。两级（段）厌氧消化的一级（段）设有搅拌、加热等，其容积约为二级（段）的 2～3 倍，二级（段）反应器仅利用一级预热进行反应，无搅拌设施，因此兼作浓缩池使用。两级（段）厌氧消化工艺不会减少厌氧消化池容积，实际应用不多。

根据进料含固率不同，污泥厌氧消化工艺可以分为湿法/低含固和干法/高含固两类。传统的污泥厌氧消化工艺处理对象一般为浓缩污泥，含固率为 2%～5%，因此属于典型的湿法厌氧消化工艺。实际上，目前如何以污泥含固率来区分厌氧消化工艺还没有统一定论，有人以含固率 15％为界，低于 15％则为低含固率，反之则为高含固率，也有人认为只要含固率超过 8％的污泥进行厌氧消化就是高含固厌氧消化。不管如何区分，湿法/低含固厌氧消化工艺启动较简单，但过高的含水率大大增加了处理设备的占地面积，提高了投资成本，且有机负荷相对较低，产气率不高，使得能量回收率低。而干法/高含固厌氧消化工艺的处理负荷高，处理设备的体积大大减小，加热保温能耗也得以降低，工程效能得以显著提高。

3.3 污泥厌氧消化主要影响因素

作为生物处理的一种，所有能够影响微生物生长和活动的内外界因素都会对污泥厌氧消化产生一定的影响，比如温度、营养物质、酸碱度、微量元素等。加之污泥厌氧消化反应过程复杂，具有水解、产酸、产甲烷等多个不同的反应阶段，而每个阶段都有各自不同的微生物菌群，相互依存、相互影响。正是由于反应过程的复杂性和微生物的多样性，使得污泥厌氧消化受到的影响因素更多。综合来看，目前影响污泥厌氧消化的因素主要有如下几种：

3.3.1 温度

温度是污泥厌氧消化过程中非常重要的参数，对底物和产物的物理化学特性、微生物的生长活性和代谢速率、生物多样性等均有影响。厌氧消化一般分为低温厌氧消化（15～20℃）、中温厌氧消化（33～35℃）和高温厌氧消化（52～55℃）（超高温很少用）。低温厌氧消化对外加能源的需求率低，但所需消化时间长、对病原菌的杀灭率低、消化效率低且容易受到外界环境的影响，因此工程中常采用中温厌氧消化和高温厌氧消化。高温厌氧消化负荷和产气量都较大，因此所需的消化时间较短，一般为 15～20d（见图 3-4 和图 3-5）。此外，因温度较高，可以杀灭约 99％的病原菌，但高温厌氧消化需要外界提供大量的能量来维持其反应温度，且对操作管理要求较高。相对而言，中温厌氧消化在无需提供过多能量的条件下，仍能保证较高的负荷和产气量，厌氧消化效率也较高，其消化时间一般不超过 30d（见图 3-4 和图 3-5），且操作管理比较容

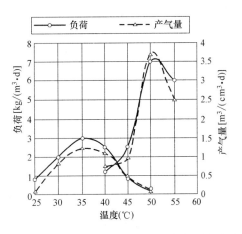

图 3-4 厌氧消化温度与负荷、产气量的关系

易，使其成为目前研究应用最为广泛的厌氧消化温度。但随着诸如高温热水解等一些预处理措施的出现，污泥厌氧消化温度已经不局限在这两个范围内。

在厌氧消化系统运行过程中，保持系统稳定的厌氧消化温度同样重要，因为温度的波动对产甲烷菌影响较大，温度波动超过 1℃/d 可导致厌氧消化的失败，要恢复系统运行，需要经过一段时间，突变时间越长，恢复所需要的时间也越长。

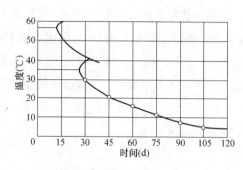

图 3-5 厌氧消化时间和温度的关系

3.3.2 pH 值

pH 值可以改变厌氧消化系统中各种阴、阳离子的形态，从而影响微生物对其的利用。此外，受等电点等的影响，不同微生物或细菌有着自己生长的最适 pH 值范围，当厌氧消化系统的 pH 值超出微生物的适宜生长范围时，微生物的活性会显著下降。产甲烷菌对 pH 值的变化非常敏感，其适宜的 pH 值范围较窄，通常在 6.6～7.5，而水解发酵菌和产酸菌适宜的 pH 值范围较宽，在 5.0～8.5。厌氧消化过程中，水解酸化产生的有机酸会引起 pH 值下降，当酸发生大量积累时，产甲烷菌受到抑制，会导致整个厌氧消化的失败。然而产甲烷菌在利用有机酸时产生的 CO_2 以及氨代谢和硫酸盐还原产生的碳酸盐或碳酸氢盐碱度能使 pH 值升高，起到缓冲作用，阻止厌氧消化系统的酸化现象。因此，一般要求厌氧消化系统内碱度保持在 2000mg/L 左右，以维持厌氧消化系统的 pH 值稳定。

3.3.3 营养元素

微生物的生命活动需要合适的碳、氮、磷、硫和微量元素等营养物质。常规的城镇污水处理厂污泥中这些元素都大量存在，但各种元素浓度或存在比例可能不同，从而影响厌氧消化的稳定性。一般来说，C/N 为（10～16）∶1 较合适，而 N/P/S 为 7∶1∶1 比较合适。如果 C/N 太高，细胞的氮量不足，消化液的缓冲能力低，pH 值容易降低；如果 C/N 太低，氮量过多，pH 值可能上升，铵盐容易积累，会抑制厌氧消化进程。除了这些营养物质，其他微量元素也是必需的，如已知的厌氧降解微生物需要的微量元素有镍、钴、钼、铁、硒和钨等，对产乙酸细菌来说还有锌、铜和锰等。

3.3.4 抑制物质

正常情况下，微生物的增殖和活动需要多种物质，但当某一种物质超过一定浓度后，会对微生物产生一定的抑制作用；此外，如抗生素类、内分泌干扰物（EDCs）、有机氯农药（OCPs）等生物难以降解利用的物质，尽管浓度较低，但也会对微生物产生一定的抑制作用。

1. 氨

氨是含氮有机物，主要为蛋白质和尿素等降解过程中产生的物质，铵根离子（NH_4^+）和游离氨（NH_3）是无机氮最主要的两种存在形式，两者的比例随着 pH 值和温度的变化而变化。由于游离氨可以穿过细胞膜进入细胞使钾离子缺失从而打破细胞膜内外离子平衡，故在二者中毒性较强。升高温度能够加快微生物的生长速率，但是也会导致氨浓度的积累，因此高温厌氧消化系统更容易受氨浓度抑制。pH 值升高会使游离氨与铵根离子浓度的比值升高，从而使氨的毒性进一步增强，随之带来的系统不稳定运行往往导致 VFA 浓度的增加，这又会降低 pH 值，从而降低游离氨浓度，如此循环，系统尚可勉强维持运行，但产气量会降低。对于厌氧消化过程，由于氨是微生物生长所必需的营养元素，且氨具有一定的缓冲 pH 值的作用，因此一定浓度的氨（一般低于 200mg/L）有利于系统的稳定运行。而在 pH 值为 7.6 的高温厌氧消化条件下，当游离氨浓度为 560～568mg/L（以 N 计）时，甲烷产量会降低 50%。当游离氨浓度累积到 4051～5734mg/L（以 N 计）时，产乙酸菌的活性几乎没有受到影响，而产甲烷菌早已失去活性，由此可见产乙酸菌的适应能力比产甲烷菌强得多。但是产甲烷菌可以通过改变菌群数量或者转变优势种群来适应氨产生的抑制，经驯化的产甲烷菌在高温条件下可耐受浓度高达 2g/L（以 N 计）的氨浓度。

2. 金属离子

当污水处理厂进水中含有较多金属工业废水时，其产物污泥中的金属离子含量一般相对较高。许多酶和辅酶依赖微量的金属元素来维持其活性，如钠是产甲烷菌必不可少的营养元素，因为钠离子对于 ATP 和 NADP 的氧化非常重要。但当金属离子浓度过高时，易与酶结合使酶失活，也会与氢氧化物结合生成具有絮凝性的物质，使酶沉淀，降低酶的活性，从而抑制微生物的生长代谢。氢利用型产甲烷菌的最适钠离子浓度为 350mg/L。在中温条件下，产甲烷菌的活性在钠离子浓度为 3500～5500mg/L 时受到轻微抑制，在钠离子浓度达到 8800mg/L 时受到强烈抑制。当厌氧消化系统中含有 400mg/L 的钾离子时，中温和高温条件下的厌氧消化性能都会得到改善。但当钾离子浓度高时，会大量进入细胞，中和膜电位，进而对细胞的正常新陈代谢造成影响，尤其在高温厌氧消化系统中。采用乙酸钠和葡萄糖作为基质，利用污泥作为接种物进行厌氧消化时，乙酸利用菌的最大半抑制浓度为 0.74mol/L。

金属离子对厌氧消化系统抑制机理复杂，且相互作用。在厌氧消化系统中同时加入钾离子和钙离子，可以降低钠离子对产甲烷菌的毒性，提高厌氧消化效率。但该作用在加入的钾离子和钙离子分别为 326mg/L 和 339mg/L 这一最适浓度时才有显著作用。钾离子和镁离子在最佳浓度共存时也能有效降低钠离子的毒性，但如果加入的浓度与最佳浓度相差甚远，这种拮抗作用微乎其微。而钠、镁、钙和铵离子在缓解钾离子的毒性上效果显著。其他一些金属离子的抑菌浓度如表 3-2 所示，但需要注意的是，细菌也可在系统中得到驯化从而适应不同的金属离子浓度，这取决于金属离子的浓度和接触的时间，当驯化的时间足够长时，细菌能对有毒害作用的离子表现出耐受性，活性不受到明显的影响。然而，当离子浓度超过耐受限时，驯化过程也将无法正常进行，微生物的生长会受到严重抑制。

部分物质的抑制浓度（mg/L）　　　　　　　　　　表 3-2

物质	促进浓度	轻微抑制浓度	严重抑制浓度
Na^+		3500～5500	8000
K^+	200～400	2500～4500	12000
Ca^{2+}	100～200	2500～4000	8000
Mg^{2+}	75～150	1000～1500	3000
NH^{4+}		1500～3500	3000
S^{2-}		200	200
Cu^{2+}			0.5（溶解性）
铬			50～70（总量）
Cr^{6+}		10	2.0（溶解性）
Cr^{3+}			180～240（总量）

续表

物质	促进浓度	轻微抑制浓度	严重抑制浓度
Ni^{2+}			30（总量）
Zn^{2+}			1.0（溶解性）
砷酸盐和亚砷酸盐		＞0.7	
氰化物		1～2（经驯化后可到50）	
铅化合物		5	
含铁化合物		＞35	
含铜化合物		1	
氯化物		6000	

3. 硫化物

在厌氧条件下，硫酸盐作为电子受体被硫酸盐还原菌（SRB）还原为硫化物。此还原过程中不完全氧化菌和完全氧化菌这两种硫酸盐还原菌起到了主要作用。不完全氧化菌将乳酸氧化为乙酸和二氧化碳，完全氧化菌则将乙酸氧化为 CO_2 和 HCO_3^-，但 SO_4^{2-} 都被还原为 S^{2-}。硫化物抑制作用主要为 SRB 对底物的竞争作用和硫化物对不同微生物种群有毒害作用。

SRB 能够对醇、有机酸、芳香族化合物和长链脂肪酸（LCFA）等一系列基质进行新陈代谢，它们会与厌氧消化系统中的水解菌、产酸菌或者产甲烷菌争夺作为营养物质的 H_2、乙酸、丙酸和丁酸等。通常情况下，由于 SRB 不能降解生物高聚物，只能对发酵产物进行利用，所以由竞争作用产生的抑制作用不会发生在厌氧消化的第一阶段，只会对产乙酸和产甲烷阶段造成影响。从热力学和动力学的角度来看，SRB 应能够大量利用丙酸和丁酸，优于产乙酸菌，而过度增长，但是一些因素的存在如 COD/SO_4^{2-}、硫化物的毒性以及 SRB 和产乙酸菌种群的相对数量，都会影响此竞争作用，从而影响 SRB 的生长。产乙酸菌能有效地与 SRB 竞争丁酸和乙醇，产甲烷和还原硫酸盐过程可以同时发生，但是氢利用型产甲烷菌很容易因 H_2 被 SRB 大量利用而导致活性被削弱，如果废水中含有高浓度的硫酸盐，进入厌氧消化反应器后，反应器中的氢利用型产甲烷菌将会由氢利用型的硫酸盐还原菌替代。另外，温度也会对氢利用型产甲烷菌和硫酸盐还原菌之间的竞争作用产生影响，SRB 在中温条件下生长占优势，而产甲烷菌在高温条件下有更大的种群数量。

由于硫化氢能够直接穿过细胞膜，引起蛋白质变性的同时对硫的代谢过程造成干扰，因此对于产甲烷菌和硫酸盐还原菌都有毒害作用。在厌氧消化系统中，总硫浓度为 0.003～0.006mol/L 或者硫化氢浓度为 0.002～0.003mol/L 时都会抑制微生物的生长，要保证产甲烷过程稳定运行，硫化物的浓度需低于 150mg/L。厌氧微生物对硫化物毒性的敏感性程度如下：水解发酵菌＜SRB＝产酸菌＜产甲烷菌。

4. 挥发性脂肪酸（VFA）

VFA 可被产甲烷菌降解利用形成甲烷，是厌氧消化过程中最重要的中间产物。但是高浓度的 VFA 对微生物有毒害作用，特别是当 VFA 浓度为 6.7～9.0mol/m³ 时会严重抑制产甲烷菌的活性。VFA 浓度的升高主要是由于系统中温度的波动、有机负荷过高或者含有有毒物质等造成的，在这种情况下，产甲烷菌不能很快地消耗系统中的氢和挥发性有机酸，从而导致酸的积累，使系统的 pH 值降低，进而抑制水解和酸化过程。

在序批式厌氧消化反应系统中，不断增加的 VFA 浓度对厌氧消化的水解、产酸和产甲烷这几个不同的阶段有着不同程度的抑制影响。以纤维素和葡萄糖作为底物进行厌氧消化发现，在不考虑系统 pH 值的情况下，VFA 对纤维素水解阶段的抑制发生在浓度为 2g/L 时，而对葡萄糖水解阶段的抑制发生在浓度为 4g/L 时。纤维素和葡萄糖厌氧消化的产气量分别在 VFA 浓度超过 6g/L 和 8g/L 时受到明显抑制。另外，在厌氧消化反应器中，VFA 能够增强 pH 值对甲烷产量和 VFA 降解过程的影响。

5. 长链脂肪酸（LCFA）

在厌氧消化过程中，LCFA 是脂肪水解产生的，LCFA 通过同型产乙酸菌的 β-氧化作用，进一步转换为乙酸和氢，最终乙酸和氢在产甲烷菌的作用下转化为甲烷、二氧化碳和水。LCFA 在低浓度时即会对革兰氏阳性菌产生抑制作用，而对革兰氏阴性菌无抑制作用。Angeli-daki 和 Ahring 研究发现，18 碳的 LCFA，如油酸和硬脂酸，在浓度为 1.0g/L 时有抑制作用。并且发现其抑制作用是不可逆的，当浓度重新达到无抑制的水平时，微生物增长仍无法恢复。LCFA 能够抑制产乙酸菌、丙酸降解菌和乙酸型产甲烷菌的活性，且抑制作用主要与 LCFA 的初始浓度和抑制浓度有关。当 LCFA 吸附至微生物的细胞壁或细胞膜上时，会导致细胞膜堵塞，影响细胞的运输或保护功能；此外，当 LCFA 吸附至微生物的表面时，会使 LCFA 和微生物细胞膜之间的表面张力增强，LCFA 表面活性加强，对微生物的抑制作用也相应加强，大幅度改变细胞膜的流动性和渗透性，由此导致大量细菌解体，从而对微生物表现出抑制作用，最终使得系统运行失败。

除了上述金属离子、氨、硫化物等物质在一定浓度条件下会对污泥厌氧消化产生抑制作用外，其他各种阴离子（硝酸根、氯离子等）、抗生素类物质、内分泌干扰物、有机氯杀虫剂、全氟与多氟烷基化合物、多氯联苯等在一定浓度条件下也会对污泥厌氧消化产生较大的抑制作用。

3.3.5　污泥投配率

污泥投配率指每日加入污泥厌氧消化池的新鲜污泥体积与厌氧消化污泥体积的比率，以百分数计，它直接决定了厌氧消化系统的负荷。根据经验，中温厌氧消化污泥投配率以 6%～8% 为宜，可在 5%～12% 之间选用。污泥投配率大，有机物分解程度降低，产气量减少，所需厌氧消化池体积小；反之产气量增加，所需厌氧消化池体积大。

3.3.6　厌氧消化系统搅拌

污泥混合搅拌是影响污泥厌氧消化的重要因素。搅拌操作可以使新鲜污泥与熟污泥均匀接触，加强热传导，均匀地供给细菌以养料，打碎液面上的浮渣层，提高厌氧消化池的负荷。一般厌氧消化池的搅拌设备应能在 2～3h 内将全池污泥搅拌一次，厌氧消化池搅拌系统有以下 3 种主要方式：

（1）池外污泥泵循环搅拌，可用于处理能力达 4000m³ 的厌氧消化池；

（2）螺旋搅拌器搅拌，适合平底厌氧消化池；

（3）沼气循环搅拌，优点是没有机械磨损，可促进厌氧分解，缩短厌氧消化时间。

国外运行经验表明，采用螺旋搅拌器搅拌能耗最低，在同等运行条件下采用沼气循环搅拌能耗高于螺旋搅拌器搅拌，采用池外污泥泵循环搅拌由于存在大量水力损失，能耗也高。但目前我国采用国产搅拌设备正常投入运行的并不多，缺乏对厌氧消化池污泥混合程度的统一评价标准。

3.3.7　氢

厌氧消化的多个阶段均会产生 H_2，水解阶段产生脂肪酸、CO_2 和 H_2，乙酸化阶段产生乙酸、CO_2 和 H_2，或乙酸和 H_2（丙酸和正丁酸的厌氧氧化），后者必须在产甲烷菌对 H_2 利用后才能发生（或者硫酸盐还原菌利用后），否则将产生 H_2 的积累。H_2 的消耗还会发生在产甲烷菌将 CO_2 和 H_2 合成甲烷的过程中。只有产甲烷菌将 H_2 消耗后，脂肪酸的乙酸化过程以及其他还原性反应才能进行。当氢分压分别低于 10^{-4} 和 10^{-5} 时，丙酸和丁酸的乙酸化过程在热力学上才是可进行的。当氢分压高于 10^{-4} 时，根据吉布斯自由能的变化，系统更倾向于向还原 CO_2 的途径而不是产生乙酸的途径进行。一个功能良好、稳定运行的厌氧消化系统，系统内氢分压必须很低，这样才能使降解的有机质最终基本转化为乙酸。

3.3.8　污泥预处理

预处理是通过破坏底物基质中微生物的细胞壁，使胞内有机质大量释放，降低厌氧消化各菌群对有机质的利用难度，从而加快水解速率、提高污泥厌氧消化效率的方法。厌氧消化底物基质的预处理方法一般可分为物理法、化学法、生物法以及联合预处理法。

物理法应用较多的主要有热处理、超声波处理和微波处理等。热处理是通过提供外加热能使底物基质中的微生物细胞膨胀并破裂，从而使细胞内的有机质如蛋白质、矿物质等释放，同时较高的温度也加快了水解速率，促进水解过程的进行。热处理的最佳温度一般在 $160\sim180℃$ 范围内。超声波处理和微波处理也应该算是热处理的一种，是近年来新出现的快速高效的污泥预处理方法，能在短时间内产生热量，破坏细胞结构，促进细胞内有机质的释放，提高后续处理中有机质的去除率。

化学法主要是通过投加外源化学物质，如碱（氢氧化钠、氢氧化钙）、臭氧（O_3）等直接或间接地破坏细胞壁。化学法预处理可以在常温条件下，以较少的投加量得到较好的细胞破解效果。然而，化学物质的投加可能对后续处理处置产生负面影响，也因此限制了化学预处理法的发展。

生物酶技术是新兴的预处理技术，主要是通过向底物基质中投加溶菌酶或能够产生胞外酶的细菌等，水解微生物的细胞壁，达到溶胞目的。生物酶技术在国外已受到较广泛的关注，国内在这方面的研究仍较少，该技术无毒无害、对酶的需求量低，将会是今后预处理方法的重要研究方向。

联合预处理旨在通过将两种或两种以上的预处理方法结合来大幅度提高微生物的破解效果。

3.4　污泥厌氧消化沼气及沼液的处理和利用

3.4.1　沼气提纯和利用

《〈城市污水处理及污染防治技术政策〉的通知》（建城［2000］124 号）中明确指出"日

处理能力在 10 万 m³ 以上的污水二级处理设施产生的污泥，宜采取厌氧消化工艺进行处理，产生的沼气应综合利用"。根据高碑店污水处理厂等 8 家污水处理厂的计量结果表明，城市污泥厌氧消化沼气产率为 4～14m³ 沼气/m³ 污泥，而我国规模在 10 万 t/d 以上的污水处理厂污水处理能力达到 0.34 亿 t/d，以高碑店污水处理厂产气率数据计算，预计可产沼气 91.5 万 m³/d，相当于 3.3 亿 m³/年，是一种不可忽视的再生能源。但厌氧消化沼气中除含有 55%～65% 的甲烷外，还含有 25%～35% 的二氧化碳，且含有硫化氢和水分，热值较低，直接利用途径较少，因此沼气一般需要经过提纯和净化后，使沼气中甲烷含量达到 90%～95% 以上再加以有效利用。

沼气提纯技术主要是指沼气脱硫技术、沼气脱二氧化碳技术和沼气脱水技术。目前国内还没有成熟的沼气脱硫技术，形成规模的更是屈指可数。当前我国沼气提纯的瓶颈有：（1）沼气提纯设备价格高，动辄千万元；（2）国内大规模的沼气工程较少，形成产业化难度高；（3）设备主要靠进口，国产的沼气提纯设备不够成熟。不过沼气脱硫技术在国内的沼气工程政策支持下，正快速发展。

沼气提纯技术可分三步走：（1）生物脱硫与干法氧化铁脱硫相结合的技术，保证处理后的沼气中硫化氢含量小于 15mg/m³；（2）变压吸附（PSA）分离二氧化碳技术，利用吸附剂选择吸收二氧化碳与甲烷的特点，在高压下吸收二氧化碳，允许甲烷通过，在低压下释放二氧化碳，吸附剂获得再生，目前沼气脱二氧化碳技术还有吸收法、膜分离法、低温分离法、微藻二氧化碳捕获技术等；（3）降温增压冷凝脱水技术。

沼气利用方式可根据沼气量、资金状况选择能量利用效率较高的方式。未经处理的沼气，能量密度低，长期以来仅作为民用能源使用，如取暖、炊事和照明。目前将沼气作为汽车燃料最有效益（在瑞典，沼气提纯后甲烷的含量达到 92%，可供汽车使用，价格比汽油便宜1/3。），其次是发电或者驱动曝气机，而作为普通燃料直接烧掉的能量转化率仅为 30% 左右。沼气发电在我国数量较多，据统计，只要规模在 1000kW 以上，平均电价为 0.4 元/kWh 时，沼气发电厂的经济性能就能和煤电相当。在目前原煤价格持续走高的情况下，沼气发电的优势更为明显。

3.4.2 沼液利用和处理

沼液作为厌氧发酵尾液含有各种营养元素和有机质，是一种速效性与长效性兼备的生物有机肥料，因此应以综合利用为主。但受限于运输困难等客观因素，单一利用方式不能解决日产沼液量较大的沼气工程的末端问题，这在很大程度上限制了沼气工程的发展，而且沼液具有较强的还原性，如果不加以综合利用或处理，极有可能造成二次污染。对于中小型沼气工程，其产生的沼液量相对较少，沼液主要以综合利用为主，如通过浓缩、减量化等方法，使其营养成分得到有效浓缩，体积大大减小，方便沼液的推广销售。此外，沼液也可以直接用作生物有机肥料，如沼液经加水稀释后可直接用于农作物、果树、花卉及经济作物等植物上，沼液也可以配合化肥施用，浓缩后的沼液还可用作叶面肥喷施。而对于大型沼气工程，由于产生的沼液量大、有机物浓度高且难降解，除了部分综合利用外，该类沼液必须以无害化处理和达标排放处置为主。

目前，对沼液的处理方法主要有 4 种，一是 A（缺氧）＋O（好氧）＋MBR（膜生物分离）法，其中好氧生化系统采用活性污泥与填料载体相结合的工艺具备脱氮功能，同时固液分离采用 MBR 膜生物反应器，保证系统 SS、有机污染物的去除，确保运行稳定并达到出水水质的要求；二是电解絮凝处理法，该方法在于通过调节其酸碱性，电解破坏其胶体特性再进行絮凝沉淀以达到使其分离的目的；三是生态处理法，针对某些厌氧处理后有机物、氨氮、固体悬浮物等物质浓度较低的沼液，采取微生物生态法进行处理，利用砂滤池将沼液中的悬浮固体去除，滤过清液通过迂回沟渠及高点流淌使其与空气接触并氧化；四是利用厌氧氨氧化技术，厌氧氨氧化菌（anaerobic ammonium oxidation，Anammox）是一类典型的自养型菌，属于浮霉菌门，"红菌"是业内对厌氧氨氧化菌的俗称，通过厌氧氨氧化菌的生物化学作用，可以将沼液中的氨氮和亚硝态氮转化为氮气去除。目前 A/O-MBR 法和电解絮凝处理法主要应用在污水处理领域，在沼液处理方面的应用较少，主要是因为这些技术对于处理沼液来说运行成本高，运行稳定性差，生态处理法一般所需场地较大，只有当地具有闲置土地时才可以选择。由于厌氧消化液中氨氮和 HCO_3^- 浓度很高，而有机物含量相对较低，厌氧氨氧化菌可以直接利用无机碳源把氨氮和硝态氮转化为氮气去除，尽管当前厌氧氨氧化所需条件比较苛刻，但仍是未来厌氧消化沼液处理的重要途径。

3.4.3 沼渣利用和处理

有机物质在厌氧发酵过程中，除了碳、氢、氧等元素逐步分解转化，生成大量甲烷、二氧化碳等气体外，其余各种养分元素基本都保留在发酵后的剩余物中，其中一部分水溶性物质保留在沼液中，另一部分不溶解或难分解的有机、无机固形物则保留在沼渣中，在沼渣的表面还吸附了大量的可溶性有效养分。因此，沼渣含有较全面的养分元素和丰富的有机物质、微量元素等，具有速缓兼备的肥效特点，应该首先考虑综合利用，比如园林绿化、公园绿地等用肥。从经济角度来看，沼渣直接作为肥料进行土地利用最为节省，但由于土地利用经常为季节性、间歇性使用，因此直接利用方式难以解决大型污泥厌氧消化工程产生的沼渣，这就需要对沼渣进行预处理，比如堆肥、干化等，以便于直接使用或运输。目前国内外对沼渣的利用一般有园林绿化、矿山修复、沙化土壤改良、垃圾填埋覆盖土等方式，此外，也采用焚烧的方式处理过剩的沼渣或者不适宜作为肥料的沼渣。

3.5 污泥厌氧消化系统设计

污泥厌氧消化是一个系统，其设计涉及环境、暖通、机械、结构、电气等多领域、多学科，已经有相关的规范。此处仅介绍厌氧消化工艺设计常用的初步方法，主要包括厌氧消化方式选择、厌氧消化池池形选择、搅拌方式选择、厌氧消化池容积计算、热工计算、加热方法、沼气产量及储气柜设计等。

3.5.1 厌氧消化方式选择

厌氧消化方式的确定是进行厌氧消化工艺设计的前提，该步骤主要明确厌氧消化温度、厌氧消化等级和厌氧消化相别的选择。

1. 厌氧消化温度

如前所述，目前比较常用的厌氧消化温度是中温和高温，这两种厌氧消化温度各有优缺点，需要根据工程当地的自然条件、人员条件、能源供应条件、厌氧消化要求、污泥泥质特性、预处理方式等客观情况进行有效选择。一般来说，中温厌氧消化运行相对稳定，易于控制，能耗相对较低，且设计、运行经验较多，因此采用中温厌氧消化温度居多。不管选择哪种厌氧消化温度，其允许的温度变动范围均为 $\pm(1.5 \sim 2.0)$℃。

2. 厌氧消化等级

按照厌氧消化池的数量一般分为一级厌氧消化和两级厌氧消化，其中一级厌氧消化指污泥厌氧消化是在一个厌氧消化池内完成的；两级厌氧消化指污泥厌氧消化是在两个厌氧消化池内完成的，第一级厌氧消化池设有加热、搅拌装置及气体收集装置，不排上清液和浮渣，第二级厌氧消化池不进行加热和搅拌，仅利用第一级的余热继续厌氧消化，同时排上清液和浮渣。两级厌氧消化工艺的土建费用较高，运行操作比一级厌氧消化复杂，在有机物的分解率方面略有提高，产气率比一级厌氧消化约高 10%。基于节省投资费用和运行的简易稳定，目前国内多采用一级厌氧消化方式。

3. 厌氧消化相别

不同于厌氧消化等级，厌氧消化相别一般分为单相和两相两种（见图 3-3）。其中单相厌氧消化是所有厌氧消化反应均在一个反应器中完成，而两相厌氧消化则把酸化和甲烷化两个阶段分离在两个串联反应器中，使产酸菌和产甲烷菌各自在最佳环境条件下生长，充分发挥其各自的活性，达到提高容积负荷率、减小反应容积、增加运行稳定性并提高处理效果的目的，但两相厌氧消化因分离会导致操作复杂，且酸化阶段会产生高浓度的硫化氢，因此国内采用单相厌氧消化较多。

3.5.2 厌氧消化池池形选择

厌氧消化池应该具有良好的混合搅拌性能、较高的浮渣泡沫去除能力、结构条件好和没有死区等特点。当前应用的厌氧消化池池形很多，但较为常用的有 4 种（见图 3-6）各有优缺点：

1. 龟甲形厌氧消化池

此种厌氧消化池的优点是土建造价低、结构设计简单，但对搅拌系统要求高，能确保防止和消除沉积物，因此相配套的设备投资和运行费用较高。龟甲形厌氧消化池在英国、美国采用的较多。

2. 锥底圆柱形厌氧消化池

锥底圆柱形厌氧消化池的形状为圆柱状中部、圆锥形底部和顶部，在中欧及我国比较常用。厌氧消化池中部高度 h：直径 $\phi=1$，下底坡度为 $1.0 \sim 1.7$，顶部坡度为 $0.6 \sim 1.0$。这类厌氧消化池有利于内循环，热量损失相对较少，搅拌系统可选择性好。但底部容积较大，易堆积砂料，需要定期停运进行清理。此外，在形状变化的部分存在尖角，应力很容易聚集在这些区域，使结构处理较困难。底部和顶部的圆锥部分，在土建施工浇筑时混凝土难密实，易产生渗漏。

3. 卵形厌氧消化池

卵形厌氧消化池是在锥底圆柱形厌氧消化池的基础上进行的改进，该池形相对上述两类厌氧消化池有很多优点，如：1) 搅拌效果好，池底不容易板结；2) 一定池容条件下，池体总表面积小，热量损失少；3) 池顶部表面积小，易于去除浮渣和收集沼气；4) 从结构上看，卵形结构受力好，节省建材；5) 外形美观。卵形厌氧消化池最显著的特点是运行效率高，经济实用，成为一种主要的推荐形式。

4. 平底圆柱形厌氧消化池

平底圆柱形厌氧消化池是一种土建成本较低的池形，圆柱部分的高度：直径≥1，在欧洲应用较为普遍。这种平底对循环搅拌系统要求较为单一，多采用可在池内多点安装的悬挂喷入式沼气搅拌技术。

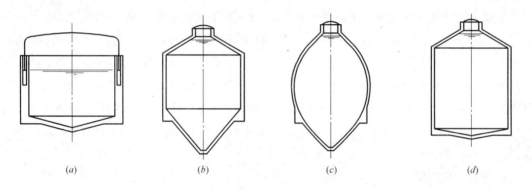

图 3-6　常见厌氧消化池形状

(*a*) 美国 Anglo 形（龟甲形）；(*b*) 锥底圆柱形；(*c*) 卵形；(*d*) 平底圆柱形

为了保证厌氧消化池的操作温度、反应所需的厌氧条件以及收集厌氧消化产生的气体，不管哪种形式的厌氧消化池都需密封覆盖。厌氧消化池的盖可以是固定的，也可以是浮动的。系统排泥时，为了防止厌氧消化产生的气体中混入氧气而引发爆炸，应该避免空气进入厌氧消化池。固定盖通常为圆顶形和水平形，由钢筋混凝土、钢或玻璃纤维增强聚酯制作而成。浮动盖通常用于单级厌氧消化池或两级厌氧消化池的第二阶段，一个变化的浮动盖是浮式储气器，有一个扩展的裙形浮罩，当沼气产量供大于求时可被储存。储气罐的覆盖最近发展为用膜覆盖，当气体储存量减少或者液面与膜之间的空间增大时，将利用风机排出阀系统对膜之间的空间进行加压或减压。

漂浮在液体表面的浮动盖通常有一个最大的垂直行程，为 2~3m。沼气池盖下的气体压强范围通常在 $0~3.7kN/m^2$。在椭球状池中，用于储存气体的空间有限，需提供外部储存装置。

3.5.3　搅拌方式选择

厌氧消化是菌体与底物的接触反应，在反应过程中需要使两者充分混合，因此搅拌就变得十分重要。通过设计合理的搅拌方式，达到以下目标：(1) 使新鲜污泥与富含消化菌的厌氧消化污泥充分混合，使温度和底物浓度均匀，形成合适的物理、化学以及生物环境，加快反应速度；(2) 使气体顺利与污泥分离，溢出液面；(3) 使系统温度和 pH 值保持均匀，避免消化菌受温度和 pH 值变化的影响；(4) 防止池内产生大量浮渣，同时也避免底泥的沉积。在对污泥加热和沼气释放过程中，由于气泡的上升和热对流，厌氧消化池中总存在一定程度的天然搅拌，尽管有一定的混合作用，但对于达到最佳的反应效果仍是不够的，因此，需要额外进行辅助混合。目前常用的混合搅拌方式有 3 大类：沼气搅拌、机械搅拌（包括机械叶轮搅拌、机械提升循环搅拌、水下搅拌器搅拌等）和污泥泵循环搅拌（见图 3-7）。

1. 沼气搅拌

该方式直接利用厌氧消化产生的沼气，并经过压缩后在厌氧消化池内释放，从而使物料充分混合。沼气搅拌可采用多种方式，如底部沼气喷射搅拌、可变竖管式沼气搅拌等。底部沼气喷射搅拌由沼气输送管和沼气释放口组成。沼气输送管可从厌氧消化池顶部侧壁或厌氧消化池侧面进入，沿池底伸入到池中部与沼气释放口连接，沼气释放后使含沼气泡的污泥密度减小，从而沿导流管上升，厌氧消化池内消化液不断循环搅拌达到混合的目的。此方式搅拌器的特点是构造简单、易操作。但易堵塞，因沼气释放口的设置聚集在池底中部，适合于直径小且坡度较大的锥底池形。可变竖管式沼气搅拌是在厌氧消化池内均匀布置若干根竖管，经过加压的沼气通过沼气配气总管分配到各根竖管，再从竖管下端的喷嘴喷出，起到搅拌混合的作用。该搅拌方式可以按需要在池内多点布置，并可分组运行，具有结构简单、设置和操作灵活等特点。由于可分组搅拌，因此具有所需要的搅拌强度较小、对消化池的适应性强、不受液面控制等优点。此类形的搅拌器适合于上述的各种池形，用在平底或底部锥形较缓的厌氧消化池中更显示出其优点。沼气搅拌所需的单位气体流量一般为 $0.004 \sim 0.007 \mathrm{m^3/(m^3 \cdot min)}$，池内速度梯度一般为 $50 \sim 80 \mathrm{s^{-1}}$。

沼气搅拌在国内外应用较多，这主要是因为沼气搅拌有很多优势：（1）沼气的流动带动了污泥在池内部的循环；（2）造成的湍流效应防止了浮渣的产生，混合效果好且改善了气体分离的效果；（3）采用沼气搅拌无需考虑池形和液位高度。但沼气搅拌同样存在一些缺点：（1）组成复杂，一般包含沼气压缩机、沼气喷射管、沼气循环管、冷凝水排放设备和沼气过滤器等，造成了运行管理的复杂；（2）沼气是易燃易爆气体，针对沼气的设备需要采取特殊的安全措施。

2. 机械搅拌

该搅拌方式通常使用低速转动的螺旋叶轮桨，通过池外电机驱动而转动对消化混合液进行搅拌，可以通过导流筒向上或向下两个方向推动污泥，因此在固定污泥液面的前提下，能够有效地消除浮渣层。机械搅拌设备组成简单、操作容易、维修量小，适用于卵形厌氧消化池或者坡度较大的锥底圆柱形厌氧消化池，已经被大量应用于各种规模的厌氧消化池中。但当池内的螺旋桨发生故障时，消化系统要停止运行，进入内部检修。机械搅拌所需功率一般为 $0.004 \sim 0.006 \mathrm{kW/m^3}$，以实现池内速度梯度达到 $50 \sim 80 \mathrm{s^{-1}}$ 的要求。

3. 污泥泵循环搅拌（外部泵循环搅拌）

从厌氧消化池中心排出的大量厌氧消化剩余污泥被泵送入外部热交换器，在热交换器中与原泥混合，加热升温后又被泵入厌氧消化池的底部喷嘴或者穿过顶部的浮渣层送回到厌氧消化池。一般要求外部泵叶轮直径至少 100mm，管道直径至少 200mm，但不得超过 600mm。这种搅拌方式适用于体积不超过 4000m³ 的厌氧消化池，对于大型厌氧消化池最好设置两台或以上的泵。然而该搅拌方式为了保证厌氧消化池中的充分搅拌，循环流速较大，能耗较大。基于厌氧消化池的体积，外部泵循环搅拌方式所需的功率为 $0.002 \sim 0.005 \mathrm{kW/m^3}$，使得池内速度梯

度达到 $50\sim80s^{-1}$。若存在过度的摩擦损失，该功率可能会更高。此外，该方法还存在循环泵堵塞、叶轮容易被砂砾磨损以及轴承容易产生故障等缺点。

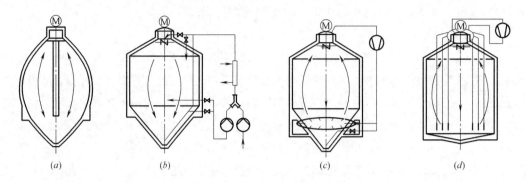

图 3-7 常见厌氧消化混合搅拌方式

（a）机械搅拌桨；（b）外部泵循环搅拌；（c）底部沼气喷射搅拌；（d）可变竖管式沼气搅拌

3.5.4 厌氧消化池容积计算

厌氧消化池池容可以基于一定的人均体积负荷（m^3）进行计算，表 3-3 中列出了一些典型的设计值。如果工业废水是污水处理厂污水的一部分，表 3-3 中的人均设计标准应该相应地增加人口当量。由于设计时需要人为假定某些重要的参数如固体去除效率等是恒定的，而这些参数在不同的污水处理厂中差异很大，因此人均体积负荷只能用作厌氧消化池体积的初步设计。因此，在设计厌氧消化池体积时最常用的标准之一为挥发性悬浮固体（VSS）负荷率（见表 3-3）。设计标准基于在厌氧消化池连续运行的情况下，固体产生量的月峰值，过低的固体负荷会降低厌氧消化池的效率。

在厌氧消化过程中，微生物需要一定的时间来对有机物进行消化降解，固体停留时间也可以作为标准来设计厌氧消化池的体积。在没有污泥回流或者上清液排出的厌氧消化系统中，固体停留时间等同于水力停留时间（HRT）。对于在 35℃ 条件下的厌氧消化过程，为了防止微生物的大量流失，最短的 SRT 需要 10d，一般需要 20～30d（即投配率 3.33%～5%），而高温条件下一般需要 10～15d（即投配率 10%～6.67%）。确定厌氧消化的 SRT 时，必须考虑最高峰的负荷。表 3-3 给出了使用 SRT 作为设计标准时需要参考的临界值。由于这些标准是建立在理想的条件（合适的温度、充分的搅拌和合理的进料）下，在实践中确定 SRT 时应乘以一个安全系数，工程上一般建议至少乘以 2.5（见表 3-3）。

中温厌氧消化池的典型设计参数 表 3-3

参　数	数值	
	标准	高值
生污泥（m³/人）	0.06～0.08	—
生污泥＋滴滤池腐殖污泥（m³/人）	0.06～0.14	—
生污泥＋活性污泥（m³/人）	0.06～0.08	0.07～0.09
固体负荷率［kg VSS/(m³·d)］	0.64～1.60（中温） 2.0～2.8（高温）	

参 数	数值	
	标准	高值
固体停留时间(d)	30～60	10～20
生污泥＋生化污泥(含工业废水)(%)	2～4	4～7
剩余污泥(含工业废水)(%)	4～6	4～7

3.5.5 热工计算及加热方法

如前所述，厌氧消化过程中温度变动范围应控制在±(1.5～2.0)℃，因此需要比较稳定的加热系统。热量主要用于两方面：(1)将进料加热至厌氧消化池内的温度以减少进料对厌氧消化系统的冲击；(2)补偿厌氧消化池壁、底和顶部的热量损失。

将污泥加热至厌氧消化池内的温度所需的热量可由公式(3-1)计算：

$$Q_1 = W_f C_p (T_2 - T_1) \tag{3-1}$$

式中　Q_1——所需的热量，J/d；

W_f——每天的进泥量，kg/d；

C_p——污泥比热，4200J/(kg·℃)；

T_2——厌氧消化池的操作温度，℃；

T_1——进泥的温度，℃。

补偿厌氧消化池各种热量损失所需的热量可由式(3-2)计算：

$$Q_2 = UA(T_2 - T_a) \tag{3-2}$$

式中　Q_2——热量损失，J/s；

U——传热系数，W/(m²·℃)；

A——厌氧消化池产生热量损失的表面积，m²；

T_2——厌氧消化池的操作温度，℃；

T_a——厌氧消化池外温度，℃。

墙壁、地板和顶板，绝缘或非绝缘结构的传热系数均可在文献中查阅。

对污泥进行加热最常用的方法为外部热交换器，蒸汽喷射方法也有应用。蒸汽加热不需要热交换器，但是蒸汽锅炉在污水处理厂中不常见，且蒸汽直接加热有时会出现局部过热现象。外部热交换器能使回流污泥在加热前与生污泥进行混合，在将生污泥与厌氧微生物进行接种方面也存在一定的优势。目前普遍使用的外部热交换器有3种类型：水浴式换热器、管式换热器和螺旋式换热器。逆流的设计和高达850～1000W/(m²·K)的传热系数使得管式换热器和螺旋式换热器备受青睐。换热器中使用的热水通常在由沼气驱动的锅炉中加热产生，在厌氧消化池的启动阶段或者沼气产量不充足时，需要有其他替代燃料如天然气等。

3.5.6 沼气产量及储气柜

厌氧消化过程产生的气体中有65%～70%的甲烷，30%～35%的二氧化碳以及微量的氮气、氢气、硫化氢和水蒸气，相对密度约为0.86。由于甲烷平均浓度约为65%，沼气的热值

在 $21 \sim 25 MJ/m^3$，比天然气的热值低 $30\% \sim 40\%$。

产甲烷率可根据厌氧消化的动力学方程来估计：

$$P_x = \frac{YES_0}{1 + k_d \theta_c} \tag{3-3}$$

$$V = 0.35(ES_0 - 1.42P_x) \tag{3-4}$$

式中　P_x——细胞的净生长质量，kg/d；

　　　Y——产率系数，g/g；

　　　E——有机污染物利用率，一般为 $0.6 \sim 0.9$；

　　　S_0——进泥的最大 BOD_L 值，kg/L；

　　　k_d——内源呼吸系数，d^{-1}，一般污水处理厂污泥的内源呼吸系数为 $0.02 \sim 0.04 d^{-1}$；

　　　θ_c——微生物细胞的平均停留时间，与 SRT 相等；

　　　V——甲烷的产量，m^3/d；

　　0.35——1kg BOD 转化为甲烷时的理论转换因子；

　　1.42——细胞物质转化为 BOD 时的转换系数。

一般来说，每降解 1kg VS 产气量为 $0.75 \sim 1.12 m^3$，每添加 1kg VS 产气量为 $0.50 \sim 0.75 m^3$，或以人口当量计为 $0.03 \sim 0.04 m^3/(人 \cdot d)$。

另外，根据污泥投配率估算产气量，当生污泥含水率为 96% 时，中温厌氧消化的污泥投配率为 $6\% \sim 8\%$，产气率可达 $10 \sim 12 m^3$ 沼气/m^3 生污泥；高温厌氧消化的污泥投配率为 $13\% \sim 15\%$，产气率可达 $13 \sim 15 m^3$ 沼气/m^3 生污泥。

沼气储存一般采用沼气储气柜，以便于调节产气量的波动及系统的压力，并维持产气量与用气量之间的平衡，沼气储气柜有高压（约 1MPa）、低压（$3000 \sim 5000Pa$）和无压 3 种类型，调节容积一般为日平均产气量的 $25\% \sim 40\%$，即 $6 \sim 10h$ 的产气量。储气柜及沼气收集管需要注意防腐、防火，并防止冬季结冰。

3.6 污泥厌氧消化新技术

针对污泥厌氧消化存在的问题，比如消化效率低、消化时间长、有机质降解率低、沼气中硫含量高等，为了提高消化效率、缩短消化时间，人们开发了多种新技术，其中已应用的新技术有如下 3 种。

3.6.1 基于高温热水解预处理的高含固污泥厌氧消化技术

针对污泥厌氧消化过程中水解酸化进程缓慢、产甲烷底物不足、整个发酵过程周期长且产气率低的特点，开发了污泥高温高压热水解预处理技术（Thermal Hydrolysis Pre-Treatment），形成了高效、低耗的热水解工艺，可有效提高污泥厌氧消化的速度和产气率。此工艺不仅适用于中小型污泥处理工程，更能用于大型污泥处理工程，特别适合现有污泥处理工程的改造。

1. 高温热水解技术原理

常规污泥厌氧消化一般处理对象为含水率为 93% 左右的污泥，而该工艺是以高含固率的脱水污泥（含固率15%～20%）为处理对象的厌氧消化处理技术。工艺采用高温、高压对污泥进行热水解与闪蒸处理，使污泥中的胞外聚合物和大分子有机物发生水解，并破坏污泥中微生物的细胞壁，强化物料的可生化性能，改善物料的流动性，提高污泥厌氧消化池的容积利用率、厌氧消化的有机物降解率和产气量，同时能通过高温高压预处理，改善污泥的卫生性能及沼渣的脱水性能，进一步降低沼渣的含水率，有利于厌氧消化后沼渣的资源化利用。

从固相到液相的物质转化与温度、压强和反应时间有关。当温度范围为150～220℃、停留时间为2h时，有机物的水解率能达到70%。对于剩余污泥来说，在175℃下停留30～60min效果最好，溶解性COD达到45%，产气率提高20%。如果温度再提高，会产生难降解的有机氮化合物，反而不利于沼气的产生。低温下以脂类、多糖和蛋白质的水解为主，在这种情况下水解pH值会降低。如果同时增加压强，氨基酸会进一步分解为氨，这能使pH值上升。

高温高压热水解的气体产物包括二氧化碳（75%）和甲烷（8%），以及少量氨气和硫化氢。另外，高温高压热水解（超过190℃）还有可能发生碳化反应和梅拉德反应（又称棕色反应，是氨基化合物和羰基化合物之间的缩合反应，温度越高，反应越激烈，所生成的系列复杂产物称为类黑色素，该物质难于生物降解）。这两种反应都会对沼气生产产生负面影响，因为碳化反应产生的单质碳不能作为生物反应的底物被利用，而梅拉德反应的产物如果浓度过高会对厌氧消化过程中的生物代谢产生抑制作用。

2. 高温热水解污染物质的转化

高温高压热水解对污泥中污染物质的分解有着积极的作用，主要发生如下反应：（1）碳水化合物的水解，如纤维素、半纤维素、淀粉、葡萄糖，水解为多羟基醛类或酮类的化合物、CO_2等；（2）蛋白质裂解成多肽进而裂解成氨基酸；（3）脂肪水解成甘油和高级脂肪酸。此外，当温度为180℃时污泥中的多环芳烃PAH和咔唑也会被进一步分解，而重金属从液相中被浓缩至固相中，减少了对污泥上清液回流的污染。

3. 基于高温热水解预处理的高含固污泥厌氧消化流程

典型的基于高温热水解预处理的高含固污泥厌氧消化流程见图3-8。

由于世界各地污泥厌氧消化发展的侧重点不同，污泥热水解技术在近年来也出现了多种技术组合形式（见图3-9）：（1）初沉污泥与剩余污泥同时进行热水解，然后进行厌氧消化，这也是目前比较常用的组合形式；（2）剩余污泥进行热水解后与初沉污泥混合后进行厌氧消化；（3）初沉污泥与剩余污泥全部先进行厌氧消化，然后进行热水解，最后再进行厌氧消化。

图3-9中所有污泥经过热水解的路线适合于对处理后污泥泥质有较高要求的场合，出泥可以达到A级污泥的标准，同时所需厌氧消化池的池容较小，但是热水解单元的占地面积较大；初沉污泥不经过热水解的路线出泥达不到A级污泥的标准，可以达到B级污泥的标准，但热水解单元的占地面积最小；两次厌氧消化的路线厌氧消化池和热水解单元的占地面积都较前两

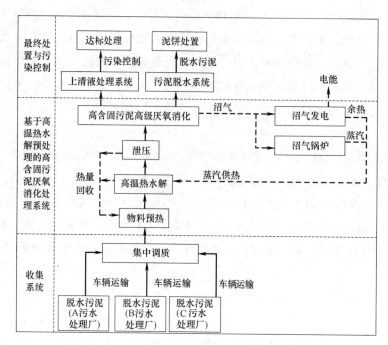

图 3-8　污泥高级厌氧消化流程图

者略大，但能量的回收率较高，同时可以达到 A 级污泥的标准。因此，具体选择哪一种形式取决于当地的实际情况。

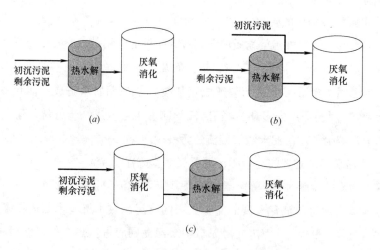

图 3-9　污泥高级厌氧消化热水解组合形式

（a）组合形式 1：同时进入，先热水解后厌氧消化；

（b）组合形式 2：分别进入，先热水解后厌氧消化；

（c）组合形式 3：同时进入，先厌氧消化后热水解再厌氧消化

　　不管哪种组合形式，高温热水解一般包括预热、反应和泄压闪蒸 3 个过程。具体操作分为 6 步：（1）通过传输泵从浓缩池中将待处理污泥输送到反应器中；（2）从其他反应器中输出的闪蒸蒸汽对污泥进行预加热，污泥温度可以从 15℃提高到 80℃；（3）利用来自于蒸汽锅炉的

高温蒸汽保持热水解反应在温度 150~170℃、压强 0.5~0.6MPa 下进行；（4）在上述温度和压力条件下反应时间保持 20~30min；（5）反应结束后，蒸汽被释放到另一个反应器中，用以预加热污泥；（6）热水解污泥被释放到缓冲池中储存。此循环过程无需用泵，均靠反应器中的剩余压力完成。

污泥的热水解预处理产生的效果对后续处理工艺有如下优点：

（1）提高了悬浮性颗粒污泥的可溶性，特别是有机物。由于溶解性物质较颗粒性污泥易降解，因此提高了污泥的生物可降解性，增加了产气量，产生的生物沼气质量高。

（2）降低了污泥的黏滞性。在相同的干污泥含量和温度条件下，热水解后，污泥的黏滞性较热水解前下降约 10 倍。这可以使厌氧消化池接受这种低黏滞性高含固污泥还不存在搅拌问题。同时，低黏滞性的污泥使得厌氧消化池前的热交换器在小管径下也不存在污泥堵塞问题。

（3）热水解工艺改善了污泥的卫生学性质。反应器的高温高压反应条件（150~170℃）和较长的反应时间（30min），能杀灭污泥中的病菌等有害微生物，初步实现污泥的无害化。除此之外，热水解污泥还具有无臭味、易于搬运处理等特点，特别适合用作农业肥料。

（4）热水解预处理后的污泥具有更佳的脱水性能。在离心脱水和只投加聚合物不投加石灰的条件下，对于二次沉淀池污泥，其脱水后含固率可达到 30%；对于混合污泥，其脱水后含固率可达到 35%。污泥的脱水性能得到改善，这意味着最终污泥体积减量化程度的提高。

热水解预处理除了能达到预期的效果，还会产生一些不利的影响。特别是较高的污泥降解率会使铵（NH_4^+）含量增加 15%，另外 COD 含量也会增加 10%，这对反应器稳定运行没有影响，但是在处理污泥上清液时必须要考虑到。

3.6.2　污泥高含固厌氧消化技术

受管理操作水平低、用地限制和规划不当等因素限制，城市污泥通过厌氧消化技术实现稳定化并回收能源的工艺在我国并未得到很好地推广；另外，传统的污泥厌氧消化工艺属于低含固厌氧消化领域（进料含固率 TS 为 2%~5%），处理效率较低 [有机负荷 OLR 为 0.6~1.6 kgVS/(m³·d)]，工艺稳定性较差。针对上述现状，Dai 等研究人员提出了城市污泥高含固厌氧消化的技术构想：第一，城市污泥经脱水后可统一收运，集中进行厌氧消化和后续处理处置，为污泥处理处置提供新的管理思路；第二，高含固厌氧消化具有处理效率高 [进料 TS≥ 15%，OLR 为 3.0~6.0kgVS/(m³·d)]、反应器体积小、加热保温能耗低等潜在优势，为污泥厌氧消化技术效率的提升提供了新的技术路线。

为比较高含固厌氧消化工艺与传统低含固厌氧消化工艺的性能，假设：（1）污泥的 VS/TS 均为 60%；（2）SRT 为 20d，VS 降解率均为 40%，降解单位 VS 的产气率为 0.9m³/kg；（3）沼气中甲烷含量为 65%，甲烷的热值为 35822kJ/m³。则污泥高含固厌氧消化工艺与传统低含固厌氧消化工艺在处理效率和单位体积反应器产能方面的性能比较如表 3-4 所示。可见，污泥高含固厌氧消化工艺在提高单位体积处理量和产能效率方面具有显著的优势。

污泥高含固厌氧消化工艺与传统湿法厌氧消化工艺的比较　　　表 3-4

比较参数	高含固厌氧消化工艺	传统湿法厌氧消化工艺
进料含固率(TS, W/W, %)	20	2~5
有机负荷[kgVS/(m³·d)]	6.0	0.6~1.5
体积产气率[m³ 沼气/(m³·d)]	2.2	0.2~0.5
单位体积产能	50294kJ/(m³·d) 14kWh/(m³·d)	5029~12574kJ/(m³·d) 1.4~3.5kWh/(m³·d)

目前，高含固厌氧消化的研究对象主要涉及市政、工业、农业等多个领域，包括餐厨垃圾、农业废弃物、城市生活垃圾中的有机部分等，主要应用集中在城市生活垃圾中的有机部分，而关于高含固污泥的研究较少。Fujishima 等曾经考察了含水率对污泥厌氧消化的影响，但该研究中所采用的污泥的含固率低于 11%（此时污泥仍为流动状态），且并未进行长时间运行效果的考察。Nges 等考察了 SRT 对脱水污泥厌氧消化的影响，但其研究采用的脱水污泥 TS 低于 12%（此时污泥仍为流动状态）。

与传统厌氧消化类似，高含固厌氧消化运行过程受到多种因素的影响，如温度、pH值、负荷等，但高含固厌氧消化影响因素有自己的特点，主要是氨抑制发生了明显的变化。

众所周知，污泥中富含蛋白质类有机质，在厌氧消化过程中，蛋白质水解将释放出氨。在厌氧消化系统中，氨在液相中主要以离子态 NH_4^+ 和游离态 NH_3 的形式存在，当氨氮浓度过高时将会对厌氧微生物产生抑制作用（见 3.3 节）。高含固厌氧消化工艺的污泥含固率是传统厌氧消化系统的 4~10 倍，这意味着，高含固厌氧消化系统内的氨氮浓度将大幅度升高，游离态 NH_3 是污泥高含固厌氧消化的重要潜在影响因素。

在污泥中温高含固厌氧消化系统中，游离态氨氮（FAN）浓度是影响系统稳定性的一个重要参数，在相同的总氨氮（TAN）浓度下，FAN 浓度受系统 pH 值的影响，随 pH 值降低而降低。FAN 对甲烷菌的抑制通常会导致 VFA 浓度升高，而 VFA 浓度升高有利于降低系统的 pH 值，从而降低 FAN 的浓度，使抑制作用减弱。因此，在一定浓度范围内（TAN<4000mg/L，FAN<600mg/L），FAN、VFA 和 pH 值的相互作用在一定程度上可以使系统形成一个"氨抑制下的稳定状态"。

随着 TAN 或 FAN 浓度升高，系统中 VFA 浓度整体呈上升趋势（见图 3-10），但 VFA 与 TAN 的相关性较差，与 FAN 的相关性较好，且主要成指数相关。在 VFA-TAN 坐标系中，实心点所对应的数据在 TAN 浓度高达 4000mg/L 时，VFA 浓度仍然低于 2000mg/L，这是因为，这些数据点所对应的工况条件下虽然 TAN 浓度较高，但由于系统的 pH 值环境差异（如 SRT 较短、pH 值相对较低），使得系统中 FAN 浓度较低，没有引起 VFA 的严重积累。

在进料 TS 为 20%、污泥 VS/TS 为 60% 左右、SRT≥40d、VS 降解率≥39% 的试验工况

下，研究表明，当 FAN 小于 400mg/L 时对系统稳定性及消化性能均无显著影响；当 FAN 浓度为 400～600mg/L 时，引起 VFA 的积累和甲烷产率的略微下降；当 FAN 浓度为 600～700mg/L 时，VFA 浓度进一步升高，甲烷产率明显下降，但系统仍能在抑制作用下形成一个稳定运行的状态。为保证城市污泥高含固厌氧消化系统的稳定性，应控制系统内 FAN 浓度不持续高于 600mg/L。

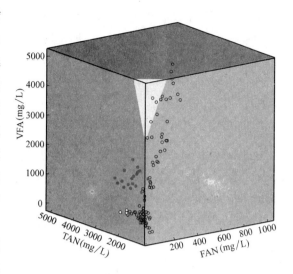

图 3-10　VFA 随 TAN 和 FAN 的变化（三维分布）

值得注意的是，FAN 占 TAN 的比例受温度影响较大，高含固厌氧消化工艺在高温 55℃运行时，与中温 35℃相比，其 FAN 浓度约为中温系统的 2.8 倍，如图 3-11 所示。因此，若高含固厌氧消化工艺在高温段运行，其进料 TS 将受到限制。考虑到系统的稳定性，城市污泥高含固厌氧消化工艺更适合在中温条件下运行。

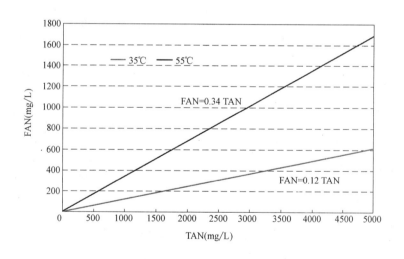

图 3-11　高温和中温条件下 FAN 浓度的变化（假设消化液 pH 值为 8.0）

3.6.3　共消化（协同消化）技术

共消化一般指两种或两种以上物料混合后共同进行厌氧处理，共消化对于提高消化系统本身的性能和整体的经济性都有积极作用。纵观众多共消化方面的研究和实践，在提高消化系统本身的性能方面，其优势主要可归纳为以下 3 点：（1）提高甲烷产率；（2）提高系统的稳定性；（3）废弃物能够得到更好的处理。而在提高整体经济性方面，共消化的优势主要体现在以下两点：（1）不同的废弃物共享同样的处理设施，减少废弃物处理分支流程；

（2）便于进行集中式规模化处理，发挥规模效应。更进一步，一年当中不同的有机废弃物在产量和性质方面均会有较大的波动，采用共消化方式有利于这些有机废弃物进行更稳定的处理。

一般来说，共消化发挥优势的关键在于平衡了对于厌氧消化比较重要的物料参数，如常量营养元素、微量营养元素、C/N、pH值、潜在抑制性或有毒物质、可降解有机物比例、含固率等。

目前与城市污泥进行协同消化的物料一般为城市餐厨垃圾。首先，餐厨垃圾占生活垃圾的比例大、含水率高，且来源稳定，若将其从生活垃圾中分离出来进行集中式资源化处理，既有利于资源化利用，也有利于生活垃圾的减量和后续处理、处置。其次，餐厨垃圾有机质含量高，但氮素含量较低，而城市污泥相反，有机质含量低，氮素含量较高，二者协同可以实现互补。

单独污泥厌氧消化系统中VFA浓度略高的主要原因为FAN的抑制，因为其系统内TAN浓度为4.1g/L，FAN浓度为600mg/L左右，对系统有一定的抑制作用。而餐厨垃圾系统中VFA积累严重并最终导致厌氧消化系统运行，可能的原因为含盐量较高，Na^+浓度高达4000mg/L。有研究表明，中温条件下，Na^+浓度达到3.5～5.5g/L时对甲烷菌有中等抑制作用，由于试验中餐厨垃圾单独厌氧消化反应器的有机负荷较高，且餐厨垃圾属于易水解酸化物料，甲烷化速率一旦受到影响，将导致VFA的快速积累，从而严重影响系统的稳定性。而Dai等的研究表明，脱水污泥和餐厨垃圾（含固率均为20%左右）进行共消化时，餐厨垃圾添加比例（以湿重比例计）在20%～60%范围内时，共消化系统的VFA浓度显著低于污泥和餐厨垃圾分别单独厌氧消化的系统。且随着进料中餐厨垃圾比例的增大，单位体积的甲烷产率和产气率明显提高了。例如，污泥与餐厨垃圾以4：1的比例进行共消化后，与污泥单独厌氧消化相比，在同样的停留时间下，系统内VFA浓度下降了40%，反应器单位体积产气率提高了57%。相比城市污泥，餐厨垃圾中有机质含量高、易降解，因此污泥中添加餐厨垃圾有助于在利用原有消化罐容积的前提下提高有机负荷和体积产气率。

考虑到共消化在稀释抑制物、提高系统稳定性方面的优势，以及高含固厌氧消化技术在提高厌氧消化效率和工程效能方面的优势，城市污泥和餐厨垃圾采用高含固厌氧消化工艺进行共消化有望成为其高效资源化利用和稳定化处理的一条新途径。

除餐厨垃圾外，动物粪便以及一些工业有机废弃物等也常常作为污泥的协同消化物料。这些有机垃圾先通过碾磨机粉碎后进行分选，其他干扰物质通过筛子去除，剩下的有机垃圾先在稀释池中被稀释，然后被输送到消毒稳定池杀菌消毒，再和一定量的市政污泥混合一起加入到厌氧消化池中进行厌氧发酵；产生的沼气用于发电。其工艺流程如图3-12所示。除了进行厌氧消化所需的厌氧消化池以外，其他的一些配套设施包括：进料设备和储槽，预处理设备（如研磨机等），分选设备（如筛子等），沼气收集（储气罐）和利用系统（包括发电机、涡轮机、燃料电池等，多余沼气用火炬燃烧）。

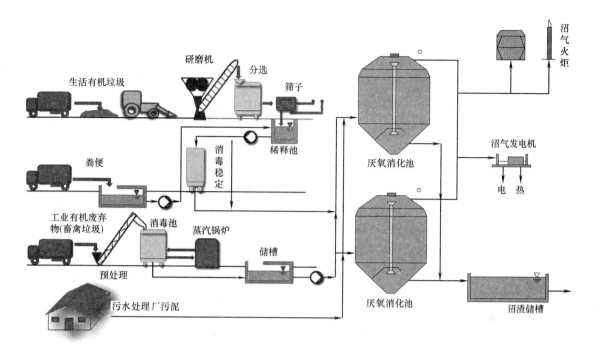

图 3-12 污水处理厂剩余污泥与城市有机废弃物厌氧共消化工艺流程

第4章　污泥脱水

4.1　污泥脱水理论

4.1.1　污泥脱水性能及影响因素

1. 脱水性能评价

污泥脱水性能系指污泥脱水的难易程度，衡量污泥脱水性能的指标主要有污泥比阻和污泥毛细吸水时间。

（1）污泥比阻

污泥比阻（Specific Resistance to Filtration，SRF）是指在一定压力下，在单位过滤介质面积上，过滤单位质量的干固体所受到的阻力，常用 R（m/kg）表示，计算公式如下：

$$R = \frac{2 \cdot P \cdot A^2 \cdot b}{\mu \cdot W} \tag{4-1}$$

式中　P——过滤压力，N/m^2；

　　　A——过滤面积，m^2；

　　　μ——滤液黏度，$N \cdot s/m^2$；

　　　W——单位体积滤液产生的干污泥质量，kg/m^3；

　　　b——过滤时间/滤液体积与滤液体积的斜率，s/m^6。

不同污泥比阻差别较大，比阻越大，污泥的脱水性能越差。一般来说，比阻小于 $1 \times 10^{11} m/kg$ 的污泥易于脱水，比阻大于 $1 \times 10^{13} m/kg$ 的污泥难以脱水。因此污泥脱水前应进行污泥的调理，以降低比阻。

比阻是表征污泥过滤特性的综合性指标，其测定过程与真空过滤脱水过程基本相近，因此能非常准确地反映出污泥的真空过滤脱水性能，同时也能比较准确地反映出污泥的压滤脱水性能，但由于其测定过程与离心脱水过程相差甚远，因此不能准确反映污泥的离心脱水性能。此外，比阻测定过程较复杂，受人为因素干扰较大，测定结果重现性较差。

（2）污泥毛细吸水时间

污泥毛细吸水时间（Capillary Suction Time，CST）是指污泥中的毛细水在滤纸上渗透 1cm 距离所需的时间。CST 越小，污泥的脱水性能越好。

污泥毛细吸水时间适用于所有的污泥脱水过程，但要求泥样与脱水污泥的含水率完全一致，因此其测定结果受含水率影响较大。此外，CST 测定过程简便，测定速度快，测定结果也较稳定。

2. 脱水性能影响因素

污泥脱水性能受很多因素的影响，包括污泥絮体的结构、性质和特征，如污泥水分的存在形式、胞外聚合物、Zeta 电位、粒径分布及污泥来源等，都会对污泥的脱水性能起决定性作用。

(1) 水分的存在形式

污泥颗粒因富含水分、拥有巨大的表面积和高度亲水性，而带有大量结合水，结合水与固体颗粒之间存在着键结，活性较低，需借助机械力或化学反应才能去除。相对于结合水，自由水环绕在固体四周，并能以重力方式引出，因此结合水的含量可视为机械脱水的上限，即结合水含量越多，污泥越难脱水。

(2) 胞外聚合物

污泥胞外聚合物（EPS）是附着在微生物细胞壁上的大分子有机聚合物，主要由蛋白质、多糖和 DNA 等组成。EPS 带有负电荷，可吸引大量相反电荷的离子并聚集在污泥内部，使污泥内外形成渗透压，从而影响污泥的脱水性能。

(3) Zeta 电位

污泥颗粒由带负电的微生物菌胶团粒子组成，具有双电层结构。污泥胶体的带电特性可以用 Zeta 电位表示，颗粒的 Zeta 电位越高，絮体越稳定，脱水性能越差。

(4) 粒径分布

粒径分布是衡量污泥脱水性能的关键因素，污泥粒径大小对污泥表面积、污泥絮体孔隙率有重要影响，从而影响污泥的脱水性能。一般来讲，细小污泥颗粒所占的比例越大，污泥平均粒径越小，脱水性能就越差。污泥颗粒越小，其总体比表面积就越大，水合程度就越高，污泥颗粒本身带有负电荷，互相之间排斥，再加上由于水合作用而在颗粒表面附着着一层或几层水，进一步阻碍颗粒之间的结合，最终形成了一个稳定的胶絮体分散系统。

(5) pH 值

pH 值的波动会引起污泥胶体表面特性的改变，从而使得污泥脱水性能也随之改变。有研究表明，pH 值越低，离心脱水的效率越高。对于过滤脱水，当 pH 值为 2.5 时，能得到最高含水率的泥饼。

(6) 絮体密度

污泥密度是描述污泥质量与体积关系的参数。污泥密度有两种表达方式，颗粒密度用于描述单个颗粒的质量与体积之比；容积密度用以描述污泥颗粒群体的质量与体积之比。其中容积密度是指单位污泥的质量，由于压实和有机物降解作用，沉积时间越长的污泥，致密度越高，容积密度越大。

(7) 分形尺寸

分形尺寸是絮体结构的量化表示，描述了颗粒在团块中的集结方式。分形尺寸越大，絮体集结的越紧密，越容易脱水。

（8）污泥来源

不同来源的污泥，组成成分不同，脱水性能也不同。如：城镇污水处理系统产生的初沉污泥主要由有机碎屑和无机颗粒物组成，比阻为 $20 \times 10^{12} \sim 60 \times 10^{12}$ m/kg，脱水性能较好；而活性污泥是由有机颗粒包括平均粒径小于 $0.1 \mu m$ 的胶体颗粒、$1.0 \sim 100 \mu m$ 之间的超胶体颗粒及由胶体颗粒聚集的大颗粒等所组成，比阻为 $100 \times 10^{12} \sim 300 \times 10^{12}$ m/kg，脱水性能较差。此外，泥龄越长的污泥，脱水性能越差；SVI 值越高的污泥，脱水性能也越差。

4.1.2　污泥调理或调质

经过浓缩和消化后，污泥中的固体主要由亲水性带负电的胶体颗粒组成，由于颗粒物质细小而不均匀，污泥水与污泥固体颗粒的结合力很强，比阻值较大，因此脱水性能较差，若直接脱水将需要大量的脱水设备，因此一般污泥在脱水前需进行预处理，以改善其脱水性能、提高脱水效果和脱水设备的生产能力，此过程也称为污泥的调理或调质。污泥调理主要包括物理调理、化学调理和微生物絮凝调理。

1. 物理调理

常见的物理调理方法包括热处理法、冷冻法及淘洗法等。此外，随着技术的进步，出现了一些新技术对污泥进行脱水性能的改善，如超声波、微波、电凝聚等。

热处理法是通过污泥加热，破坏污泥胶体颗粒的稳定性，使部分亲水性有机质胶体物质分解，改变污泥颗粒的结构，从而改善污泥的脱水性能。同时还能杀菌灭毒，兼有污泥稳定、消毒和除臭的功能。按照加热温度的不同，可以分为高温加压调理（$170 \sim 200℃$，$1.0 \sim 1.5$MPa）和低温加压调理（小于 $150℃$，$0.3 \sim 0.4$MPa）两种。该方法能有效地改善污泥的脱水性能，但同时也存在投资运行费用高、操作要求高及处理后滤液有机物含量高等缺点。

冷冻法通过污泥冷冻-融解过程，破坏污泥的胶体结构，使胶体脱稳凝聚且细胞膜破裂，细胞内部的水分释放，从而提高了污泥的脱水性能和沉降性能，经过冻融后，污泥脱水速度相比于冷冻前提高了几十倍。

淘洗法适用于消化污泥的预处理，目的在于节省混凝剂用量，但需要增设淘洗池及搅拌设备，且淘洗污泥的费用往往超过降低调理剂用量所节省的费用，因此这种方法现在较少采用。

2. 化学调理

化学调理是指通过向污泥中投加混凝剂、助凝剂等化学药剂，来破坏污泥胶体颗粒的稳定性，使分散的细小颗粒相互聚集形成较大的絮体，从而改善污泥的脱水性能。由于化学调理流程简单，操作简便，且调质效果稳定，因此实际应用中以化学调理为主。常用的化学调理剂主要包括无机混凝剂和高分子絮凝剂。

无机混凝剂包括铝盐、铁盐等金属盐类混凝剂，无机混凝剂在水中离解成为带正电荷的粒子，通过中和电荷压缩双电层、降低斥力，增加颗粒间的吸附，并降低粒子和水分子的亲和力，使胶体颗粒脱稳凝聚，改善其沉淀性能，进而改善污泥的脱水性能。金属盐类混凝剂价廉易得，但调理效果受 pH 值影响大，投加量较大，一般为污泥干固体质量的 5%～20%，导致滤饼体积增加 15%～30%，而且会显著降低污泥的肥效和热值，因此当污泥的最终处置方式为土地利用或焚烧时，一般不适合采用无机混凝剂进行污泥调质。

高分子絮凝剂是高分子聚合电解质，包括无机高分子混凝剂和有机高分子絮凝剂。与无机混凝剂相比，高分子絮凝剂除了能中和污泥胶体颗粒的电荷及压缩双电层外，还可利用其高分子的长链条构成污泥颗粒之间的"架桥作用"，并且能形成网状结构，起到网罗作用，促进凝聚过程，提高污泥的脱水性能。无机高分子混凝剂以聚合氯化铝为主，有机高分子絮凝剂主要是聚丙烯酰胺（PAM），其聚合度高达 20000～90000，相应的分子量高达 50 万～800 万，分为弱阳离子、中阳离子及强阳离子 3 种，实际应用都较多。高分子絮凝剂具有凝聚效果受环境影响小、pH 值使用范围宽、调质效果好、投药量少（一般为污泥干固体质量的 1％以下）、污泥量基本不变、污泥肥效和热值不降低等优点，因此当污泥的最终处置方式为土地利用或焚烧时，最好采用该类药剂。

另外，污泥调质中通常还会使用助凝剂，包括石灰、硅藻土、木屑、粉煤灰等惰性物质，助凝剂一般不起混凝作用，其主要作用是调节污泥的 pH 值，或形成较大絮体的骨料，改善污泥颗粒的结构，破坏胶体的稳定性，提高混凝剂的混凝效果。

3. 微生物絮凝调理

微生物调理剂是一种由微生物产生的可使液体中不易降解的固体悬浮颗粒、菌体细胞及胶体粒子等凝集、沉淀的特殊高分子代谢产物，它是通过微生物发酵、分离提取而得到的一种新型、高效的水处理剂。

按照来源不同，微生物调理剂主要分为 3 类：（1）直接利用微生物细胞的调理剂，可直接作为絮凝剂的微生物有某些细菌、霉菌和酵母菌等；（2）利用微生物细胞壁提取物的调理剂，如真菌、藻类含有的葡萄糖、甘露聚糖、N-乙酰葡萄胺等在碱性条件下水解生成的带正电荷的脱乙酰几丁质、含有活性氨基和羟基等具有絮凝作用的基团；（3）利用微生物细胞代谢产物的调理剂，主要成分为多糖的微生物细胞分泌到细胞外的代谢产物。

微生物絮凝剂是带有电荷的生物大分子，在污泥调质中起桥连作用、中和作用和卷扫作用。尽管微生物絮凝剂的性质不同，但和固体悬浮颗粒的絮凝有相似之处，它们通过离子键、氢键的作用与悬浮物结合，由于絮凝剂的分子量较大，一个絮凝剂分子可同时与几个悬浮颗粒结合，在适宜的条件下，迅速形成网状结构而沉积，从而表现出很强的絮凝能力。微生物絮凝剂由于具有易于固液分离、无毒无害、安全性高、无二次污染、易被微生物降解、混凝絮体密实等优点，而受到重视与推广应用。

4.1.3 污泥脱水效果评价

通常采用泥饼含固率 C_u 和固体回收率 η 两个指标来衡量污泥的脱水效果。泥饼含固率是评价污泥脱水效果好坏的最重要的指标，泥饼含固率越高，污泥体积越小，脱水效果越好。固体回收率是泥饼中的固体量占脱水污泥中总干固体量的百分比，用 η 表示。η 越高，说明污泥脱水后转移到泥饼中的干固体越多，随滤液流失的干固体越少，脱水率越高。η 计算公式如下：

$$\eta = \frac{C_u(C_0 - C_e)}{C_0(C_u - C_e)} \tag{4-2}$$

式中　C_u——泥饼含固率，％；

C_e——滤液含固率,%;

C_0——脱水机进泥含固率,%。

污泥脱水效果需同时采用泥饼含固率和固体回收率两个指标进行评价,只获得较高的泥饼含固率,而固体回收率很低,或者固体回收率很高,但泥饼含固率很低,都说明污泥脱水效果不佳。此外,脱水机的脱水能力、絮凝剂投加量等也是评价污泥脱水效果好坏的一些重要方面。

4.2 污泥脱水技术分类

污泥脱水分为自然脱水和机械脱水两大类,机械脱水具有脱水效果好、效率高、占地面积小和恶臭环境影响小等优点,一般城镇污水处理厂都采用机械脱水。常用的污泥机械脱水方式包括压滤脱水、离心脱水及螺旋压榨式脱水。

4.2.1 压滤脱水

污泥压滤脱水的原理基本相同,都是以过滤介质两面的压力差作为推动力,使污泥中的水分通过过滤介质,形成滤液;固体颗粒被截留在过滤介质上,形成滤饼,从而达到脱水的目的。污泥压滤脱水主要有带式压滤脱水和板框压滤脱水两种。

1. 带式压滤脱水

带式压滤脱水是利用滤布的张力和压力,在滤布上通过对污泥施加压力来达到脱水的目的。带式压滤机工作原理如图 4-1 所示。污泥进入带式压滤机后,经过了重力脱水、楔形脱水和压榨脱水 3 个过程。

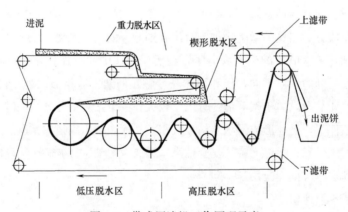

图 4-1 带式压滤机工作原理示意

(1)重力脱水阶段

预处理后的污泥在经过带式压滤机压滤之前需经过一水平段,即重力脱水段,在这一段上污泥中的大部分游离水依靠自身重力穿过滤带,从污泥中分离出来,一般重力脱水区可脱去污泥中 50%～70% 的水分,含固率增加 7%～10%,使污泥失去流动性,便于后续的挤压。

(2)楔形脱水阶段

污泥经重力脱水之后,仍难以满足压榨脱水段对污泥流动性的要求,因此在污泥的重力脱水段和压榨脱水段之间，设置一个楔形脱水区，通过滤带在该区逐步靠拢使得污泥手动挤压。在该段，污泥的含固率进一步提高，流动性几乎丧失，逐渐向固体转变，为污泥进行后续压榨脱水创造条件。

（3）压榨脱水阶段

污泥经过楔形脱水区后，被夹在两条滤带之间绕着压榨辊的辊筒移动，在滤带张力的作用下，上下滤带夹着滤饼绕着压榨辊进行反复挤压与剪切作用，脱除大量的毛细水，使滤饼水分逐渐减少。具体包括低压脱水和高压脱水两步，在张力一定的情况下，辊筒直径越大，压榨力就越小。带式压滤机前 3 个辊筒直径较大，一般为 500~800mm，施加到污泥层的压力较小，为低压脱水区。后面辊筒直径越来越小，压力较大，为高压脱水区。

带式压滤脱水具有运行操作简便，可连续稳定生产，噪声小，电耗少，易保养等优点，在污泥脱水中被广泛应用。但同时存在占地面积和需冲洗水量较大，车间环境较差，得到脱水污泥饼的含水率相对较高等问题。

2. 板框压滤脱水

板框压滤脱水是通过带有滤液通路的滤板和滤框平行交替排列，每组滤板和滤框中间夹有滤布，用可动端把滤板和滤框压紧，从而在滤板和滤框之间构成压滤室，污泥从料液入口进入压滤室，在压力作用下，滤液通过滤布从排液口流出，泥饼即聚积在框内滤布上，当滤板和滤框松开后，泥饼剥落，完成污泥脱水。

板框压滤机可分为人工板框压滤机和自动板框压滤机两种。人工板框压滤机，需通过人工将板框一块一块卸下，剥离泥饼并清洗滤布，再逐块装上，劳动强度大，效率低。而自动板框压滤机，可自动完成上述过程，效率高，劳动强度低。自动板框压滤机有垂直式和水平式两种，如图 4-2 所示。

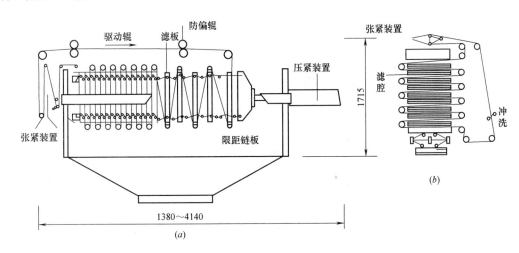

图 4-2　板框压滤机示意

（a）水平式；（b）垂直式

板框压滤机构造简单，过滤推动力大，所得滤饼含水率低，且对物料的适应性强，适用于各种污泥。但占地面积和冲洗水量较大，车间环境较差，不能连续运行，处理量小，脱水泥饼产率低。因此，它适合于中小型污泥脱水处理的场合。

4.2.2　离心脱水

污泥离心脱水是利用污泥颗粒和水之间存在的密度差，使得它们在相同的离心力作用下产生不同的离心加速度，从而导致污泥颗粒与水之间的分离，实现脱水的目的。离心脱水机种类较多，适用于城镇污泥脱水的一般是卧式螺旋离心脱水机。离心脱水机进泥含水率要求一般为95%～99.5%，出泥含水率一般可达到75%～80%。

离心脱水机具有结构紧凑、附属设备少，能自动连续运行，冲洗水量少，车间环境好等优点。但是存在噪声大、电耗高、药剂量高、污泥中的砂砾磨损设备严重等缺点。

4.2.3　螺旋压榨式脱水

螺旋压榨脱水机主要是利用有轴螺旋输送器在输送污泥过程中的剪切挤压作用来达到脱水的目的，其结构如图 4-3 所示。

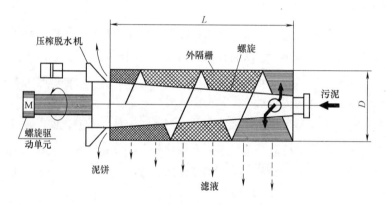

图 4-3　螺旋压榨脱水机结构示意

螺旋压榨脱水机的工作原理是：圆锥状螺旋轴与圆筒形的外筒共同形成滤室，污泥利用螺旋轴上的螺旋齿轮从入泥侧向排泥侧传送，在容积逐渐变小的滤室内，污泥受到的压力逐渐增大，从而完成压榨脱水。

螺旋压榨脱水机可连续运转，占地面积小，冲洗水量少、噪声低、车间环境好，但单机容量小，上清液固体含量高，国内应用实例尚不多，且设备较昂贵。

不同的污泥机械脱水方式有各自的使用范围，具体选择何种类型的机械脱水方式，应根据污泥的性质和现场条件综合考虑技术、经济、环境和管理等因素，全面分析判断后做出合理的选择。4 种机械脱水方式的性能如表 4-1 所示。

机械脱水方式性能比较　　　　　　　　　　　　　　表 4-1

比较项目	带式压滤脱水	板框压滤脱水	离心脱水	螺旋压榨式脱水
脱水设备部分配置	进泥泵、带式压滤机、滤带清洗系统、卸料系统、控制系统	进泥泵、板框压滤机、冲洗系统、空压系统、卸料系统、控制系统	进泥螺杆泵、离心脱水机、卸料系统、控制系统	进泥泵、螺旋压榨脱水机、冲洗系统、空压系统、卸料系统、控制系统

续表

比较项目	带式压滤脱水	板框压滤脱水	离心脱水	螺旋压榨式脱水
进泥含固率要求	3%～5%	1.5～3%	2%～3%	0.8%～0.5%
出泥含固率	20%	30%	25%	25%
运行状态	可连续运行	间歇式运行	可连续运行	可连续运行
操作环境	开放式	开放式	封闭式	封闭式
占地面积	大	大	紧凑	紧凑
需冲洗水量	大	大	少	很少
噪声	小	较大	较大	基本无
设备运行需换磨损件	滤布	滤布	基本无	基本无
机械脱水设备部分设备费用	低	贵	较贵	较贵

第 5 章 污 泥 堆 肥

5.1 污泥堆肥原理

污泥堆肥是利用污泥中的细菌、放线菌、真菌等微生物，在一定的人工条件下，有控制地促进可被微生物降解的有机质向稳定的腐殖质转化的生物化学过程。通常在污泥中加入一定比例的膨松剂和调理剂（如秸秆、稻草、木屑或生活垃圾等），利用微生物群落在潮湿环境下对多种不稳定的有机物进行氧化分解并转化为稳定性较高的类腐殖质。

根据堆肥过程中的需氧程度可将堆肥分为好氧堆肥、厌氧堆肥和兼性堆肥 3 种。通常兼性堆肥研究价值较小，厌氧堆肥简便、省工，但是由于有机物厌氧降解不彻底且伴有恶臭问题出现，因而其实际应用研究不多。好氧堆肥是在通风条件下，有游离氧存在时利用好氧微生物降解有机质，好氧堆肥堆体温度一般可达到 50～70℃，极限可达到 80～90℃，故亦称为高温堆肥，通常说的堆肥一般指高温好氧堆肥。

好氧堆肥原理是在有游离氧存在的条件下，利用堆料中好氧微生物的代谢作用对有机固体废弃物进行生物降解和生物合成。在堆肥过程中，溶解性有机质透过微生物的细胞壁和细胞膜而被微生物所吸收。固体和胶体有机质先附着在微生物体外，由微生物所分泌的胞外酶分解为溶解性物质，再渗入细胞内。通过微生物的氧化、还原、合成等过程，一部分被吸收的有机质氧化成简单的无机物，并释放出微生物生长活动所需要的能量；另一部分有机质转化为生物体所必需的营养物质，合成新的细胞物质，用于微生物的生长繁殖。好氧堆肥原理如图 5-1 所示。

下列方程式反映了堆肥化过程中有机质的氧化和合成。

（1）有机质氧化

1）不含氮有机质（$C_x H_y O_z$）

$$C_x H_y O_z + \left(x + \frac{1}{4}y - \frac{1}{2}z \right) O_2 \rightarrow x CO_2 + \frac{1}{2} y H_2O + 能量$$

2）含氮有机质（$C_s H_t N_u O_v \cdot a H_2O$）

$$C_s H_t N_u O_v \cdot a H_2O + b O_2 \rightarrow C_w H_x N_y O_z \cdot c H_2O(堆肥) + d H_2O(液) +$$

$$e H_2O(气) + f CO_2 + g NH_3 + 能量$$

（2）细胞质合成（包括有机质的氧化，并以 NH_3 作为氮源）

$$nC_xH_yO_z+NH_3+\left(nx+\frac{1}{4}ny-\frac{1}{2}nz-5x\right)O_2+能量\rightarrow$$

$$C_5H_7NO_2（细胞质）+(nx-5)CO_2+\frac{1}{2}(ny-4)H_2O$$

（3）细胞质氧化

$$C_5H_7NO_2（细胞质）+5O_2\rightarrow5CO_2+2H_2O+NH_3+能量$$

堆肥成品 $C_wH_xN_yO_z\cdot cH_2O$ 与堆肥原料 $C_sH_tN_uO_v\cdot aH_2O$ 之比为 0.3～0.5。通常可取如下数值范围：$w=5～10$，$x=7～17$，$y=1$，$z=2～8$。

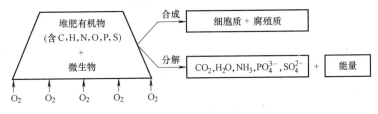

图 5-1　好氧堆肥原理

好氧堆肥过程大致可分为 3 个阶段：

（1）中温阶段。堆肥化过程的初期，堆体基本呈 15～45℃的中温状态，嗜温微生物较为活跃并利用糖类和淀粉类等较易利用的有机质进行旺盛的生命代谢活动。

（2）高温阶段。当堆体温度升至 45℃以上时进入高温阶段，在这一阶段，嗜温微生物受到抑制甚至死亡，取而代之的是嗜热微生物。堆肥中残留的和新形成的可溶性有机质继续被氧化分解，堆肥中复杂的有机质，如半纤维素、纤维素和蛋白质也开始被强烈分解。各种嗜热微生物的最适宜温度不同，通常在 50℃左右最活跃的是嗜热真菌和放线菌；当温度升到 60℃时，嗜热真菌几乎完全停止活动，仅嗜热放线菌和细菌活动；当温度升到 70℃以上时，大多数嗜热微生物已不再适应，从而大批死亡或进入休眠状态。现代化堆肥生产的最佳温度一般为 55～60℃，这是因为大多数微生物在 45～65℃范围内最活跃，有利于分解有机质，其中的病原菌和寄生虫大多可被杀死。

（3）降温阶段。在内源呼吸后期，剩下部分较难分解的有机质和新形成的腐殖质。此时微生物的活性下降，堆体发热量减少，温度下降，嗜温微生物又占优势，对残余较难分解的有机质作进一步分解，腐殖质不断增多且稳定化，堆肥进入腐熟阶段，需氧量大大减少，含水率降低。

好氧堆肥微生物活性强、有机质分解速度快、发酵效率高、稳定化时间短，易于实现大规模工业化生产；在堆肥过程中，经过高温灭菌，能够最大限度杀死固体废弃物中的病原菌、寄生虫（卵）等，提高堆肥的安全性，现代堆肥工程大多采用好氧堆肥。

污泥经堆肥处理后，一方面有机养分形态更有利于植物吸收，另一方面挥发性物质含量降低，臭味减少，杀死大部分病原菌和寄生虫（卵），达到无害化目的，且物理性状明显改善，呈现疏松、分散、细颗粒状，便于储存、运输和使用。

5.2 污泥堆肥工艺类型

尽管堆肥是个自然生物过程,但工程应用中通常施加充分控制,控制程度从简易的定期日常搅动到较严格的机械翻堆、臭气控制的反应器系统,其基本工艺流程如图 5-2 所示。

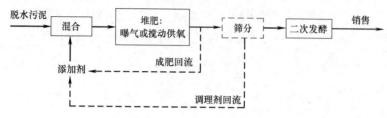

图 5-2 污泥堆肥的基本工艺流程

为了适应各种不同的环境因素及社会条件,目前已发展了多种堆肥手段。受控堆肥具有下述优点:加速自然生物过程;控制工艺进程中的水分、碳源、氮、氧气;臭气及颗粒物控制以改善周围环境;减小占地面积;获取质量稳定的产品。

目前,堆肥工艺有多种分类方式。根据物料的状态,可分为静态和动态两种;根据微生物的生长环境,可分为好氧和厌氧两种;根据堆肥技术的复杂程度,可分为条垛式、强制通风静态垛式和反应器系统。条垛式的垛断面可以是梯形、三角形或不规则的四边形,通过定期翻堆来实现堆体中的有氧状态。强制通风静态垛式是在条垛式的基础上,不通过物料的翻堆而是通过强制通风向堆体中供氧。它的堆肥时间较短,温度和通风条件能得到较好的控制,操作运行费用低。反应器系统实际上是密闭的发酵仓或塔,占地面积小,可对臭气进行收集处理,但投资和运行费较高。

在所有工艺类型中,均添加调理剂以增加空隙率便于曝气,同时也减少了混合物的含水率,调理剂由粗糙颗粒构成,同时可以补充碳源以提供能量平衡及补充碳源。

堆肥系统中的微生物活动需要氧气,产生二氧化碳、水蒸气和热量。混合物温度可以超过 70℃,最优操作温度为 50~60℃,3~10d 以后温度开始缓慢降低,除了供氧以外,曝气和翻堆还可以排除废气、水蒸气和热量。曝气速率可用于控制系统温度和干燥速率。

快速可生物降解有机物料通过一系列的代谢过程转化为更为稳定的物料,在二次发酵阶段这一过程以较缓慢的速率继续进行。如果物料多孔,在二次发酵阶段需氧量及产热速率均足够低,此时是否强制曝气或者搅动并不重要。然而,实践中经常使用曝气式二次发酵以维持物料的好氧条件和抑制臭气,堆肥及其后处理时间总计 50~60d。

5.2.1 好氧静态堆肥

堆肥混合物高 2~2.5m,表面覆盖 0.3m 高的木片覆盖层。底部铺有木片层,内置曝气管。曝气系统由鼓风机、穿孔封闭管路和臭气控制系统构成。整堆由木片或者未经筛分的成肥覆盖以确保堆肥各个部位的温度均符合要求,并减少臭气的释放,图 5-3 为好氧静态堆肥的断面图及其平面布置。当处理量大时,连续操作的肥堆被分割为代表每天操作量的不同部分。

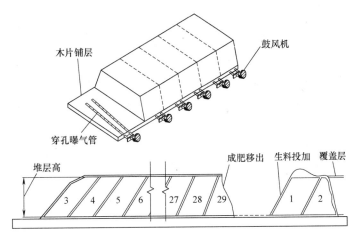

图 5-3　好氧静态堆肥断面图及其平面布置

好氧静态堆肥的一次发酵时间一般为 21～28d，随后将肥堆破解、筛分，再转移到二次发酵区，有时需要进一步强化干燥，使用强于活性堆肥阶段的曝气量，二次发酵以后继续筛分，堆肥在二次发酵区至少停留 30d 以进一步稳定物料。

5.2.2　条垛式堆肥

混合物以条垛形（细长条堆）堆置，具有足够大的表面积和体积比，通过自然对流、扩散的方式供气，条垛定期由机械翻堆，添加剂粒径比好氧静态堆肥小，也可由熟肥回用。在好氧条垛式堆肥工艺中，自然对流、扩散由强制通风完成，空气通过工作面的沟渠供给。

在条垛式堆肥中，堆肥混合物形成平行布置的长条垛，具有梯形或三角形断面。物料由机械定期搅动，以使物料充分暴露于空气、释放水分，并疏松物料以便于空气渗入。

空气管路置于底部的空气渠内以保护其免受翻堆机械的破坏。图 5-4 为其示意图。空气可由下至上穿过堆肥或者由底部的空气渠排出。

条垛式堆肥可在室外露天操作也可在室内进行。与其他堆肥技术相比，条垛式堆肥占地面积大，这由条垛的几何形状限定，而且堆与堆之间以及堆的两端要预留翻堆机械的机动空间。

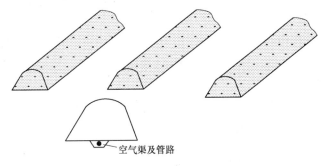

图 5-4　条垛式堆肥断面图及其平面布置

5.2.3　反应器堆肥

反应器堆肥系统包括发酵槽式堆肥系统和装置式堆肥系统。

发酵槽式堆肥过程在狭长的发酵槽中进行，供氧方式多采用翻抛与强制通风相结合的方法。在好氧堆肥过程中，堆料置于发酵槽中，发酵槽墙体上架设有轨道，在轨道上设有翻抛机对堆体进行翻堆，发酵槽底部则铺设有曝气管用于强制通风。根据物料的移动方式，发酵槽式堆肥可分为序批式与连续式两种。发酵槽式堆肥工艺操作简便、节约人工、能耗较低，近年来应用较为广泛。相对于条垛式堆肥，发酵槽式堆肥的占地面积较小，堆肥周期较短，堆肥过程中的环境影响较小，堆肥过程中散发的臭气较易收集处理。

装置式堆肥过程是将待堆肥物料全部密闭在反应器装置内，通过人工不间断控制通风量和水分，使物料进行生物降解和合成转化的系统。反应器堆肥产品更稳定，质量均匀，占据空间小，对臭气的控制效果好。图 5-5 为其工艺流程图。

脱水泥饼、添加剂和回流熟肥这三种物料混合在一起投加到一个或多个生物反应器中进行堆肥反应，结束以后，产品移出进行二次发酵、储存和使用。

反应器堆肥的主要特色是其物料传输系统。堆肥场高度机械化，设备的设计尽量考虑堆肥在单一反应器中完成，使用转输设备进行物料的转移。这样就实现了人力成本和固定投资的转化。反应器堆肥工艺中的反应器系统按流态又可以分为垂直推流式系统（Vertical Plug Flow System）、水平推流式系统（Horizontal Plug Flow System）、搅动柜系统（Agitated Bin）。

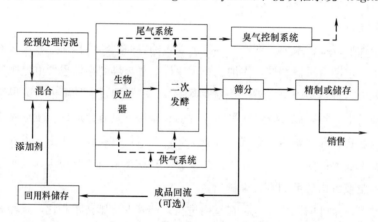

图 5-5　反应器堆肥工艺流程

5.2.4　堆肥工艺比较

各种堆肥工艺对比见表 5-1。

各种堆肥工艺对比　　　　　　　　　　　　　　　　表 5-1

堆肥工艺	优　点	缺　点
好氧静态堆肥	1. 适用于各类调理剂； 2. 操作灵活； 3. 机械设备相对简单	1. 劳动强度大； 2. 空气需要量大； 3. 工人与堆肥有所接触； 4. 工作环境差，粉尘多； 5. 占地面积大
条垛式堆肥	1. 适用于各类调理剂； 2. 操作灵活； 3. 机械设备相对简单； 4. 无需固定的机械设备	1. 劳动强度大； 2. 工人与堆肥有所接触； 3. 工作环境差，粉尘多

续表

堆肥工艺	优　点	缺　点
垂直推流式系统	1. 系统完全封闭,臭气易于控制; 2. 占地面积较小; 3. 工人与堆肥物料无直接接触	1. 各反应器使用独自的出流设备,易产生瓶颈; 2. 不易维持整个反应器的均匀好氧条件; 3. 设备多,维护复杂; 4. 当条件变化时,操作不够灵活; 5. 对调理剂的选择有所要求
水平推流式系统	1. 系统完全封闭,臭气易于控制; 2. 占地面积较小; 3. 工人与堆肥物料无直接接触	1. 反应器容积固定,操作不灵活; 2. 运行条件变化时,处理能力受到限制; 3. 设备多,维护复杂; 4. 对调理剂的选择有所要求
搅动柜系统	1. 混合强化曝气,堆肥混合物均匀; 2. 具有对堆肥进行混合的能力; 3. 对各种添加剂具有广泛的适应性	1. 反应器容积固定,操作不灵活; 2. 占地面积较大; 3. 工作环境有粉尘; 4. 工人与物料有所接触; 5. 设备多,维护复杂

5.3　污泥堆肥新技术

5.3.1　污泥堆肥自动化技术

堆肥技术正在向着机械化、自动化的方向发展,为了防止对环境的二次污染,堆肥也趋向于采用密闭的发酵仓方式。从堆肥过程控制的发展情况来看,堆肥过程控制策略已从简单的人工控制、定时器控制向温度反馈控制、计算机反馈控制发展,堆肥过程监测方法也从手工监测、单点温度监测向自动监测、多点温度监测、氧气监测等其他监测方法发展。

堆肥过程控制的主要目的是控制温度和恶臭,控制通气以保持适宜的温度是控制恶臭、保持最佳生产量和堆肥产品质量的关键。堆肥过程的通风控制方式主要可分为时间控制、温度反馈控制、O_2 或 CO_2 控制、O_2/CO_2-温度联合控制及其他控制方式（如氧化-还原电位控制）。这些控制方式可通过定时器、简单编程模块以及计算机来实现。国外的静态垛强制通风堆肥系统的典型通风控制方式有 Beltsville、Rutger、Leeds 等。其中 Beltsville 控制方法是通过定时控制器对整个堆肥过程实行定时控制,操作简便、投资费用低,但堆肥时间较长,对堆肥过程的控制能力较差,特别是在高温阶段容易产生堆体过热现象,有机物分解较慢。Rutger 是目前国外最常用的堆肥过程控制方法之一,它在时间控制的基础上结合了温度反馈控制,即在堆肥早期采用定时控制,随后采用温度反馈控制,缩短了堆肥时间,能较好地控制堆肥过程,有机物分解快,堆肥效果较好,但投资和运行费用高于 Beltsville 控制方法。Leeds 控制方法采用 O_2-温度联合控制,通过多个温度和氧气传感器实现反馈控制,使有机物的分解速率在各个阶段都达到最大,但由于较复杂,目前尚未在工厂化静态垛堆肥生产中应用。

国内研发的 CTB 污泥堆肥过程自动测控系统，采用温度反馈控制，根据堆肥的空间变异性特点而采用了多个温度传感器并对温度数据进行处理，使温度监测结果更好地代表堆体实际情况，避免了采用单一温度传感器的局限性。其基本控制原理如图 5-6 所示。

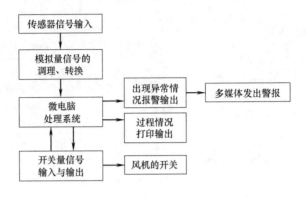

图 5-6 CTB 堆肥控制原理

该系统针对堆肥的不同发展阶段设计采用不同的控制手段，如图 5-7 所示。过程控制的硬件包括一体化铂电阻温度传感器、多通道 A/D 转换板卡和数字量输出板卡、工业级计算机等，并采用堆肥专用软件 Compsoft 实现过程监测和控制。目前，该系统已在秦皇岛市某污泥处理厂等工程中得到应用，采用 O_2-温度联合控制方法，根据探头监测的数据由 Compsoft 3.0 软件控制。与简单的定时控制相比，CTB 污泥堆肥过程自动测控系统可缩短堆肥时间 28%，使有机物降解更加充分，堆肥产品质量得以提高。

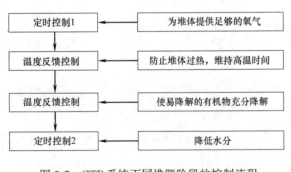

图 5-7 CTB 系统不同堆肥阶段的控制流程

污泥与辅料、返混料的破碎、混合、搅拌，发酵过程中的强制通风、翻堆，堆肥车间的除臭等，是污泥高温好氧堆肥成功的关键工序。而关键工序涉及的混料机、布料机、翻抛机及生物除臭设施等，成为污泥高温好氧堆肥成功的关键设备。这些关键设备的一体化设计，有助于堆肥处理的自动化。

DF 系列堆肥一体化设备，整体设计紧凑，动力传递效率高，物料搅拌混合均匀，翻抛彻底，槽间位移定位精确，实现了自动化操作，降低了现场人工劳动强度，可根据在线监测和反馈对物料进行移位和翻抛作业，使物料中的有机物得到充分分解。DF 系列堆肥一体化设备，采用多槽轮流或间隔翻堆作业，设备投资省，电力、土建投资、维修、运行等费用也大大降低。

一体化智能好氧发酵装置（见图 5-8），包含智能监控、发酵、曝气、除臭、储料、混料、匀翻、输送八大系统，设备高度集成，方便工程设计和施工，可节约 50% 的占地面积和运行成本，适用于 50t/d（污泥含水率 80%）以下规模的污泥堆肥工程。

图 5-8　一体化智能好氧发酵装置

5.3.2　污泥堆肥除臭技术

有效的臭味控制是衡量堆肥处理厂成功与否的一个重要标志。当氧气充足时，物料中的有机成分如蛋白质等，在好氧菌的作用下会产生刺激性气体（NH_3 等）；当氧气不足时，厌氧菌会分解有机物产生中间氧化产物，如含硫化合物（H_2S、SO_2、硫醇类等）、含氮化合物（胺类、酰胺类等）。主要的致臭物质来自厌氧过程，但即使在充分好氧条件下，堆体也会产生少量致臭物质，如氨、乙酸、丙酮酸、柠檬酸等。

控制臭味可采取以下措施：（1）堆肥过程控制；（2）臭味收集系统；（3）臭味处理系统；（4）残留臭味的有效扩散。堆肥过程控制主要着眼于两个方面：一是改善堆肥原料的营养配比和物理结构，如通过加入外源添加剂改善物料的 C/N、空隙率等；二是控制堆肥过程的关键影响因子，如温度、含氧量、通风方式和通风量等。

臭味收集主要是通过风机的鼓风和抽风来实现的，因此通风系统的设计对于臭气的有效收集有着重要的影响。露天堆肥对环境影响较大，可以选择封闭一部分生产过程，特别是混合和筛分这些释放臭气潜力较大的环节。如在堆肥厂储料仓、卸料平台的进出口处设置风幕门；在发酵仓上方抽气作为发酵供氧或焚烧供气，使发酵仓形成负压，以防恶臭外逸；设置自动卸料门，对储料装置和处理设施进行密闭等。规模较大的堆肥厂（在 10000t/年以上）应采用封闭式操作，并配备废气处理系统来减小对周边环境的影响，规模较小的堆肥厂也可采用半透性覆盖层来减少堆体臭气的释放，或用负压收集系统收集处理废气。

臭味处理方法包括物理、化学、生物及其组合除臭方法。一般认为，物化方法存在能耗高、投资大、易产生二次污染等缺点。生物除臭技术是在 20 世纪 50 年代建立的土壤脱臭法的基础上发展起来的。目前，生物除臭工艺主要有生物过滤法、生物洗涤法、生物滴滤法等。实践中，常采用生物过滤器处理臭味，这种方法成本低、效果好，对氨气的去除率可达到 95%～98%。生物过滤器中的滤料主要有腐熟的堆肥、土壤、沙、泥炭和木屑等，筛分后的成品堆肥被认为是最有效的滤料，也是目前采用最多的滤料。单一的生物净化方法对成分复杂臭气的净化性能往往不稳定，在实际应用中通常要采用组合处理方法。此外，多种滤料组合脱臭也是今后研究和开发的方向。

5.3.3　污泥堆肥重金属控制技术

好氧堆肥对污泥中重金属的含量没有明显影响，但对其存在形态及生物活性可能有所影响。重金属的生物有效性与重金属的形态有密切关系。一般来说，污泥堆肥中重金属的存在形态可分为：水溶态（H_2O 可提取态）、交换态（$CaCl_2$、$MgCl_2$、KNO_3、$NaAc$ 等）、有机结合态（$Na_4P_2O_7$ 或 H_2O_2 等）、碳酸盐和硫化物结合态（EDTA 或 DTPA 等）及残渣态（HNO_3、HF、$HClO_4$ 或混合酸可提取态）等，其中前 3 种形态重金属的生物有效性较高，而后 2 种形态重金属的生物有效性很低。

在污泥堆肥化处理中，污泥的组成、堆肥化条件等对污泥中重金属的形态有显著影响。在好氧堆肥过程中，通过在堆肥原料中添加重金属钝化剂，能够改变污泥中重金属的形态，降低堆肥产物重金属毒性。作物吸收重金属的量与交换态重金属的量成极显著正相关，但重金属的钝化效果不能单纯地看其可交换态量的变化，而必须结合生物效应试验来选择最佳钝化剂。在实际应用中，应根据处理效能、土地利用效果及原料的来源、价格等方面综合考虑选取钝化剂。磷矿粉和粉煤灰来源充足，可显著降低污泥中交换态重金属的含量。磷矿粉能为作物提供缓效磷肥，粉煤灰不仅来源充足，而且利用粉煤灰作钝化剂有以废治废、变废为宝、充分利用固体废弃物资源的优势。

对于农用污泥，除从源头进行控制外，还可采用末端处理技术降低或去除重金属，包括微生物法、化学法、电化学法等。目前，这类技术在我国尚停留在试验阶段，具体应用较少。

微生物法利用微生物的直接作用或者其代谢产物的间接作用，以氧化、还原、络合、吸附或溶解等方式，将固相中一些不溶性成分（如重金属、硫及其他元素）分离出来。研究较多的如生物淋滤技术，首先对污泥进行酸化处理，向污泥中投加物料，在污泥中培养和繁殖大量氧化亚铁硫杆菌和氧化硫杆菌，在其作用下污泥中的难溶金属硫化物被氧化成金属硫酸盐溶出，然后通过固液分离达到去除重金属的目的。相比其他末端处理技术，生物淋滤技术运行成本低，实用性强。但是所采用的主要细菌如硫杆菌增殖速度较慢，培养时间长，且处理效果不太稳定。

化学法通过向污泥中投加化学药剂，提高污泥的氧化还原电位或降低污泥的 pH 值，从而使污泥中的重金属由不可溶态的化合物向可溶态的离子或络合离子转化。尽管化学法去除污泥中的重金属效果良好，而且淋滤过程所花费时间也短，但是酸化污泥需要大量的酸，中和淋滤液中的酸又需要消耗大量的碱，因此费用较高。另外，酸化处理污泥在一定程度上会溶解污泥中的氮、磷和有机质，降低污泥的肥料价值。

电化学法利用外加电场作用于被处理对象，使其内部的一些物质，如矿物颗粒、重金属离子及其化合物、有机物等，在通电的条件下发生一系列复杂的电化学反应。通过电化学溶解、离子电迁移作用，使一些重金属在阴极聚集。目前国内外采用电化学法降低污泥中重金属的研究报道较少。

第6章 污泥热干化

6.1 污泥热干化特点

污泥的高含水率特征，不仅会造成污泥性质不稳定，而且还会引发污泥输送困难、处理设备容量大、经济效益差等问题，为污泥进一步资源化利用带来了困扰，因此必须对污泥进行适当的干化处理。热干化，顾名思义就是利用热能将污泥中水分快速蒸发的一种处理工艺，和其他几种处理方式相比，污泥热干化具有以下优点：（1）污泥显著减容，体积可减少4～5倍；（2）干化后的污泥性能稳定，便于运输与储存；（3）产品无臭、无病原体，减轻了污泥的危害效应，使处理后的污泥更易被接受；（4）能回收利用，产品具有多种用途，如作肥料、土壤改良剂、燃料等。热干化产品通常为颗粒状，符合1993年美国环保署制定的40CFR PART503标准规定的A级污泥，可直接包装上市销售作农作物和绿化肥料及土壤改良剂，也可作为燃料用于焚烧厂、发电厂和水泥厂，其燃烧热值为14.7kJ/kg，与褐煤相近。由上述特点可知，污泥热干化可以实现污泥减量化、无害化、稳定化和资源化的处置，其干化产品的广泛用途无疑为污泥管理体系提供了更多的灵活性和可操作性。

对污泥进行干化处理可以有效降低污泥含水率，使污泥性状朝着有利于处理的方向变化。污泥含水率与热值、植物养分含量（以氮、磷、钾之和表示）及流动特性的关系如表6-1所示。

污泥含水率与热值、植物养分含量及流动特性的关系　　　　　表6-1

含水率(%)	热值(MJ/kg)	植物养分含量(%)	流动特性
95	—	0.25	黏性流体
90	—	0.5	浆体
75	1.78	1.25	膏体
50	6.06	2.5	弹性颗粒
10	12.9	4.5	脆性颗粒

然而，热干化过程也存在一些难以避免的缺点，如热干化过程易产生恶臭废气，需进行脱臭处理；热干化过程产生的冷凝液水质受污泥调理剂影响，污染物浓度往往较高，将对污水处理工艺产生一定的影响；能耗较高；长期以来干化产品作为农肥回用销路不佳；污泥固体中含有重金属；热干化处理后的污泥固体若直接堆放处置会吸收水分恢复原状；可燃性粉尘存在安全技术问题和火灾隐患。

6.2 污泥热干化机理

干化的过程其实就是水分蒸发的过程。干化是为了去除水分，水分的去除要经历两个主要过程，即蒸发过程和扩散过程。

蒸发过程：物料表面的水分汽化，由于物料表面的水蒸气分压低于介质（气体）中的水蒸气分压，水分从物料表面移入介质。

扩散过程：是与汽化密切相关的传质过程。当物料表面水分被蒸发掉，物料表面的湿度低于物料内部的湿度时，需要热量推动力将水分从物料内部转移到物料表面。

上述两个过程的持续、交替进行，基本上反映了干化的机理。干化是由表面水汽化和内部水扩散这两个相辅相成、并行不悖的过程协同完成的。一般来说，水分的扩散速度随着污泥颗粒干化度的增加而不断降低，而表面水分的汽化速度则随着污泥颗粒干化度的增加而增加。由于扩散速度主要是热能推动的，对于热对流系统来说，干化器一般均采用并流工艺，多数工艺的热能供给是逐步下降的，这样就造成在后半段高干化度产品干化时速度的降低。对于热传导系统来说，当污泥表面的含湿量降低后，其换热效率急速下降，因此必须有更大的换热表面积才能完成最后一段水分的蒸发。

因此，影响干化速率的因素主要有以下几个方面：（1）物料的性质和形状；（2）物料的温度；（3）物料的含水率；（4）干化介质的温度和湿度；（5）干化介质与物料的接触方式；（6）干化器的构造；（7）干化介质的流速和流向。

污泥的干化速率不同于其他物料，呈现出两阶段干化特征，如图 6-1 所示。第一特征阶段称为恒速干化阶段，此阶段干化的水分是自由水（free moisture），第二特征阶段中第一降速阶段蒸发的水分称为空隙水（interstitial moisture），第二降速阶段蒸发的水分称为表面水（surface moisture），但是在此过程中结合水未被去除，不同污泥的转折点也存在差异。污泥在干化过程中经历了 3 个不同的物性阶段（见图 6-2）：第一个物性阶段是湿区（wet zone），此阶段污泥可以自由流动；第二个物性阶段是黏滞区（sticky zone），此阶段污泥有很大的黏性，而且不能流动；最后一个物性阶段是颗粒区（granular zone），此阶段的污泥是非常容易破碎的。

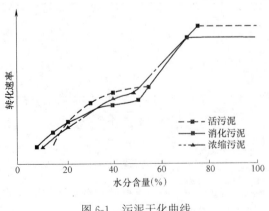

图 6-1 污泥干化曲线

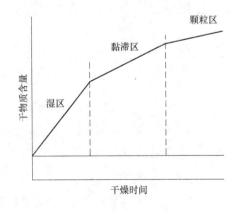

图 6-2 干化阶段污泥物态变化

对污泥干化过程中污泥性质的了解，有助于污泥干化设备的设计和完善。而通过对上述污泥性质的研究，说明已经成功应用于其他物料的干化设备是不适用于污泥的。因此并不能简单地将传统干化设备用于污泥干化，需要开发适合污泥特性的专用污泥干化设备。特别是由于污泥在干化过程会出现一个黏滞阶段，这样污泥会黏附在污泥干化设备上，从而影响污泥干化设备的干化效率，甚至会损坏污泥干化设备的正常运行。因此，根据污泥的特殊情况，污泥干化衍生出两个方向：半干化（semi-drying），即将污泥干化至湿区结束；全干化（complete-drying），即将污泥干化至含水率为零。国外的污泥干化技术多采用干料返混，使污泥直接从湿区进入颗粒区，返料量需要根据污泥的初始含水率和特性设计，例如含水率 74% 的湿污泥需要其质量 4 倍的干污泥才可以将其降到所需的含水率。

因此，提高干化速率的措施主要有：尽可能地破碎物料以增大蒸发面积，提高蒸发速度；使用温度尽可能高的热载体，或通过增加物料与热载体的温度差以提高传热推动力；通过搅拌增大传热系数，强化传热传质过程。

6.3 污泥热干化工艺类型

6.3.1 热干化工艺分类

按照热能传递给物料的方式不同，干化可分为以下 5 种：

（1）导热干化

导热法是目前最常用的干化方法。热能以热传导的方式传递给湿物料，水分加热后发生汽化，蒸汽被干媒介质带走或用真空泵抽走的干化操作过程，称为导热干化。由于该过程中湿物料与加热介质通过干化机间接接触，故又称为间接加热干化。该方法热能利用率较高，但干化物料受热不均匀。

（2）对流干化

干化介质与湿物料直接接触，介质传热给物料同时带走物料中水分的干化过程，称为对流干化。在对流干化过程中，热空气将热量传递给湿物料，物料表面水分发生汽化，同时热空气将汽化气体带走，所以干化介质既是载热体又是载湿体，它将热量传递给物料的同时把由物料中汽化出来的水分带走。

（3）辐射干化

热能以电磁波的形式由辐射器发射至湿物料表面后，被物料吸收转化为热能，将水分加热汽化，从而达到干化的目的。辐射器包括电能辐射器（专供发射红外线的灯泡）和热能辐射器。

（4）冷冻干化

物料中的水分被冻成冰，然后将物料置于真空状态中，使冰直接升华为水汽而除去水分。冷冻干化又称为真空冷冻干化、冷冻升华干化等，常用于食品行业。

（5）介电加热干化

介电加热干化是将需要干化的物料置于高频电场内，利用高频电场的交变作用将物料加热，水分汽化，物料被干化。微波干化属于介电加热干化。

根据热介质与污泥接触方式的不同，污泥热干化可分为直接热干化、间接热干化和直接-间接联合热干化3种。

(1) 直接热干化

直接热干化是热对流干化技术的应用。热介质加热后进入干化机中与污泥直接接触混合，污泥升温，水分蒸发（见图6-3）。在此过程中热介质与污泥直接接触，排出的水蒸气及废水经无害化处理后方可排放。该技术传热速率及水分蒸发速率较高，干化污泥含固率高达55%～95%。常用的污泥直接热干化技术主要有转鼓干化技术、闪蒸式干化技术、带式干化技术和喷雾式干化技术等。

(2) 间接热干化

间接热干化是热传导干化技术的应用。热介质加热干化机使干化机内的污泥受热，水分蒸发，干化过程中热介质不与污泥直接接触，因此热介质不会受到污染；热介质不局限于气体，也可以用热油等（见图6-3）。该技术传热效率及水分蒸发速率低于直接热干化技术，但尾气量较小，可避免烟气污染，环保性能更佳。常用的污泥间接热干化技术主要有转盘式干化技术、立式多盘干化技术、桨叶式干化技术等。

(3) 直接-间接联合热干化

直接-间接联合热干化是对流-传导热干化技术的结合，流化床干化技术和 VOMM 涡轮薄层干化技术是典型的直接-间接联合热干化技术。

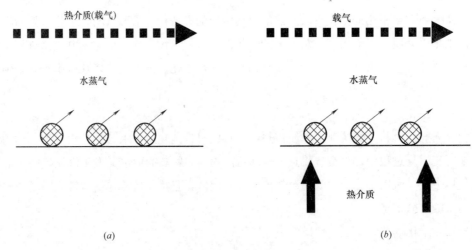

图6-3　直接热干化与间接热干化示意
(a) 直接热干化；(b) 间接热干化

6.3.2　热干化工艺类型

污泥热干化工艺类型主要包括：转鼓干化、闪蒸式干化、带式干化、喷雾式干化、转盘式干化、立式多盘干化、桨叶式干化、流化床干化、涡轮薄层干化、管式转鼓干化、膜式干化、太阳能干化、真空过滤干化和离心脱水干化等。此外还有碟片式干化、日光式干化等，但目前大规模工程应用相对较少。

1. 转鼓干化

转鼓干化又可分为直接转鼓干化和间接转鼓干化。直接转鼓干化指脱水后的污泥经过返混以后，使混合污泥的含固率达到 50%～60%，再经螺旋输送机运到转鼓内，与从同一端进入的热气流接触混合、加热，在转鼓旋转作用下，污泥在热气流中向前移动，并且由内筒向外筒转移，在移动过程中，污泥水分蒸发并形成稳定的圆形颗粒。经烘干后的污泥被螺旋输送机送到分离器，从分离器中排出的水蒸气被收集进行热能回用，生物过滤器用于处理尾气。颗粒形成后在气固分离中与循环气体分开，在螺旋冷却器中进行冷却，冷却后的干污泥颗粒经过筛网，细小的干污泥颗粒再次与湿污泥混合，如图 6-4 所示。

系统特点：在无氧环境中操作，灰尘少；干化污泥呈颗粒状，粒径可以控制；废气离开转鼓后，能量可以回收利用，并且得到合理处理。

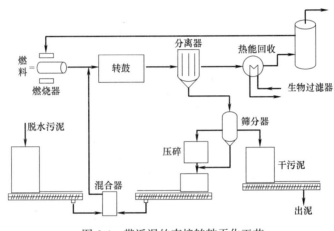

图 6-4　带返混的直接转鼓干化工艺

间接转鼓干化机主要由转鼓和翼片螺杆两部分组成，两部分同时对污泥进行加热。其中，转鼓通过外部燃烧炉进行加热，而翼片螺杆通过循环热油传热。转鼓和翼片螺杆反向旋转，在其作用下，污泥可连续进行干化并向前移动。整个转鼓为负压操作，因此无水汽和灰尘外逸。污泥经螺杆推移和加热被逐步烘干成粒，送至污泥储存仓。蒸发出的水汽通过抽风机送至冷凝和洗涤吸附系统进行处理，如图 6-5 所示。

该技术的优点是流程简单、能耗低、污泥的干度可控，干化机的终端产物为粉末状，所需辅助空气少，尾气处理设备小。但是也存在以下缺点：设备占地面积较大，转动部件需要定期维护，需要单独的热媒加热系统，能耗较高；进泥含水率高时容易黏附在器壁上，干化机出口处能量损失较多；后续处理费用昂贵；存在一定的着火和爆炸危险。

2. 闪蒸式干化

20 世纪 30 年代，闪蒸式干化开始在美国污泥处理中使用。其工作原理是将湿污泥与干化后回流的部分干污泥混合后形成的混合物（含固率达 50%～60%）与受热气体（来自燃烧炉，温度高达 700℃）同时输入闪蒸式干化器，污泥在干化器中高速转动的笼式研磨机搅动下与流速为 20～30m/s 的高热气体进行数秒钟的接触传热，污泥中的水分迅速得到蒸发，使其含水率降至 8%～10%。然后再经旋风分离器将气固分离，得到干污泥产品。干污泥一部分回流并与

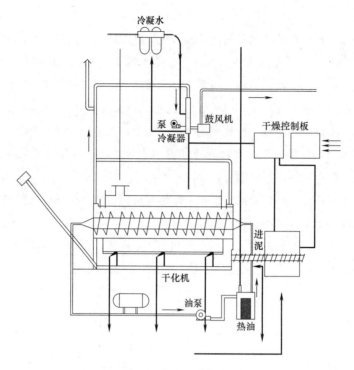

图 6-5　间接转鼓干化工艺

湿污泥混合，其余部分则输出进行后续处理和处置，如图 6-6 所示。

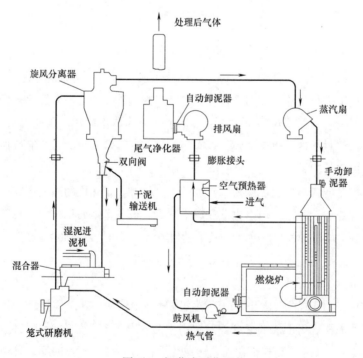

图 6-6　闪蒸式干化工艺

闪蒸式干化具有以下特点：干化室内周向气速高，物料停留时间短，可有效防止物料黏壁及热敏性物料变质，并可一次干化成均匀的粉末状产品，省去了粉碎、筛分等工序；干化室装有分级环及旋流片，物料细度和终水分可调；设置有特殊的分风装置，降低了设备阻力，并可有效提高物料的干化均匀度；干化器底部设置有特殊的冷却装置及气压密封装置，避免了物料在底部高温区产生变质的现象；能有效控制终水分和细度，通过对加料、热风温度、分级器的调节，保证了产品的湿含量及细度均匀一致。

3. 带式干化

带式干化分为直接干化式和直接-间接联合干化式两种。以直接干化式为例，在不锈钢丝网上缓慢转运污泥过程中，热空气从钢丝网下方通过网眼由下向上流动，使污泥与热空气发生接触传热，从而将污泥中的水蒸气带出。在具体操作过程中，污泥往往由污泥挤压机挤成条状（有利于增大气泥接触面积，提高污泥水分蒸发效率）。直接干化工艺还设置了联合干化器，其设计特点是不锈钢带在不锈钢盘上走动，热空气从空气表面流过，并在封闭的炉膛里回转对流传热（污泥进口与出口在同一方向），此外，通过加热不锈钢盘，将热能传导至不锈钢带上的污泥，使污泥受热，水分蒸发，经过 15～30min 环形运转后，在出口处输出干污泥产品，如图6-7 所示。

带式干化工艺具有操作和控制过程简单、可连续操作、干化过程可避免污泥"黏结区域"、带式中温干化装置单位处理流量较大（最大蒸发量可达 4200kg/h）和出泥含固率可以较大范围控制等优点。

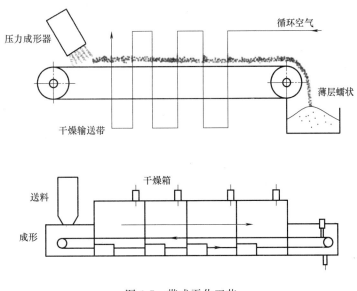

图 6-7 带式干化工艺

4. 喷雾式干化

喷雾式干化是将污泥喷射成雾状细滴分散于热气流中，使水分迅速汽化，进而达到干化污泥的目的。该工艺所采用的雾化器通常是一个高压力的喷头或高速离心转盘（或转筒），雾化的液滴从塔顶喷下，而温度高达 705℃的热气流从塔底往上逆流，经气-液数秒钟的接触传热，水分汽化，干污泥产品从塔底引出，尾气则经旋风分离器分离，或回用热能，或直接送出作脱臭处理，如图 6-8 所示。

  喷雾式干化工艺的特点：瞬间干化，料液经雾化器雾化后，其表面积瞬间增大若干倍，与热空气的接触面积增大，雾滴水分向外迁移的路径大大缩短，提高了热传质速率，干化时间仅为 5～35s，可蒸发 90%～95% 的水分；物料本身不承受高温，虽然喷雾式干化的热风温度比较高，但在接触雾滴时大部分热量都用于水分的蒸发，所以尾气温度并不高，绝大多数操作尾气温度在 70～110℃；生产过程简单；生产控制方便，可实现自动化操作，消除人为因素影响，使产品质量更稳定；可组成多级干化，可以与其他干化工艺组合，发挥不同干化工艺的优势。同时，喷雾式干化工艺也存在如下问题，其中最为显著的是热效率偏低，在进风温度低于 150℃时，热容量系数约为 80～400kJ/(m³·h·℃)，蒸发强度比较小，热效率偏低；喷雾式干化工艺设备庞大，其主要构件喷雾式干化器属于容积式干化器，占用面积和空间比较大，一次性投资和运行费用较高；干化过程中粉体漂浮在气体中，尾气中带出部分粉尘，因此对气固分离设备的要求比较高。

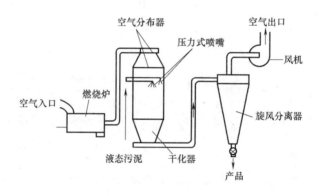

图 6-8 喷雾式干化工艺

5. 立式多盘干化

  立式多盘干化工艺使用的加热介质是导热油，通过导热油在干化器圆盘和热油炉之间的热量交换，热量可以间接传递给污泥颗粒，从而使污泥干化。立式多盘污泥干化造粒技术可用于城镇污水处理厂或工业废水所占比例较高的污水处理厂经机械脱水后含水率 80% 污泥的干化，生产出粒径 2～10mm、含水率 10%～15% 的污泥颗粒化产品。其工作原理是将机械脱水后的污泥（含固率为 25%～30%）输送至污泥料仓，通过污泥泵输送至涂层机与返混污泥混合形成颗粒，通过与旋转主轴相连的耙臂上耙子的作用，污泥颗粒在上层圆盘上作圆周运动，并从中间甩入外部，然后散落到第二层圆盘上，同时借助于旋转耙臂的推动作用，污泥颗粒从干化器的上部圆盘通过干化器反复旋转，直至到达底部圆盘，颗粒在圆盘上运行时直接和加热表面接触干化。离开干化机后，污泥由斗式提升机向上送至分离料斗，一部分颗粒循环返混，剩余的颗粒进入冷却器冷却至 40℃后送入颗粒仓，如图 6-9 所示。

  立式多盘干化工艺适合于处理各种经机械脱水后含水率为 70%～85% 的污泥，因采用科学的计量进料系统，增加了设备操作的弹性，允许加料含湿量在一定范围内波动，而不影响最终产品质量；均匀搅拌产生的良好涂层效果，使进入干化机内堆积在每层圆盘上的物料呈均匀分散状态分布，解决了一般干化过程中易结团、易黏结等问题，从而保证了设备的正常运行；采用晶核涂层技术，充分利用污泥特殊的蒸发曲线，在回转耙叶的作用下蒸发面不断翻转更新，实现表面蒸发、快速干化，大大提高了干化效率；系统中所有设备均采用负压式操作，所有的污泥都在密闭的储仓和管道中，产生的臭气经过除臭系统除臭，拥有一个友好的操作环境；系统操作采用全自动控制，保证了系统安全、稳定运行，干化和造粒过程的氧气浓度小于2％，避免了着火和爆炸的危险性；颗粒呈圆形，坚实、无灰尘且均匀，因其具有较高的热值故可作为燃料。

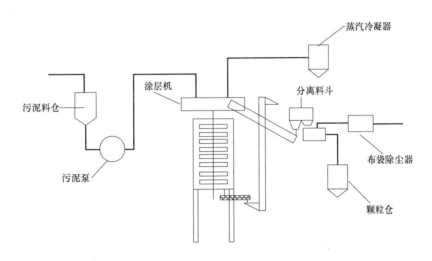

图 6-9　立式多盘干化工艺

6. 桨叶式干化

桨叶式干化的介质类型包括蒸汽、热水以及导热油等，在干化机的轴端位置装有用于导入导出热介质的旋转接头。正常情况下，加热介质从两路分别进入到壳体夹套和桨叶轴内腔中，同时对器身和桨叶轴进行加热，通过传导热的形式将物料干化。物料通过螺旋送料机连续定量送至干化机的加料口，进入到干化机的机身之后由桨叶带动进行旋转、搅拌，不断使加热介面和器身以及桨叶进行接触，使物料得到充分的加热，以便使物料水分充分蒸发。同时，随着桨叶轴的旋转，物料以螺旋运动的形式被送至出料口方向，在输送的过程中由于还处于搅拌状态，污泥中的水分还在不断地蒸发。直到最后，干化合格的物料从出料口排出，如图 6-10所示。

桨叶式干化系统的特点：桨叶式污泥干化工艺运行安全、稳定可靠，能最大可能减量化，且污染物排放能达到排放标准要求；工程投资和运行费用低、占地面积小、能耗低；管理简单、方便，运转方式灵活，可根据不同季节的污泥性质及数量动态调整运行方式和参数；便于实现污泥处理处置过程的自动控制，提高管理水平；桨叶式干化机以蒸汽作为热源，其与垃圾焚烧发电设备配套运行，以循环经济为理念，可最大化节约资源，减少能源消耗。

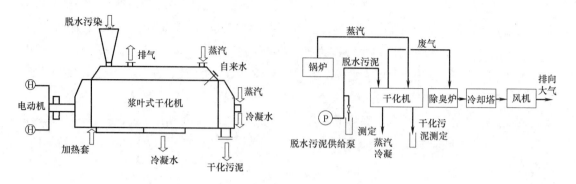

图 6-10 桨叶式干化工艺

7. 流化床干化

流化床干化工艺的干化能力由热油温度或蒸汽温度决定。污泥进入流化床干化机之前，由专门的污泥切割机将污泥切成小颗粒，然后送入流化床干化机。流化床干化机从底部到顶部基本由 3 部分组成，底部是风箱系统，用于产生流化气体形成流化层，内部装有一块特殊的气体分布板，用来鼓动惰性流化气体，保持干颗粒均匀悬浮状态。中间段是热交换器，用于蒸发水的热量将通过蒸汽或者热油送入热交换器循环使用。顶部为抽吸罩，用来使流化的干污泥颗粒脱离循环气体，而循环气体带着污泥细粒和蒸发的水分离开流化床干化机。流化床干化机内部温度为 85℃，随着污泥逐渐干化，其密度减小，升至流化床干化机上部，再随上部抽走的气体同时离开流化床干化机。干化颗粒经冷却后，通过被密闭安装在惰性气环境中的传送带送至干颗粒储存料仓。干化系统产生的少量废气被送入尾气处理系统经处理后排入大气。灰尘与流化气体在旋风分离器内发生分离，灰尘通过计量螺旋输送机从灰仓输送到螺旋混合器。在那里灰尘与脱水污泥混合并通过螺旋输送机再送回到流化床干化机。同样地，污泥细粒也在旋风分离器内分离，通过计量后被输送到螺旋混合器，而蒸发的水分则在一个冷凝洗涤器内采用直接逆流喷水的方式进行冷凝。蒸发的水分以及其他循环气体从 85℃ 冷却至 60℃，通过冷凝方式得到的水离开循环气体回流到污水处理区，冷凝器中干净而冷却的流化气体将再次回到流化床干化机，使干化污泥冷却至低于 40℃。流化床干化机系统和冷却器系统的流化气体均保持在一个封闭气体回路内，如图 6-11 所示。

流化床干化系统的特点是：在流化床干化机的气体分布板上装有一定厚度的干化底料，可防止高湿污泥在干化过程中的黏附，有利于流化床干化机内流体与固体颗粒的充分混合，强化了两相间的传热和传质，具有很高的热容系数，生产能力强；物料在干化机内的停留时间可按工艺要求进行调整，因此可控制产品的水分和粒度；干化机内设置有多孔型分布板，使气体通过小孔获得比较高的初始线速度，有利于减轻或消除湿污泥的黏附；在干化机的下部设置了对齿形粉碎式搅拌器，可以防止大块物料聚结；在干化机的上部设置有扩大段，可以有效截留较粗颗粒，减轻后续捕集系统的负荷；同时还可根据对干品水分及粒度的要求，在不同的高度设置溢流口，使不同粒径的物料分别予以排放。流化床干化工艺的缺点在于流化床及管道的磨损很严重，系统的能耗也相对较高。

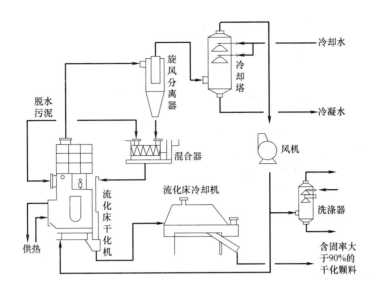

图 6-11　流化床干化工艺

8. 涡轮薄层干化

涡轮薄层干化工艺有间接干化式和直接-间接干化式两种。其中间接干化式应用较多，其工作原理如图 6-12 所示。污泥利用中间高速转动的螺杆向前运动并在壁上形成薄层，污泥薄层与受热壁接触，壳体外部通入蒸汽或热油加热干化污泥，水分得以蒸发去除，最终利用刀片将污泥刮下送出干化器。直接-间接干化工艺实际上是间接干化工艺的改进类型，它是在器壁传热的同时将气流直接输入半封闭状态的圆筒，使污泥得以迅速干化。

目前涡轮薄层干化工艺有以下 3 个突出特点：（1）水蒸气是最有效的惰性化气体介质，蒸汽回路干化工艺是目前世界上系统惰性化程度最高的干化工艺，无需添注氮气、二氧化碳等具有较高制取成本的惰性化气体介质，即可实现含氧量低于 1% 的实际运行值；（2）涡轮薄层干化也是目前热干化效率最高的工艺，由于取消了对大部分工业气体的冷凝，热损失可以进一步降低，每升水的理论蒸发热耗仅为 630kcal；（3）涡轮薄层干化工艺可以以高温热水形式（85℃以上）回收 70% 以上的干化总热量，废热回收率高。

9. 太阳能干化

太阳能干化是指借助传统温室干化技术，结合当代自动化技术的发展，利用清洁能源——太阳能作为污泥干化的主要能量来源。采用太阳能干化污泥可达到杀菌、消毒、除臭三个目的，处理过程无臭、无三废，可实现零排放清洁生产。污泥在温室内主要存在以下 3 种干化过程：（1）辐射干化，当温室内的污泥接受外部太阳光线有效辐射后温度升高，使其内部水分得以向周围空气加速蒸发，从而增加了污泥表面的空气湿度，甚至达到饱和；（2）通过自然循环或通风，将温室内的湿空气排出，使污泥表面的湿度由原先的饱和状态进入非饱和状态，从而促使污泥内部水分进一步向周围空气蒸发；（3）当污泥中的含水率减至 40%～60% 时，污泥中的有机物会在有氧条件下进行发酵，从而可以观察到污泥堆的内部温度进一步升高，起到加速干化作用，同时也使污泥得到稳定化处理。

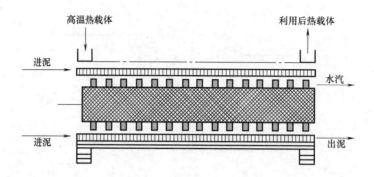

图 6-12 涡轮薄层干化工艺

为了进一步加速污泥中水分（包括污泥中的自由水分和间隙水分）的蒸发，一些温室附属设备也得到了相应的开发和利用，其中包括：（1）大流量强制通风系统和附加气体收集和除臭装置，满足大面积温室处理污泥的需要；（2）半自动化/全自动化翻泥系统，使污泥得到经常性的翻动并混合均一，从而不断翻新蒸发面积，同时促进氧气供给，避免污泥堆内部出现局部厌氧而释放恶臭气体；（3）暖气系统，用于减小温室的设计面积，使其适应不同天气和不同季节条件下干化作业的需求，缩短处理周期。

6.4 污泥热干化污染物排放类型

6.4.1 热干化冷凝水

污泥热干化是污泥再利用必要的预处理技术。它通过热能传递，使污泥中的水分蒸发，可以大幅度减少污泥体积，降低处置、转运、储存等成本，同时去除病原体。但是，污泥热干化会产生大量的冷凝废水，主要包括干化过程中产生的冷凝水和干化降温过程中产生的冷却水等。由于高温干化会使污泥中的微生物裂解，脂肪、蛋白质等大分子物质水解，释放大量挥发性物质，使得冷凝水中含有大量氨氮和有机物。

目前我国污泥干化厂还未发展成独立的处理体系，污泥干化厂大多与城市污水处理厂配套建设，一般将污泥干化过程中产生的冷凝废水直接输送至污水处理厂处理。由于污泥干化脱水产生的水量相对较小，在污水处理厂正常运行状况下，对污水处理厂处理暂时不会造成明显影响。类似案例如北京某污泥处置中心干化项目、苏州工业园区污泥干化厂、高碑店污水处理厂污泥热干化工程和上海竹园片区污水处理厂污泥干化工程等。

有学者以北京某污泥处置中心冷凝水为研究对象，通过对与微生物生长和繁殖关系较为密切的水质特征进行分析，明确了此类废水的主要组成特点。研究表明，冷凝水的 pH 值、COD 和氨氮是污泥干化冷凝水的 3 个重要指标。冷凝水的 pH 值为 5.3，氨氮和 COD 分别为 1130mg/L 和 13810mg/L，属于高氨氮、高 COD 的酸性有机废水，其中 COD 的主要来源之一为挥发性脂肪酸。冷凝水中宏量元素（P 和 S 等）和微量元素（Mn 和 Zn 等）含量非常低，难以满足微生物正常生长所需。冷凝水中挥发酚浓度虽然较低，但是由于其毒性较大，在生物处理过程中应时刻注意其影响。同时，随着污水处理排放标准的进一步提高，如果任由污泥干化冷凝水排放至污水处理厂，将对污水处理厂的稳定运行造成极大的影响，以 COD 为例，由于冷凝水 COD 较高，且毒性较大，污泥微生物可利用率偏低，使污水处理厂出水难降解有机物含量增加，从而引起 COD 指标超标。

6.4.2　热干化尾气

对于污泥干化过程中恶臭的释放，除了原有恶臭物质的挥发释放外，污泥的受热分解也会产生一系列恶臭物质，如果排除污泥来源的影响，那么决定恶臭释放的主要因素就是干化条件了，干化条件又包含很多具体因素，这些因素相互影响并不独立。这些因素主要包括污泥含水率、热介质温度、载气的流动速度、污泥的停留时间、干化气体的成分、污泥颗粒的尺寸等。

气体污染物包括 5 个部分，分别是：(1) 载气中带入的污染物，如将燃料燃烧产生的热空气直接用于加热污泥时，就会带入二氧化硫、氮氧化物等污染物；(2) 污泥中的极易挥发物质，其沸点低、蒸汽压高，在污泥干化过程中随水挥发，主要成分为污水处理厂中常见的恶臭污染物，如硫化氢、还原性硫（甲硫醇、甲硫醚、二甲二硫醚等）等含硫化合物和氨、胺类、粪臭素等含氮化合物，此外还可能包含醛类、苯系物、卤代烃等；(3) 污泥中极不稳定化合物的分解产物，这些物质在干化过程中便开始分解，比如碳酸氢氨，35℃ 以上就会分解产生氨；(4) 污泥干化过度后的挥发物和分解产物，这部分物质十分复杂，与加热条件有关，最主要组分包括一氧化碳、烃类以及氨、甲醇、氰化氢、乙醛、硫化氢等；(5) 污染物在载气中的二次反应产物，二次干化尾气经过除尘、冷凝处理后温度低、污染物浓度也较低，在除尘过程中，大部分粉尘可以被去除。在冷凝处理中，尾气温度降低，大部分水被去除，水溶性强的污染物，如氨等会大部分溶解于水中，水溶性弱的污染物，如硫化氢，可能由于与氨反应而同时被截留，沸点高的污染物，像酚类会因冷凝而被截留。因此最后仍留在干化尾气中的污染物应是水溶性较差、蒸汽压高、易挥发的物质，如苯系、硫醚等，尤其是直接干化工艺中，尾气量大，很容易把这些污染物吹脱出来。

6.5　污泥热干化安全性

6.5.1　粉尘爆炸

污水污泥采用干化焚烧技术是较为有效的处理处置技术之一，但是对安全操作的要求很高。在污泥热干化、运输及储存过程中，存在严重的爆炸和自燃风险。因为在污泥热干化过程中会形成粉尘，而污泥有机物含量较高，易发生粉尘爆炸。粉尘爆炸是点燃粉尘和空气混合物后，火焰迅速传开，导致密闭容器的压力上升。因此，粉尘爆炸过程伴随着剧烈的燃烧过程，并且压力急速上升，粉尘爆炸后的最大压力升至 9~12 倍的大气压。在一个狭窄空间（横截面小，长度长），粉尘爆炸有可能加速转变为爆燃，火焰传播速度和压力都将迅速增大。

粉尘爆炸的条件主要是：粉尘本身具有高分散性与可燃性；粉尘云悬浮在空气中，浓度大于爆炸下限浓度；有足以引起爆炸的点火能量。实践表明，粉尘爆炸常常会引起二次或多次爆炸，后者是由初次爆炸的混乱引起的。粉尘爆炸过程是与诸多因素有关的复杂过程，影响粉尘爆炸的因素如表 6-2 所示。

粉尘爆炸影响因素分析 表 6-2

类型	因素性质	因素名称	影响结果
粉尘化学因素	可燃性	燃烧热	燃烧热高，有利于燃烧与爆炸
		自燃点	自燃点低，有利于燃烧与爆炸
	化学组分	挥发分	挥发分含量高，有利于燃烧与爆炸
		水分	水分含量高，不利于燃烧与爆炸
	反应性	热分解	易于热分解，有利于爆炸
		与 H_2O 和 CO_2 反应	易与 H_2O 和 CO_2 反应，有利于燃烧与爆炸
	粒子	粒度及其分布	粉尘粒度越小，分散性越高，爆炸的危险性越大
		形状与表面状态	形状及表面状态利于增大比表面积，则爆炸危险性就高
粉尘物理因素	浓度	粉尘浓度	在其爆炸极限浓度范围内，才能发生粉尘爆炸
	传热	比热容	比热容高，自燃性好，有利传热过程
		热传导率	热传导率大，有利于热的传播，提高燃烧速度
	电性	带电性	带电性好，分散程度就高，有利于燃烧与爆炸
		电阻率	电阻率高，带电性好，可提高燃烧与爆炸的危险性
外部因素	凝集	凝集性	易于凝集，可降低粉尘的混合程度与浓度
	粉尘云状态	温度	温度升高，有利于燃烧与爆炸
		压力	压强增加，爆炸传播的速度增加
		运动状态	运动状态紊乱，有利于混合程度与粉尘浓度提高
	组成	氧气浓度	氧气浓度大于最小氧气浓度，才能引发燃烧与爆炸
		可燃气体浓度	混入可燃气体，可大大增加爆炸的可能性
		惰性气体浓度	惰性气体浓度高，不利于燃烧与爆炸
		灰分与阻燃性粉尘	灰分与阻燃性粉尘含量高，不利于燃烧与爆炸
		湿度	粉尘中湿度高不易着火，可降低燃烧与爆炸的危险
	混合	混合程度	混合程度高，可提高爆炸传播的速度
	容器	容器扩展性	容器扩展性好，有利于燃烧与爆炸
	点火	点火源形态	明火比热壁易于引发燃烧与爆炸
		能量	点火能量高，有利于引发燃烧与爆炸

6.5.2　污泥自燃

当污泥放热分解反应产生的热量比传导或对流到周围空气中的热量多时，污泥将产生自热现象。好氧降解反应的产物是热量、二氧化碳和水，被周围污泥吸收后，会将热量传递或提高降解速度。当温度高于临界温度时，通过放热化学氧化，自热过程进一步加剧。当自热过程产生的热量大于散失的热量，热量不断积蓄，温度逐渐升高，当温度大于其自燃点时，即会发生污泥自燃现象。但是污泥自燃（污泥自热的结果）和污泥燃烧（特殊工艺条件如加热的表面或大量粉尘层的作用结果）是不同的。两者都会导致污泥起火或焖烧，均是粉尘爆炸的火源。污泥焖烧会产生大量的 CO，与空气混合时会剧烈爆炸，并有造成中毒的危险。影响污泥自热过程与自燃危险的因素如表 6-3 所示。

影响污泥自热过程和自燃危险的主要因素

表 6-3

影响因素	作用结果
湿度	污泥湿度的增加,会使污泥自热趋势增加;但湿度增高,污泥不易燃烧
污泥体积	污泥体积增大,自热、自燃的危险增加
储存类型	V/S(体积/表面积)值低,则热量容易传递出去,可减小自燃的可能
污泥温度	污泥温度越高,则自热、自燃的可能性越大
干污泥粒度	干污泥粒度越细,则自热、自燃的可能性越大
污泥停留时间	污泥停留时间越长,则自热、自燃的危险越大

第 7 章　污泥土地利用

7.1　概述

污泥土地利用是指通过覆盖、喷洒、注射或者合并等方式，将污泥施用在土壤表面或土壤当中，以改善土壤条件或者提高土壤肥力，是一种符合可持续发展战略的污泥资源化利用途径。污泥土地利用的优点主要包括：

（1）供给植物养分

污泥中含有相当于厩肥的氮和磷，也含有钾、钙、铁、硫、镁及锌、铜、锰、硼、钼等微量元素，其氮、磷均为有机态，可以缓慢释放而具有长效性。

（2）改善土壤化学性质

污泥中的有机物质可提高土壤的阳离子代换量，改善土壤对酸碱的缓冲能力，提供养分交换和吸附的活性点，从而提高对化肥的利用率。

（3）改善土壤物理性质

污泥可提高土壤的持水能力，从而增加土壤水分含量，还可提高土壤的透水性，防止土壤表面板结。

（4）改善土壤生物学性质

污泥可增加土壤根际微生物的群落，从而增加其生物活性，有利于养分的释放，并能减少某些植物的疾病。

污泥土地利用是最常用的污泥利用做法。美国大约 55% 的污泥在农艺、植树造林和/或土地复垦等领域得到了资源化利用，其中农业利用是最主要的土地利用方式，约占土地利用总量的 3/4，而用于土地复垦和植树造林的用量则较为有限。加拿大水和废水协会（CWWA）2001年提出的加拿大污水污泥处置技术使用情况表明土地利用的污泥数量最多，占 41.4%，显著高于其他技术。

欧洲污泥土地利用量占污泥回用总量的 50% 以上，包括农业利用污泥以及景观绿化和园林等堆肥污泥。在国家层面，不同国家对于土地利用有着不同的倾向性，很大程度上取决于各国政府有关的法律、法规和污染控制状况，同时也与国家的大小和农业发展情况有关。根据欧盟委员会对目前土地利用做法的环境、经济、社会和健康影响进行的研究，一些欧盟成员国，如法国、葡萄牙、西班牙和英国，进行农业利用的污泥量一直在持续增加；在荷兰和比利时的一些地区（如佛兰德斯），污泥农业利用已经被有效禁止；在奥地利和德国，由于公众对安全问题日益关注以及其他施用于土地的有机物质（如动物肥料）的竞争，污泥土地利用正在不断减少；瑞士（非欧盟成员国）也颁布了详细的计划，从法律上禁止污水污泥用于农田，从而完全转向焚烧。即使在同一个国家，由于地方因素的影响，所采用的实践做法也不尽相同。英国2008—2009 年产生污泥约 180 万 t，80％以上的污泥用于农业、复垦和景观绿化等用途，但不同的地区也有所侧重，如在北部大型工业城市，由于污泥中重金属含量较高且含有一些有毒成分，因此焚烧比例较大，约占 50％，而其他城市则以污泥土地利用为主。

表 7-1 为 2009 年欧洲部分国家污泥土地利用状况。

欧洲部分国家污泥土地利用状况（2009 年）　　　　　　　　　表 7-1

国家	农用(%)	堆肥和其他应用(%)	国家	农用(%)	堆肥和其他应用(%)
西班牙	82	0	奥地利	15	23
爱尔兰	69	0	比利时	13	0
立陶宛	63	37	爱沙尼亚	0	82
匈牙利	56	3	希腊	0	0
保加利亚	55	0	马耳他	0	0
塞浦路斯	50	37	荷兰	0	0
卢森堡	50	30	罗马尼亚	0	35
法国	47	25	斯洛文尼亚	0	0
捷克	46	31	斯洛伐克	0	67
拉脱维亚	38	9	挪威	48	19
德国	28	19	瑞士	10	0
波兰	22	4			

我国污泥土地利用很早就开始了，如 1961 年北京高碑店污水处理厂的污泥大多被当地的农民作为有机肥施用于土地，大连、淄博、北京、秦皇岛和唐山等城市也有污水处理厂将污泥制成有机颗粒肥、有机复混肥和有机微生物肥料等，施用于农田或绿化。近年来，我国污水处理事业飞速发展，相应的污泥年产量增加迅速，但是由于我国污泥的稳定化和无害化处理还不是很普遍，同时污泥土地利用的法律法规不健全，这些都在很大程度上制约了我国污泥土地利用的发展。

7.2　污泥土地利用方式

污泥土地利用主要包括 3 个方向：一是作为农作物、牧场草地肥料的农用；二是作为林地、园林绿化肥料的林用；三是作为沙荒地、盐碱地、废弃矿区改良基质的土地改良。

7.2.1　污泥农用

污泥农用是指将污泥在农业用地上进行有效利用的方式。其应用范围包括粮食作物、果树、蔬菜和花卉以及油料、纤维等经济作物。在施用形式上，污泥主要作为基肥（底肥）使用，这与污泥所含有机养分的长效缓释性密切相关；污泥也可作为追肥使用，这与污泥中有机养分以易矿化态类型为主有关，在施用后较其他有机肥料，其速效养分释放更为迅速，从这点来讲，污泥是一种兼具长效和速效的有机肥料。

污泥是否应该农用曾经是很多国家长期争论的热点。一方面，污泥中富含有机质及氮、磷、钾等营养元素，污泥农用后有机质可以改善土壤结构，增加土壤透气性和持水性，培育地力；增加的营养元素可减少化肥施用量。另一方面，由于污泥中含有重金属、病原体以及持久性有机污染物等有毒有害物质，担心污泥农用后这些物质进入食物链及环境，影响人体健康及环境安全。在一些发达国家，污泥农用是应用最广泛的一种土地利用方式，前提是通过制定完善的标准规范，严格控制污染物浓度和污泥施用率，合理选择施用场地，采用正确的施用方法，从而保证公众健康及环境安全。

我国是一个农业大国，中低产土壤面积相当大，据第二次土壤普查，全国缺乏有机质的耕地有 3290 万 hm²，缺氮的耕地有 3305 万 hm²，大约占耕地面积的 35%；缺磷的耕地有 6726.6 万 hm²，占耕地面积的 70.7%，部分耕地缺锌、硼、钼等微量元素，相当面积的土壤急需培肥。同时大量化肥施用带来的资源危机和环境污染已经引起人们的广泛关注。因此，污泥经处理后进行农用可以缓解我国资源短缺的状况，是符合可持续发展战略和我国国情的处置方法。

7.2.2   污泥林用

污泥林用比污泥农用一个最主要的优势是不会进入食物链，其泥质要求相对于污泥农用来说也较为宽松。污泥林用对环境安全和公众健康的影响主要体现在污泥施用后，可能会对水源造成污染。当然，由氮引起的水污染问题可以通过控制污泥的施用量和植物需要的氮量来解决。污泥林用可用于园林绿化、成片树林等。

随着我国城区绿地面积的不断增加，出现了取土困难、取好土更难的局面，为此，开辟新的优质栽植土壤（或人造介质）来源，分阶段全面改良绿地土壤，已成为绿化建设发展中亟待解决的重要问题。稳定后的污水污泥用于园林绿化主要有 3 个出路和用途：园林绿化介质土、园林绿化肥料和市民盆栽肥料。污泥用于园林绿化也存在一些问题：绿化介质土需求量实际上是一个阶段性过程，而不是一个持续均衡过程，但污水污泥的产生却是连续不断的，因此实际绿化介质土的需要量远远小于理论计算量。日常的绿化养护需要量也较大，而且是一个相对平稳的过程，但由于绿化养护费用需要各绿化养护单位支出，目前这些单位经费较为紧张，难有改良的积极性。

森林土壤的特性在很多方面都适合于污泥林用：较高的渗透率可以减少由于径流和雨水冲刷引起的污泥流失；森林土壤中含有大量的有机物，可以更好地固定来自污泥中的重金属；同时，森林中的长期植物根部系统使污泥的施用时间相对更加灵活，在温和的气候下，整年都可以施用污泥。尽管森林土壤通常呈酸性，但是美国环保署的调查文件表明在污泥施用后，没有发现重金属滤去现象。与一般园林绿化有所不同的是，林地区域一般交通条件较差，同时林地内部的通行条件不理想，这对于污泥的运输和转移是一个难以克服的客观条件。

7.2.3   土地改良

进行土地改良的土地类型一般以矿山废弃地、沙荒地和退化土地为主，这些土地基本已失去使用特性，需要进行生态修复与植被恢复。

目前我国共有 18.2 万个矿山，每年生产矿产资源 32 亿 t，依靠矿山工业发展而生存的城市和乡镇已超过 420 个，全国有 $4×10^6 hm^2$ 的矿山废弃地，每年以 33 万 hm^2 的速度增加。采空区增加、地面下沉、地下水位下降及尾矿堆积占地日增、扬尘污染环境严重。矿山废弃地具有以下特点：（1）物理结构不良，持水保肥能力差；（2）极端贫瘠，N、P、K 及有机质含量极低，或养分不平衡；（3）重金属含量过高，影响植物各种代谢途径，抑制植物对营养元素的吸收及根系的生长；（4）极端的 pH 值，严重时 pH 值接近 2，酸性条件进一步加剧了重金属的溶出和毒害，导致养分不足，强碱性条件也会引起植物的养分不足和酶的不稳定性等；（5）干旱或盐分过高引起的生理干旱。因此，对矿山废弃地的改良和生态恢复就显得十分重要，采用污泥进行土地改良，可改善土壤结构，促进土壤熟化。

此外，我国是一个土地沙漠化严重的国家。自 20 世纪 50 年代后期以来，全国沙漠化土地面积持续增加，20 世纪 50 年代到 70 年代中期沙漠化面积以 $1560km^2$/年的速率增加，1976 年到 1988 年提高到 $2100km^2$/年，1988 年到 2000 年之间达到 $3600km^2$/年。根据我国林业局统计的数据，2013 年全国沙漠化面积为 173.1 万 km^2。我国自 1958 年召开第一次治沙会议后，就开始了对沙漠问题的研究以及大规模的沙漠治理和改造利用。但目前我国防沙治沙仅落实在某些试验站点和示范推广县，而大面积的滥垦、滥牧等不合理的土地利用现象未能有效遏制，呈现出"局部治理，整体恶化"的趋势。城市污泥改良沙化土壤是其土地利用的重要方式之一。以"废"治"退"，将污泥施用于沙漠中，既能解决污泥的处置问题，又能改良沙漠土壤结构。通过选择合适的固沙植物进行植树造林，充分利用污泥中的 N、P、K 等营养物质，加速植物生长和沙漠生态的恢复。

就污泥土地改良的泥质要求来讲，由于其对象为已退化或失去使用性的土地，有些已存在一定程度的污染，因此对污泥所含的重金属、有机污染物等限值要求相对较为宽松。

7.3 污泥土地利用泥质要求

污泥中含有丰富的有机营养成分，如 N、P、K 等以及植物所需的各种微量元素，包括 Ca、Mg、Cu、Zn、Fe 等，是一种有价值的有机资源。另一方面，污水污泥中含有大量病原菌、寄生虫（卵）和生物难降解物质，特别是含工业废水时，污水污泥可能含有较多的重金属离子和有毒有害化学物质。这些物质随污泥土地利用进入土壤，可能会对土壤-植物系统、地表水、地下水系统产生影响，造成环境和人类健康风险。因此，污泥土地利用不能简单地直接施用，而是需要经过稳定化和无害化处理，并采用有效的施用手段，保证其进入土壤所带来的风险最低并且可控。

污泥土地利用的泥质要求应包括养分、有机质含量、重金属含量、卫生学指标要求等。

7.3.1 理化性质

不同污泥土地利用方式对污泥理化性质的要求如表 7-2 所示，主要包括 pH 值、含水率、外观和嗅觉等几个方面。

在含水率指标上，污泥农用、林用和土地改良的污泥含水率控制在60％～65％以下，园林绿化对于污泥含水率的要求最高，不超过40％，污泥需经过好氧堆肥等稳定化处理才能达到上述含水率要求。实践经验表明，污泥含水率越低，越有利于抑制污泥中的微生物生长，也越便于运输和现场操作，避免污泥运输中漏洒和滤液渗出造成二次污染。

在外观和嗅觉方面，农用和林用泥质标准对于污泥的粒径和杂物含量有详细规定，一般要求污泥粒径不大于10mm，杂物含量的最高值在3％～5％范围内。一般而言，粒径较大，则养分释放较慢，呈不规律性；粒径较小，则养分更易释放，保证养分供应更有规律性。城镇污水处理厂污泥中一般不存在杂物，但考虑到污泥处理方式的多样，在一些污泥处理方式上，有可能和别的废物一起处理而混入杂物，为避免杂物过多影响污泥农用或林木正常生长，对污泥中的杂物进行了限制。园林绿化和土地改良泥质标准则主要从嗅觉方面作了规定，无明显臭味是污泥土地利用的基本需要，也是污泥稳定化处理后的基本特征。

土地利用对污泥理化性质要求　　　　　　　　　　表 7-2

污泥土地利用方式		pH 值	含水率(％)	外观和嗅觉
农用		5.5～9.0	≤60	粒径≤10mm，无粒度＞5mm 的金属、玻璃、陶瓷、塑料、瓦片等有害物质，杂物含量≤3％
园林绿化	酸性土壤(pH＜6.5)	6.5～8.5	＜40	比较疏松，无明显臭味
	中碱性土壤(pH≥6.5)	5.5～7.8		
林用		5.5～8.5	≤60	粒径≤10mm，杂物(包括金属、玻璃、陶瓷、塑料、橡胶、瓦片等)含量≤5％
土地改良		5.5～10.0	＜65	有泥饼型感观，无明显臭味

此外，部分含盐量高的污泥会明显提高土壤的电导率，过高的盐分会破坏养分之间的平衡，抑制植物对养分的吸收，甚至会对植物根系造成直接的伤害。离子之间的拮抗作用也会加速有效养分如 K^+、NO_3^-、NH_4^+ 等的淋失。园林绿化用泥质标准在盐分方面做出规定，要求污泥施用到绿地后，对盐分敏感的植物根系周围土壤的电导率值小于 1.0mS/cm，对某些耐盐的园林植物周围土壤的电导率可以适当放宽到小于 2.0mS/cm。

7.3.2　养分和有机质含量

我国部分城镇污水处理厂污泥中有机质及营养成分含量如表 7-3 所示。中国城镇污泥与美国城镇污泥和中国传统的农家肥——纯猪粪、猪厩肥相比，具有作为有机肥使用的价值。污泥有机质含量最高达到 696g/kg，平均值为 384g/kg，相当于纯猪粪有机质平均含量的 54％；其中 82％的城镇污泥有机质含量超过猪厩肥，平均含量比猪厩肥高 27.2％。污泥全氮和全磷含量平均值分别为 27.1 g/kg 和 14.3 g/kg，均高于猪厩肥和纯猪粪的氮、磷含量；全钾含量平均值为 6.9g/kg，低于猪厩肥和纯猪粪的全钾含量。

中国城镇污泥中有机质及营养成分含量（g/kg，干重）　　　　表 7-3

城市/国家	污水处理厂名称	有机质	全氮	全磷	全钾
北京	高碑店	482	29.4	7.1	7.0
	酒仙桥	467	20.2	5.2	6.0
	方庄	568	—	12.6	7.0
	北小河	356	—	6.9	12.5
太原	杨家堡	281	14.2	4.7	3.4
	北郊	403	27.6	10.4	4.9
	殷家堡	305	18.9	10.6	3.5
	镇城底	—	2.5	12.5	4.3
	古交	92	7.8	2.2	6.1
常州	城西	595	48.3	6.6	4.8
	城北	311	51.6	17.8	3.2
苏州	城西	387	48.2	13.0	4.4
	新区	379	32.6	6.9	5.7
合肥	王小郢	381	48.0	12.0	—
	琥珀山庄	696	33.0	7.0	—
桂林	七里店	635	—	—	—
	桂林市	396	48.3	21.1	8.5
昆明	第一	379	34.0	51.3	9.0
	第二	352	26.2	16.0	10.5
	第四	322	29.0	46.1	4.3
杭州	四堡	318	11.0	11.5	7.4
无锡	无锡市	333	21.7	10.5	5.8
广州	大坦沙	317	18.0	4.9	7.4
佛山	镇安	290	29.6	18.4	10.3
深圳	滨河	262	19.9	12.2	12.4
沈阳	北部	356	22.6	15.1	12.4
天津	纪庄子	414	32.6	14.0	9.1
中国香港	大浦	453	12.9	34.0	—
西安	北郊	222	15.2	9.6	
总计	平均值±标准差	384±127	27.1±13.5	14.3±11.6	6.9±2.7
美国	城镇污泥平均值	534	26.0	8.1	4.0
中国	纯猪粪平均值	714	20.7	9.0	11.2
中国	猪厩肥平均值	302	9.4	4.7	9.5

　　污泥土地利用方式不同，其对污泥养分和有机质含量的要求也不同，如表 7-4 所示。相对来说，园林绿化、林用或农用对污泥养分和有机质含量要求较高，目的是保证植物所需养分得

到充分供应；用于土地改良时，考虑土地可消纳，具备恢复其土壤使用功能即可，养分和有机质含量要求可适当降低。

土地利用对污泥总养分和有机质要求 表 7-4

污泥土地利用方式	总养分含量(%)	有机质含量(%)
农用	≥3	≥20
园林绿化	≥3	≥25
林用	≥2.5	≥18
土地改良	≥1	≥10

需要注意的是，如果在降雨量较大地区的土质疏松土地上大量施用污泥，有机物分解速度大于植物对 N、P 的吸收速度，养分很可能会随水流失，进入地表水体造成水体的富营养化，进入地下引起地下水的硝酸盐污染。因此，养分的迁移是一个需要长期监测研究的工作。

7.3.3 卫生学指标

未经处理的污泥含有较多的病原微生物和寄生虫卵，在污泥的应用中，它们可通过各种途径传播，污染土壤、空气、水源，并通过皮肤接触、呼吸和食物链危及人畜健康，也会在一定程度上加速植物病害的传播。因此，污泥在进行土地利用前，必须进行无害化处理，通过高温高压或其他物理性技术措施，灭活大部分病原菌和蛔虫卵，提高污泥土地利用的卫生安全性。

美国 40 CFR PART 503 中污泥土地利用涉及的卫生学指标主要包括粪大肠杆菌、沙门氏菌、肠道病毒和寄生虫卵等。欧盟污泥农用指令 86/278/EEC 没有规定农用污泥中病原菌的限值，但是，为了减少病原菌带来的风险，部分欧盟国家（法国、意大利、卢森堡、波兰和奥地利的两个地区）规定了农用污泥中的病原菌浓度，规定中最常见的病原菌指标是沙门氏菌和肠道病毒。

我国城镇污水处理厂污泥中病原菌含量如表 7-5 所示，污泥土地利用的卫生学指标要求如表 7-6 所示。卫生学指标主要采用粪大肠菌群菌值和蛔虫卵死亡率两项指标，且要求基本一致。但从粪大肠菌群的限值来看，较美国 40 CFR PART 503 的 A 级污泥更为严格，在实际污泥处理处置过程中较难达到。

城镇污水处理厂污泥中病原菌含量 表 7-5

污泥类型	细菌总数 (10^5个/g 干污泥)	粪大肠菌群数 (10^5个/g 干污泥)	寄生虫卵 (10 个/g 干污泥)
初沉污泥	471.7	158.0	23.3(活卵率 78.3%)
活性污泥	738.0	12.1	17.0(活卵率 67.8%)
消化污泥	38.3	1.2	13.9(活卵率 60%)

土地利用对污泥卫生学指标要求 表 7-6

污泥土地利用方式	粪大肠菌群菌值	细菌总数(MPN/kg 干污泥)	蛔虫卵死亡率(%)
农用	≤0.01	—	≥95
园林绿化	>0.01	—	>95
林用	≥0.01	—	≥95
土地改良	>0.01	$<10^8$	>95

7.3.4　重金属含量

重金属是限制污泥大规模土地利用的重要因素之一。污泥中的重金属随着雨水淋溶或自行迁移到土壤深处，对表层地下水系统产生影响；污泥中的重金属对人体健康的危害主要来自其进入土壤植物生态体系后，由植物吸收并于体内富集，通过食物链进入人体。因此，应尽可能减少污泥中的重金属含量。研究表明，作物富集重金属的影响因素包括中的重金属存在形态、土壤因素、作物类型和污泥施用率等。水溶态和交换态的重金属可以被植物直接吸收；脱水污泥重金属的有效性低于液体污泥；经过堆肥处理后污泥重金属的有效性低于生污泥。酸性土壤重金属的污染风险比碱性土壤大很多；有机质能够固定重金属，所以有机质含量较高的土壤可以缓冲重金属给作物带来的危害，污泥施用一段时间后，污泥中的有机质在各种酶和微生物的作用下矿化，相应地，与有机质相结合的重金属就会部分释放出来，增加其生物有效性。

我国城镇污泥重金属含量见第 1 章表 1-5。研究表明，城市污泥中重金属含量呈逐年下降的趋势，2006 年全国主要大中型城市产生的污泥重金属含量与 2001 年相比，降幅达 25%～55%。这与工业废水逐渐脱离生活污水系统有关，也与污水处理工艺的改进密切相关。

不同污泥土地利用方式的重金属指标要求如表 7-7 所示。其中，锌的含量限值相比于《农用污泥中污染物控制标准》GB 4284—1984 有所放宽，主要是基于两点：一是近年来由于我国污水管道性质的调整，污泥中锌含量有所增加；二是锌元素本身为有益性重金属，对土壤和作物均有改进和提升效果，目前我国土壤普遍缺锌，亟需补充锌元素。

不同污泥土地利用方式中，污泥农用对重金属要求最为严格，分为 A 级和 B 级：A 级污泥对重金属要求较为严格，可用于蔬菜、粮食作物、油料作物、果树、饲料作物和纤维作物；B 级污泥对重金属限量适度放宽，但只能用于油料作物、果树、饲料作物和纤维作物。用于园林绿化、林地和土地改良的污泥对重金属要求相对于农用有所降低。园林绿化和土地改良泥质标准根据施用地性质区分酸性土壤和中碱性土壤，由于酸性土壤重金属的污染风险比碱性土壤大得多，污泥用于酸性土壤的重金属指标限值也更为严格。沙漠土壤呈碱性，因此污泥用于沙漠改良时，其重金属限值可土地改良用泥质标准对中碱性土壤的限值标准。与园林绿化的场地相比，污泥林用的场地离人类活动场所较远，林用泥质标准未区分酸性土壤和中碱性土壤，相当于重金属限值适当放宽。

土地利用对污泥重金属指标要求（mg/kg 干污泥）　　　　表 7-7

污泥土地利用方式		总镉	总铅	总铬	总镍	总锌	总铜	总汞	总砷	总硼
农用	A 级污泥	<3	<300	<500	<100	<1500	<500	<3	<30	—
	B 级污泥	<15	<1000	<1000	<200	<3000	<1500	<15	<75	—
园林绿化	酸性土壤(pH<6.5)	<5	<300	<600	<100	<2000	<800	<5	<75	<150
	中碱性土壤(pH≥6.5)	<20	<1000	<1000	<200	<4000	<1500	<15	<75	<150
林用		<20	<1000	<1000	<200	<3000	<1500	<15	<75	—
土地改良	酸性土壤(pH<6.5)	<5	<300	<600	<100	<2000	<800	<5	<75	<100
	中碱性土壤(pH≥6.5)	<20	<1000	<1000	<200	<4000	<1500	<15	<75	<150

7.3.5 有机污染物含量

一些生产部门排放的污水中含有一定量的有机污染物，如聚氯二酚、多环芳烃以及农药的残留物。这些物质在污水和污泥的处理过程中会得到一定程度的降解，但一般难以完全去除。比如相当一部分有机污染物具有亲脂性和难降解特性，污泥吸附成为其最主要的去除方式，吸附在污泥中的有机污染物通常具有较强的毒害作用，在进行污泥土地利用时还需考虑其可能产生的危害。

不同污泥土地利用方式的有机污染物指标要求如表 7-8 所示。不同污泥土地利用方式的有机污染物指标要求不同，总体来看，A 级污泥农用对污泥中有机污染物的要求相对较高。

土地利用对污泥有机污染物指标要求（mg/kg 干污泥）　　　表 7-8

污泥土地利用方式		矿物油	挥发酚	总氰化物	苯并(a)芘	多氯联苯	多环芳烃	可吸附有机卤化物
农用	A 级污泥	500	—	—	2	—	5	—
	B 级污泥	3000	—	—	3	—	6	—
园林绿化	酸性土壤(pH<6.5)	3000	—	—	3	—	—	500
	中碱性土壤(pH≥6.5)	3000	—	—	3	—	—	500
林用		3000	—	—	3	—	6	—
土地改良	酸性土壤(pH<6.5)	3000	40	10	—	0.2	—	500
	中碱性土壤(pH≥6.5)	3000	40	10	—	0.2	—	500

7.3.6 腐熟度要求

腐熟度是污泥进行土地利用的重要参考指标。腐熟污泥所含的有机质由不稳定态逐渐转化为以富里酸、胡敏酸为主的腐殖质，腐殖质的性质更接近土壤中的有机物，对作物的生长发育具有良好的促进效果。如腐熟度不达标的污泥进行土地利用，不仅对施用土壤的生态结构造成不良影响，也会对植物根系产生负面影响，即农业上常见的"烧苗"现象。

种子发芽率是反映污泥腐熟度的重要指标，农用、园林绿化和林用泥质标准均对种子发芽率做了规定，一般应大于 60%～70%，如表 7-9 所示。

土地利用对污泥腐熟度要求　　　表 7-9

污泥土地利用方式	种子发芽率(%)	污泥土地利用方式	种子发芽率(%)
农用	>60	林用	>60
园林绿化	>70	土地改良	—

7.4　污泥土地利用技术要点

7.4.1 污泥施用方法

污泥肥料的施用方法分为地表施用和地面下施用两种，主要应保证污泥以机械方式或自然方式与土壤混合。污泥肥料物态不同，则其施用亦有不同的具体方法。

液态污泥施用相对简单，可选择的方法有：

（1）地表施用

地表施用相比于其他的施用方法可明显地减少地表雨水径流引起的营养物和土壤的损失，液态污泥地表施用不适合潮湿土壤地区，一般采用罐车或农用罐车。

（2）地面下施用

液态污泥地面下施用适用于可耕土地，潮湿和冰冻土壤则禁用。其施用方法包括注入、沟施或使用圆盘犁犁地。液态污泥地面下施用有效地减少了氨气的挥发量，阻止了蚊蝇滋生，并且污泥中的水分能够迅速地被土壤吸收，降低了污泥的生物不稳定性；但是其增加了投资费用，污泥施用的均匀性亦很难保证。

（3）灌溉

包括喷灌和自流灌溉，前者较适用于开阔地带及林地施用，污泥由泵加压后经管道输送至喷洒器喷灌，它可实现均匀地施用，但存在投资大、喷嘴易堵塞等局限性，更关键的是有引起气溶胶污染的危险，因此一般应慎用；后者则依靠重力作用自流到土地上，由于其很难保证施用率的均匀分布，以及易散发臭味等，因此较少使用。

施用脱水污泥可减少大量的运输费用，施用机械的选择性较大，但其操作和维修费用比施用液态（浓缩）污泥高。通常的施用方法和机械见表 7-10。其中，施用时的撒布机械大致与农用机械相同，如带斗推土机、撒布机、卡车、平土机等均使用较为广泛，撒布后可由拖拉机或推土机牵引的圆盘推土机、圆盘耕土机和圆盘犁将污泥混入土壤。

脱水污泥的施用方法和机械 表 7-10

方法	描 述
撒布	卡车或拖拉机将污泥均匀地撒布在施用土地上后,再进行犁地使污泥与土壤混合
堆置	卡车将污泥卸至施用土地边缘,推土机将污泥在土地上先摊平,再犁地混合

污泥堆肥、干化污泥的可施用性好，单位土地面积的污泥肥料用量小，一般无需采用专门的土地撒布机械；污泥肥料撒布后，可根据作物生长的要求选择是否进行翻耕。

7.4.2 污泥施用地点

《农用污泥中污染物控制标准》GB 4284—1984 对污泥施用地点做出了规定：为了防止对地下水造成污染，在沙质土壤和地下水位较高的农田上不宜施用污泥；在饮水水源保护地带不得施用污泥。

我国城镇污水处理厂污泥处置系列标准对污泥施用地点的要求如表 7-11 所示。

污泥处置系列标准对污泥施用地点的要求 表 7-11

污泥土地利用方式	要 求
农用	湖泊周围 1000m 范围内和洪水泛滥区禁止施用污泥
园林绿化	在坡度较大或地下水位较高的地点不应施用污泥,饮用水水源保护地带严禁施用污泥
林用	湖泊、水库等封闭水体及敏感性水体周围 1000m 范围内和洪水泛滥区禁止施用污泥;施用场地的坡度大于 9% 时,应采取防止雨水冲刷、径流等措施;施用场地的坡度大于 18% 时,不应施用污泥
土地改良	在饮用水水源保护区和地下水位较高处不宜将污泥用于土地改良

美国规定散装污泥不能施用于有以下情形的土地：洪灾、冰冻、冰雪覆盖，以免污泥被带入水体。散装污泥的施用地点必须距地表水体 10m 以上。

理想的污泥土地利用场合具有以下特征：渗透系数适中，地下水位距地面 3m 以上，地面坡度为 0～3%，离水井、湿地、水流等较远。选择污泥施用地点需考虑的重要因素有：地形、土壤参数、地下水位、距水井等敏感区域的控制距离。美国环保署污泥土地利用设计手册中对地形、土壤参数、地下水位、距敏感区域的控制距离作了一定的规定，如不同的坡度对污泥土地利用的影响等。

（1）地形

坡度较大的地方，施用的污泥有可能被地表径流侵蚀。因此需要对施用地点的坡度进行限制。林地因为植被的保水性较好，不易形成径流，最高坡度限制可放宽至 30%。表 7-12 是坡度对污泥土地利用的影响。

坡度对污泥土地利用的影响 表 7-12

坡度(%)	影　响
0～3	理想坡度；污泥无论是否经过脱水，都没有被径流侵蚀的危险
3～6	可以接受的坡度；污泥有被径流侵蚀的风险；污泥无论是否经过脱水，直接施用于土地表面都是可以接受的
6～12	当没有径流控制措施时，流质污泥是不适于直接施用于土地表面的；脱水污泥基本上可以直接施用于土地表面
12～15	当没有径流控制措施时，流质污泥是不适于土地利用的；脱水污泥施用时若立即混合于土壤之中，是可以接受的
>15	只有少数的特殊场合适宜污泥的土地利用

（2）土壤参数

通常，污泥土地利用的适宜土质需具备以下条件：壤质土；渗透性较差或者适中；不少于 0.6m 的土壤厚度；中性或偏碱性（pH>6.5）；排水通畅。

（3）地下水位

为防止施用的污泥污染地下水，地下水位以上的土层厚度必须有所限制，一般来说这个厚度不少于 1m。由于地下水位随季节波动，短时期内 0.5m 的厚度也是容许的。要施用污泥的地点，必须进行现场勘测，以掌握充足的地下水信息。

（4）距敏感区域的控制距离

为减少污泥土地利用的环境风险，必须控制污泥施用地点距一些敏感区域的距离。敏感区域包括：居所、水井、地表水、公路、私人不动产等区域。表 7-13 是美国加利福尼亚州在这方面的规定。

污泥施用地点距敏感区域的控制距离 表 7-13

敏感区域	最小距离(m)
私人不动产的边界	3
居民用供水井	150

敏感区域	最小距离(m)
非居民用供水井	30
公路	15
地表水(湿地、溪流、池塘、湖泊、地表含水层、沼泽等)	30
农用灌溉系统的干管	10
居民供水的主要干管	60
地表水的引水口	750
满足居民用水的水库	120

注: 引自 California State Water Resources Control Board (2000)。

7.4.3　污泥施用年限和施用率

污泥土地利用中污泥的施用年限和施用率主要根据重金属和氮等营养物来控制。我国《农用污泥中污染物控制标准》GB 4284—1984 中有一定的规定:(1)施用符合本标准的污泥时,一般每年每亩用量不超过 2000kg(以干污泥计)。污泥中任何一项无机化合物含量接近于本标准时,连续在同一块土壤上施用,不得超过 20 年。含无机化合物较少的石油化工污泥,连续施用可超过 20 年。(2)对于同时含有多种有害物质而含量都接近于本标准值的污泥,施用时应酌情减少用量。

我国城镇污水处理厂污泥处置系列标准对污泥施用年限和施用率的要求如表 7-14 所示。

污泥处置系列标准对污泥施用年限和施用率的要求　　　　表 7-14

污泥土地利用方式	要　　求
农用	农田年施用污泥量累计不应超过 7.5t/hm²,农田连续施用不应超过 10 年
园林绿化	污泥园林绿化利用时,宜根据污泥施用地点的面积、土壤污染物本底值和植物的需氮量,确定合理的污泥施用量
林用	林地年施用污泥量累计不应超过 30t/hm²,林地连续施用不应超过 15 年
土地改良	每年每万平方米土地施用干污泥量不大于 30000kg

不同的土壤条件对污泥污染物具有不同的承受能力,不同的植物种类对污泥的适宜施用率也不同。美国在污泥土地利用中,重金属长期施用率根据 40 CFR RART 503 标准来控制,而年平均施用率则根据氮负荷率来确定。

1. 施用年限

长期不合理的污泥土地利用,很可能导致土壤中重金属元素的积累,进而可能造成作物可食部分中有害物质超标,因此,污泥土地利用时一定要严格控制污泥的施用年限和施用率。若不考虑土壤中重金属元素的输出,把土壤中重金属的积累量控制在允许浓度范围内,那么污泥施用年限就可以根据公式(7-1)计算:

$$n = \frac{CW}{QP} \tag{7-1}$$

式中　n——污泥施用年限;

C——土壤安全控制浓度，mg/kg；

W——每公顷耕作层土重，kg/hm²；

Q——每公顷污泥用量，kg/hm²；

P——污泥中重金属元素含量，mg/kg。

2. 施用率

污泥的施用率应根据两方面确定：按土壤环境标准确定施用率以及按作物吸收养分量确定施用率。

根据多年研究成果并吸取国内外经验，郝得文等提出计算污泥施用率的程序和计算模式，用以确定污泥施用率。该方法的实质在于限定溶解性养分和重金属输入量，以达到充分利用污泥中的养分，又能防止重金属污染环境；结合土壤中重金属背景含量和环境质量标准，考虑污泥中重金属含量；充分利用污泥中的养分和防止施用污泥造成污染，又考虑满足污水处理厂对污泥施用场地使用年限的要求。污泥施用率的计算程序如图 7-1 所示。

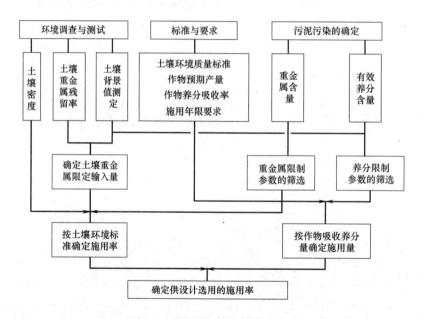

图 7-1　污泥施用率的计算程序

（1）按土壤环境标准确定施用率

按照给定的土壤环境质量标准、土壤中重金属的背景含量、重金属年残留率以及污泥限制性重金属含量可以确定污泥在该土壤中的施用率，如表 7-15 所示。

供设计选择的污泥施用率类型

表 7-15

污泥施用率类型	代号	施用率
一次性最大污泥施用率	S_1	$S_g = (W_h - B) \cdot T_s / C$
安全污泥施用率	S_2	$S_a = W_h(1 - K) \cdot T_s / C$
控制性安全污泥施用率	S_3	$S_k = (KW_h - BK^j)(1 - K^j) \cdot T_s / C$

注：W_h——给定的土壤环境质量标准，mg/kg；B——该土壤中重金属的背景含量，mg/kg；K——该土壤中重金属的年残留率，%；T_s——耕层土壤干重 t/(hm²·年)；C——污泥限制性重金属含量，mg/kg；j——给定的年限。

在保证不污染环境的条件下，充分利用污泥中的植物营养成分，是设计、选用污泥施用率的基本原则。从利用污泥中营养成分的角度，可将污泥施用率划分为以下 3 种类型：

1）一次性最大污泥施用率（S_1）

把污泥作为土壤改良剂，改良有机质和养分含量低的土壤或复垦被破坏的土地时，通常选用 S_1，以便尽快达到改良的目的。按作物需磷量确定的只施一次的污泥施用率为 S_{P1} ［以干污泥计，$t/(hm^2 \cdot 年)$］，按土壤重金属环境质量标准确定的一次性最大污泥施用率为 S_g ［$t/(hm^2 \cdot 年)$］。从不污染环境的角度出发，S_1 值选用 S_{P1} 和 S_g 中的低值。

2）安全污泥施用率（S_2）

把污泥作为固定肥源或复合肥料添加剂，长期施于农田，通常选用 S_2。按作物需氮量确定的污泥长期施用率为 S_{NL}，按土壤重金属环境质量标准确定的安全污泥施用率为 S_a。一般选用 S_a 作为 S_2 值。

3）控制性安全污泥施用率（S_3）

根据土地要求，场地施用年限为 20 年，在给定年限内每年施用污泥。在这种情况下，S_3 值选用 S_{NL} 和 S_K 中的低值。

（2）按氮、磷营养物确定施用率

1）污泥中可利用氮的计算

氮负荷率（Nitrogen loading rates）主要根据商业肥料中提供的有效氮来规定。由于城镇污泥是一种缓慢释放的有机肥料，因此，氨的化合物和有机氮量根据公式（7-2）来计算：

$$L_N = ([NO_3] + k_V[NH_4] + f_n[N_0])F \tag{7-2}$$

式中　L_N——在污泥施用年限里植物可利用氮量，g/kg；

$[NO_3]$——污泥中硝酸盐的百分含量；

k_V——氨的挥发系数，对于液体污泥地表利用取 0.5，对于脱水污泥地表利用取 0.75，对于污泥地面下注入利用取 1.0；

$[NH_4]$——污泥中氨的百分含量；

f_n——有机氮的矿化系数，对于消化污泥且在温暖天气情况下取 0.5，对于消化污泥且在凉爽天气情况下取 0.4，对于寒冷天气或者堆肥污泥取 0.3；

$[N_0]$——污泥中有机氮的百分含量；

F——转化系数，$1000g/kg$ 干基。

2）基于氮负荷率的污泥施用率

$$L_{sn} = U/N_P \tag{7-3}$$

式中　L_{sn}——基于氮负荷率的污泥施用率，$t/(hm^2 \cdot 年)$；

U——单位土地作物的氮吸收典型值，$kg/(hm^2 \cdot 年)$；

N_P——污泥的含氮率，kg/t。

美国部分地区单位土地作物的氮吸收典型值如表 7-16～表 7-18 所示。

单位土地草料作物的氮吸收典型值　　　　　　　　表 7-16

草料作物	吸收值[kg/(hm²·年)]	草料作物	吸收值[kg/(hm²·年)]
紫花苜蓿	220~670	果园草	250~350
雀麦草	130~220	高牛毛草	145~325
黑麦草	180~280		

单位土地庄稼作物的氮吸收典型值　　　　　　　　表 7-17

庄稼作物	吸收值[kg/hm²·年]	庄稼作物	吸收值[kg/hm²·年]
小麦	155	高粱	135
大麦	220~670	大豆	245
玉米	175~200	土豆	225
棉花	70~200		

单位土地树木的氮吸收典型值　　　　　　　　　　表 7-18

树木	吸收值[kg/(hm²·年)]	树木	吸收值[kg/(hm²·年)]
混合阔叶林	东部森林:225 南部森林:280 五大湖区森林:110	火炬松	南部森林:225~280
红松	东部森林:110	杂交白杨	五大湖区森林:110 西部森林:300
白云杉	东部森林:225	花旗松	西部森林:225
白杨	东部森林:110		

7.4.4　污泥土地利用的监测

污泥中的有害成分进入土壤后，一般不会立刻表现出其不利影响，如 N、P 短期内在土壤剖面上迁移量较小，一次施用污泥后重金属的含量一般也不会增加很多，但若长期大量施用，其负面效应就会明显地表现出来。因此，应该进行长期定点监测，研究污泥施入土壤后，其所含的有害成分在土壤中的行为及变化，为污泥的长期安全施用提供科学依据和技术支撑。

1. 监测项目

污泥土地利用的监测对象为污泥、污泥施用后的土壤、土壤中的作物和植被。其主要的监测项目为：污泥中的重金属污染物、病原菌、营养物、病原体传播动物的控制、有机污染物；土壤中的重金属污染物、营养物、有机污染物；土壤作物中的重金属。

2. 监测频率

《农用污泥中污染物控制标准》GB 4284—1984 规定农业和环境保护部门必须对污泥和施用污泥的土壤作物进行长期定点监测；《城镇污水处理厂污泥处置农用泥质》CJ/T 309—2009 规定城建、农业和环保部门对城镇污水处理厂污泥农用的泥质、土壤和农产品进行监测，但均未作具体的规定。参照美国的标准，监测项目包括污染物、病原菌密度以及病原体传播动物的控制，监测频率如表 7-19 所示，在按照表中规定的频率监测 2 年后，可以降低监测频率，但是一年中监测的次数不能少于一次。

建议的污泥土地利用监测频率　　　　　　　　　　表 7-19

污泥的数量(t/年)	频率
大于 0，小于 290	每年一次
大于等于 290，小于 1500	每季度一次
大于等于 1500，小于 15000	60d 一次
大于等于 15000	每月一次

7.4.5　污泥土地利用的存档和报告

在污泥土地利用的存档制度上，我国未作任何规定。美国标准 40 CFR PART 503 作了较为详细的介绍，可作为参考。美国环保署规定对污泥土地利用中的有关记录主要由污泥的生产者和施用者保存，并对一些记录和污泥是否施用的保证陈述书的保存年份作了规定。针对污泥的不同特性，污泥的生产者和施用者必须提供不同的信息记录，并至少保存 5 年时间。

在污泥土地利用过程当中或者之后若发现因施用污泥而影响土地周围环境和人体健康（如农作物的生长、发育及农产品超过卫生标准）时，应该停止施用污泥并立即向有关部门报告，并采取积极措施加以解决。例如投加石灰、过磷酸钙、有机肥等物质控制农作物对有害物质的吸收，进行深翻或用客土法进行土壤改良等。当施用污泥的某一块任何一种污染物的累积污染负荷超过 90％时，必须每年向管理机构提供有关报告；污泥施用地点、施用率、污泥特性等必须向有关部门报告。

7.5　污泥农用

本节对污泥农用的操作过程进行简单的介绍，主要针对玉米、小麦、棉花、大豆、高粱、草料等。本节所讨论的是将污泥作为一种肥料代替商业肥料，其目的是通过污泥的利用和补充的化肥使农作物的产量增加。污泥施用率主要根据在某一特定土壤中所需的氮和磷来计算，同时须满足国家、地方有关标准对重金属、有机物、病原菌以及盐分等指标的控制要求。另外，本节中假设污泥已经稳定化处理，不存在病原菌和传播动物以及气味的问题。生长作物的类型、产量以及土壤肥料试验和推荐的肥料利用率等信息必须已知。

由于我国有关污泥土地利用的标准规范较为简单且不全面，因此，为了能更好地阐明污泥农用中有关操作步骤、计算以及需要考虑的事项，本节所采用的有关农用标准以美国环保署发布的 40 CFR PART 503 标准为主。

7.5.1　污泥农用的考虑因素

在开始设计一项污泥土地利用的项目时，必须对国家和地方的有关要求进行详细了解，例如营养物、pH 值以及土壤状况。

1. 营养物

（1）氮

氮是所有作物所需的最大营养物。土壤中增加的氮量若大于作物吸收的氮量，则会由于硝酸盐不能被作物吸收而进入到地下水中，导致地下水的污染。为防止地下水被硝态氮污染，施用氮的速度必须小于或等于作物对氮的吸收率。水中的高硝酸盐浓度会导致婴儿和家畜的健康问题。在美国，饮用水中允许的最高硝酸盐浓度是 10mg/L。

污泥中通常含有丰富的 N、P 等养分，如果在降雨量较大地区的土质疏松土地上大量施用，有机物分解速度大于植物对 N、P 的吸收速度，就很可能会导致 N、P 随水流失，进入地表水体造成水体的富营养化，进入地下引起地下水的污染。养分的迁移是一个需长期监测的项目。在农业上，氮的利用需要考虑以下几个因素：土地上生长的作物和蔬菜的需氮量，施用的含氮物质中植物可利用的氮量，如肥料、灌溉水、动物肥料以及污泥等中的可利用氮量；施用的含氮物质中每年矿化的有机氮量以及有效有机氮量；施用的土壤类型以及从土壤有机物质中矿化的量；硝酸盐氮反硝化或脱氮作用的损失量以及氨挥发量；其他可确认的氮的来源及损失。

(2) 磷

对于大多数的污水污泥来说，磷的量是能够保证的。磷通常不会引起地下水的污染问题。美国的一些州，为了保护地表水的质量，而根据磷的施用率来限制污泥的施用率。

(3) 其他营养物

污水污泥的土地利用是植物生长所需微量营养元素的一个重要来源，例如铁、锰、锌等。污泥被施用于作物时，由于污泥中营养元素的数量不一定平衡，为防止可能产生的土壤肥性和植物营养的破坏，需要在实际中平衡各种微量营养元素。例如在美国的弗吉尼亚州，曾经发生过一种石灰处理过的污泥使土地的 pH 值增至了 7.5，导致大豆中锰的缺乏。

2. pH 值

对于不同的土壤类型和作物，pH 值控制不尽相同。美国的一些州为了尽可能地减少作物对金属的吸收量，规定污泥的 pH 值维持在 6.5 或以上。土壤的 pH 值是无机和有机胶体的缓冲剂。因此，当土壤中增加石灰石时，pH 值不会立即升高；当土壤中施入一定的污水污泥或氮肥时，pH 值也不会立即升高。如果土壤 pH 值低于需要的水平，可以通过投加一定量的石灰来调整土壤 pH 值。我国的污泥标准中对污泥的 pH 值进行了规定，但未对污泥施用时土壤的最小 pH 值做规定。

7.5.2 污泥农用方法和时间安排

污泥农用既可以使用液态污泥，也可以使用脱水污泥。对于液态污泥可采用地表施用、地面下施用以及灌溉；脱水污泥的施用方法见表 7-20。

污泥施用的时间必须按照耕地情况、生长作物的种植和收获条件来安排，同时还受到作物本身、气候以及土壤特性的影响。污泥的施用不能在天气恶劣的时期内进行。美国中北州对污泥地表和地面下施用的一般性指导如表 7-20 所示。污泥施用者必须确保污泥不能进入湿地或地表水。土壤的湿度是影响污泥施用时间的一个主要因素。在降雨期间或在湿土地上施用污泥，运输工具有可能压实土壤以及留下非常深的车轮印，导致作物产量减少。泥泞的土壤还有可能通过运输工具把污泥带入公共场所或公路上，引起其他污染。

美国中北州每月污泥施用的一般性指导①

表 7-20

月份	玉米	大豆	棉花③	草料	小粒谷类作物②	
					冬季作物	春季作物
1	S^e	S	S/I	S	C	S
2	S	S	S/I	S	C	S
3	S/I	S/I	S/I	S	C	S/I
4	S/I	S/I	P,S/I	C	C	P,S/I
5	P,S/I	P,S/I	P,S/I	C	C	C
6	C	P,S/I	C	H,S	C	C
7	C	C	C	H,S	H,S/I	H,S/I
8	C	C	C	H,S	S/I	S/I
9	C	H,S/I	C	S	S/I	
10	H,S/I	S/I	S/I	H,S	P,S/I	
11	S/I	S/I	S/I	S	C	
12	S	S	S/I	S	C	

① 数据引自 Process Design Manual-Land Application of Sewage Sludge and Domestic Septage，EPA。
② 主要指小麦、大麦、燕麦或者黑麦。
③ 指生长在密苏里州南部的棉花。
注：S^e=地表施用；S/I=地表施用/灌溉施用；C=作物生长期间，污泥施用可能会破坏作物；P=作物种植期间，不能施用污泥；H=作物收割后，可施用污泥。

我国地域差异性很大，在污泥的实际施用中，要根据各个省份、各个地区的具体情况来确定最佳的污泥施用时期。

7.5.3 污泥农用的施用率

污泥的施用率主要根据污泥的构成、土壤测试数据、作物生长所需氮和磷的量以及微量元素的浓度来计算。本质上，这种方法是将污泥作为传统肥料中的氮和磷的替代物。根据土壤中重金属的累积浓度，污泥的农用被限制在一定的年数内。一般确定农田中污泥施用率的步骤可归结如下：

（1）选择的作物所需营养物应根据产量水平和土壤测试数据来确定，如果之前在这块土地上已经施用过污泥，那么应根据先前施用污泥中增加的遗留营养物来进行纠正。

（2）污泥的年施用率根据作物对氮、磷的需要量以及有关标准规范中的污染物负荷来计算。

（3）补充的肥料取决于植物生长所需的 N、P 和 K 以及农用污泥中 N、P 和 K 的数量。

（4）污泥施用中，如果其污染物累积负荷超过有关污泥农用标准规范中的有关规定，则停止污泥的农用。

大多数情况下，污水污泥中所含的总氮和总磷大致相当，然而一般的作物生长所需的氮是磷的 2～5 倍。一种保守的确定污泥年施用率的方法是根据作物对磷的需求量而不是根据对氮的需求量，尤其当土壤中磷的含量较高的情况下较多采用这种方法。在这种情况下，就必须增加额外的氮肥来补充作物生长所需的氮，从而达到作物预期的产量。

1. 污泥农用氮的规定以及金属的污染限制

在我国现行的有关标准规范中，未对施入的氮做任何规定。在美国 40 CFR PART 503 标准中规定，在污泥农用土地上，污泥施用率必须小于或等于氮的农业转化率，也就是说，污泥中提供的氮量必须尽可能不穿过作物的根部而进入地下水。40 CFR PART 503 标准中其他的有关规定还有以下几点：

(1) 所采用的污水污泥中重金属含量必须低于规定的最高浓度；

(2) 污泥必须满足制定的污染物浓度限制，必须满足污染物累积负荷或者年污染负荷；

(3) 施用的污泥必须满足病原菌限制和病源传播动物栖息控制。

一般来说，控制合适的污泥施用率，农业利用率限制因素比有关标准规范中污染物限制因素起更大的作用。在本书中，计算污泥施用率主要尽可能地使污泥里的氮和土壤作物系统里的氮平衡。计算氮平衡的方程式相对比较简单；然而，为计算选择一个合理的输入值，相对来讲更有难度。对于初始计算，我们提供了美国在污泥农用中各种必需参数的建议值和典型值。对于特殊的大项目工程，必须结合实验室的专项研究结果来计算。

2. 作物的选择和营养物的需求

选择施用污泥的作物可以影响污泥的施用方法、时间安排和进度。利用原来已经存在的种植系统更有利，因为这些作物已经适应了当地的土壤、气候和经济条件。

在美国，对于不同的作物所需要的氮肥、磷肥以及钾肥主要是通过在不同的土壤上进行试验得出的。作物对增加的肥料营养物的反应和土壤中 P、K、Mg 以及几种微量元素是互相联系的。土壤里可利用氮的准确测量比较困难，而且和气候有关。因此，对于某一特定场所，氮的建议量通常根据以下几种情况综合来考虑：

(1) 美国农业部以及相关合作部门对不同土壤条件的作物产量的有关历史研究和试验；

(2) 土壤测试数据；

(3) 对先前施用的污泥、动物肥料或者作物氮的合成作用中残留氮的估计。

美国中西部一些州的作物产量、氮的需求、植物可利用磷和钾的土壤测试水平、磷肥和钾肥的需求量如表 7-21～表 7-23 所示。

土壤肥力测试水平 表 7-21

土壤肥力测试水平	P(kg/hm²)	K(kg/hm²)	土壤肥力测试水平	P(kg/hm²)	K(kg/hm²)
很低	0～11	0～88	高	34～77	231～330
低	12～22	89～168	很高	≥78	≥331
中等	23～33	169～230			

表 7-24 中的数据可以用来估计植物可利用氮中将被矿化的有机氮量，包括以前施用的污泥中剩下的有机氮量。这些估计可以用来调整实际需要施入的氮量。然而，如前所述，剩余有机氮的矿化率受很多因素影响。因此，如何正确估计这些矿化氮的数量，指导和推荐污泥施用率，需从国家农业部门、实验室以及相关研究部门得到。

美国中西部州玉米和高粱典型的肥料推荐值　　表 7-22

作物产量 (t/hm²)	N 的施入量 (kg/hm²)	根据土壤肥力测试水平推荐 K(K₂O) 和 P(P₂O₅) 的施入量(kg/hm²)				
		肥料	很低	低	中等	高	较高
6.7~7.4	134	P(P₂O₅)	49(113)	35(80)	25(66)	15(33)	0
		K(K₂O)	93(112)	65(78)	47(57)	28(34)	0
7.4~8.4	157	P(P₂O₅)	54(123)	39(90)	29(67)	15(33)	0
		K(K₂O)	112(135)	84(101)	56(67)	28(34)	0
8.4~10.1	190	P(P₂O₅)	59(136)	45(103)	29(67)	20(46)	4(10)
		K(K₂O)	140(169)	112(135)	65(78)	37(45)	0
10.1~11.8	224	P(P₂O₅)	64(146)	49(113)	35(80)	25(56)	4(10)
		K(K₂O)	167(201)	130(157)	84(101)	56(67)	0
11.8~13.4	258	P(P₂O₅)	74(169)	59(136)	39(90)	25(56)	4(10)
		K(K₂O)	186(224)	149(179)	112(135)	74(89)	0

美国中西部州大豆典型的肥料推荐值　　表 7-23

作物产量 (t/hm²)	N 的施入量 (kg/hm²)	根据土壤肥力测试水平推荐 K(K₂O) 和 P(P₂O₅) 的施入量(kg/hm²)				
		肥料	很低	低	中等	高	较高
2.0~2.7	157	P(P₂O₅)	29(67)	25(56)	20(46)	15(33)	0
		K(K₂O)	99(119)	74(84)	47(57)	37(45)	0
2.7~3.4	196	P(P₂O₅)	39(90)	35(80)	25(66)	15(33)	0
		K(K₂O)	112(135)	84(101)	56(67)	56(67)	0
3.4~4.0	235	P(P₂O₅)	49(113)	84(101)	35(80)	20(46)	0
		K(K₂O)	140(169)	112(135)	84(101)	56(67)	0
4.0~4.7	274	P(P₂O₅)	59(136)	49(113)	39(90)	25(56)	10(23)
		K(K₂O)	167(201)	140(169)	112(135)	74(89)	0
>4.7	336	P(P₂O₅)	59(136)	49(113)	39(90)	25(56)	10(23)
		K(K₂O)	186(224)	158(190)	121(146)	74(89)	19(23)

不同类型污泥的有机氮矿化率参数　　表 7-24

污泥施用后的年数	污泥类型			
	未作处置污泥	好氧消化污泥	厌氧消化污泥	堆肥污泥
0~1	0.40	0.30	0.20	0.10
1~2	0.20	0.15	0.10	0.05
2~3	0.10	0.08	0.05	—
3~4	0.05	0.04	—	—

3. 残余氮、磷和钾的计算

当污泥每年被施用于土壤上时，没有被作物吸收而留下的 N、P、K 有可能对当前的作物季节有用。如果污泥的施用率按照作物氮的需求量计算，那么土壤中 P 的含量将会增加。含 K

量较高污泥的施用会提高土壤中 K 的含量，但通常情况下，按照氮确定的污泥量提供的钾会少于作物的需要。

如果每年都施用污泥的话，那么残余氮对植物可利用氮的作用是重要的。估计施用污泥中残余氮的建议方法如下：

(1) P 和 K

在污泥施用的当年里，假设施用的 50%P 和 100%K 适合于植物吸收。任何超过植物需要的磷和钾，都会引起土壤肥力的增加，这些磷和钾需要有规律地监测，并且在来年计算肥料建议量时需要考虑这些磷和钾。

(2) N

污泥剩余有机氮中被矿化的植物可利用氮 (PAN) 有时可以通过土壤的测试而估算出来。然而，在大多数情况下，使用大学或其他研究机构建议的矿化作用因素来估算。在污泥施用于土壤后的第一年里，污泥里的大部分有机氮将被转化为无机氮。第一年之后，每年有机氮矿化的数量逐渐减少。表 7-24 是美国部分州对不同类型污泥每年有机氮矿化率的研究结果。例如厌氧消化污泥，在第一年里有机氮 20% 被矿化，第二年和第三年的矿化率为 10% 和 5%，三年后，其矿化率减至土壤有机氮矿化的背景值。虽然对于不同的土壤条件、不同的气候以及不同的污泥条件，其矿化率不一样，但是可以作为我们以后研究的一个重要参考。

4. 农用污泥的年施用率计算

推荐的农用污泥年施用率主要根据植物生长所需氮和磷的量、污泥中氮和磷的含量以及污泥中重金属的浓度来确定。如前所述，建议的氮肥量需要根据矿化的植物可利用氮来调整。最基本的确定污水污泥年施用率的方法是基于作物对氮的需求量、磷的需求量以及污染物限制，再根据污泥的组成来计算最大潜在的污泥施用率。

(1) 基于氮的计算

如前所述，由于一些氮存在于微生物的细胞组织中或以其他有机化合物的形式存在，因此并不是污泥里所有的氮都可以立即被植物吸收。有机氮在被植物利用前，必须被分解成无机形式或矿化物，例如 NH_4-N 和 NO_3-N。因此，有机氮对植物的可利用性依赖于微生物对土壤中有机物质的分解作用。

土壤中被矿化的有机氮量依赖于影响有机氮固定和矿化作用的各种因素的综合作用。影响污泥中提供的植物可利用氮的主要因素首先是污泥中的总氮量 (TN)，然后是 NO_3-N、NH_4-N 和有机氮 (Org-N)。通常情况下，我们把 TN 减去 NH_4-N 和 NO_3-N 作为 Org-N。也就是：

$$Org-N = TN - (NO_3-N + NH_4-N) \tag{7-4}$$

普遍认为污泥中增加的 NO_3-N 和 NH_4-N 对植物利用的有效性与以 NO_3-N、NH_4-N 形式的肥料作用相同。

污水污泥中有机氮的有效性与污泥稳定化的方式有关。厌氧消化的污泥通常含有较高的 NH_4-N 和很低的 NO_3-N，好氧消化的污泥则含有很高的 NO_3-N。污泥堆肥和厌氧消化比好氧消化对有机氮化物更能起到稳定作用。稳定性越大，有机氮化物的矿化率就越小，Org-N 的释放量也就越小。

表 7-24 中的数据表明了不同类型的污泥在前 4 年里有机氮的不同矿化率。然而对于同一类型的污泥，不同的污泥特性、土壤以及温度和降雨量等气候因素，也会导致不同的有机氮矿化率。有机氮矿化率的确定是一项很复杂的工作，在实际当中，应根据地方及国家有关研究及经验来确定。

NH_4-N 中 NH_3 的挥发损失量将会影响到植物可利用氮量。实际上，准确估计这些损失是很困难的，可以根据天气情况来表明挥发的速度。除了天气情况，污泥的施用方式、污泥在土壤表面的停留时间、污泥的 pH 值都是影响氨挥发量的因素。具有较高 pH 值的污泥更容易使 NH_4-N 转化为 NH_3，导致氮损失到大气中。污泥在土壤表面停留时间越长或者是施用于干化的条件下，NH_3 越容易挥发。

如液体污泥采用喷射施用时，除了在沙地土壤外，NH_3 的挥发量很少。这种氮的损失在施用过程中必须考虑，否则，施用的植物可利用氮有可能被过高地估计。

表 7-25 是估计 NH_4-N 中 NH_3 挥发量的参考值。然而，这些数据并不是在每个地方都适用。还应该从当地农业部门或者从试验中获取具体的数值。

污泥中 NH_4-N 中 NH_3 挥发后剩余比例   表 7-25

污泥类型和施用方法	剩余 NH_4-N 比例
液体污泥，表面施用	0.50
液体污泥，注射施用	1.00
脱水污泥，表面施用	0.50

根据上述内容，我们可以按以下步骤来确定氮的年施用率：

1）对某一块将施用污泥的土地，根据作物的种类和预期的产量确定氮肥的建议施用率。

2）扣除之前的一些氮量，这些氮量主要来源如下：

① 由豆科作物产生而剩余的氮，豆科作物可以通过空气自己固氮，改变了土壤中的氮量；

② 在作物生长期间，通过化学肥料、粪肥或其他氮肥而增加的氮；

③ 在作物生长期间，通过灌溉水增加的氮；

④ 之前的污泥施用而遗留下的有机氮；

⑤ 之前的动物粪肥施用而残留的有机氮。

残余氮的总量可以通过土壤中硝酸盐的测定获得。土壤中硝酸盐的测定可以用来确定目前 NO_3-N 的量，这些 NO_3-N 主要来源于以前施用的氮肥、粪肥、污泥以及豆科作物固氮作用或者是土壤中有机物质矿化作用而残留的氮。但是 NO_3-N 可以通过淋溶而损失，所以土壤中硝酸盐的测定应该在半潮湿或潮湿的气候下进行。

尽管我们可以通过土壤中硝酸盐的测定来确定残留氮，但更多的时候是根据污泥残留在土壤里的有机氮数量以及矿化系数来确定土壤里的植物可利用氮（PAN）。

如果使用土壤中硝酸盐含量来估算残留氮的含量，那么就不用计算步骤①、步骤④以及步骤⑤中的氮。

3）增加由于生物脱氮作用、生物固氮作用和化学固氮作用而损失的氮量。生物固氮指的是土壤中的生物将 NO_3-N 和 NH_4-N 转化成有机化合物；生物脱氮指的是土壤中的 NO_3-N 被转化成 N_2 和含 N 气体（如 N_2O）。

4）确定为保证作物生长所需的氮量而需要额外投加的氮肥量。

5）使用以下方程式计算污泥施用的第一年里植物可利用氮量：

$$PAN=[NO_3\text{-}N]+K_{vol}[NH_4\text{-}N]+K_{min}[Org\text{-}N] \tag{7-5}$$

式中　PAN——植物可利用氮，1kg/t 干污泥；

　[NO_3-N]——污泥中硝酸盐氮量，1kg/t 干污泥；

　K_{vol}——挥发系数，或者是 NH_4-N 中没有挥发掉的比例；

　[NH_4-N]——污泥中氨态氮量，1kg/t 干污泥；

　K_{min}——矿化系数，或者是 Org-N 转化为 PAN 的比例；

　[Org-N]——污泥中有机氮量，1kg/t 干污泥。

【例 7-1】　假设经好氧消化的液体污泥以直接注射的方式施用于农地，那么 $K_{vol}=1.0$，第一年矿化率取 0.30。经化学分析表明 [NO_3-N]=1100mg/kg，[NH_4-N]=1.1%，总氮（TN）=3.4%，干固体占 4.6%。计算如下：

[NO_3-N]=1100mg/kg×0.001=1.1kg/t 干污泥；

[NH_4-N]=1.1×10=11kg/t 干污泥；

[TN]=3.4×10=34kg/t 干污泥；

[Org-N]=34-(1.1+11)=21.9kg/t 干污泥；

PAN=1.1+1.0×11+0.30×21.9=1.1+11+6.57=18.67kg/t 干污泥。

6）计算单位土地的干污泥施用率，其值等于单位土地需投加污泥中的氮量除以单位污泥中植物可利用氮量。

【例 7-2】　假设按照步骤 4）计算出来需投加污泥氮量为 140kg/hm²，在例 7-1 中污泥用于提供作物氮的需要，那么干污泥施用率为：

干污泥施用率=140/18.67=7.5t 干污泥/hm²。

干污泥施用率也可以转化为湿污泥施用率：

湿污泥施用率=7.5/4.6%=163t 湿污泥/hm²。

另外，也可以换算成以体积来计量，如根据污水污泥的密度就可以计算出需要的湿污泥体积。

（2）基于磷的计算

污泥中的磷大部分以无机磷的形式存在。然而在污泥有机质分解过程中，有机磷也会发生矿化作用。污泥作为磷肥施用时，其无机磷的作用远远大于有机磷的作用。由于无机磷的优势，污泥农用时污泥中磷的有效性被认为是商业磷肥的 50%，如过磷酸钙肥料、磷酸氢二铵等。磷肥的需要量是根据土壤中有效磷的测定结果和作物的产量确定的。污泥磷肥的施用率可以根据公式（7-6）计算：

$$污泥磷肥的施用率 = \frac{P_{req}}{0.5[P_2O_5]} \tag{7-6}$$

式中　P_{req}——对作物的建议磷肥量，或者作物吸收的磷量，kg/hm^2；

　　　$[P_2O_5]$——污泥中的总 P_2O_5 量，kg/t 干污泥。

污泥中的总 P_2O_5 量的计算方法为：

$$[P_2O_5] = P\% \times 10 \times 2.3 \tag{7-7}$$

式中　$P\%$——污泥中总磷的含量；

　　　2.3——P 转化为 P_2O_5 的转化系数。

（3）基于污染物限制的计算

国内外就污泥农用中重金属对作物的危害和限制进行了广泛的研究。微量元素的潜在危害主要表现在它们在土壤中累积，导致作物本身中毒或累积后进入食物链。

我国对污泥农用中有害污染物的最高浓度作了限制，但未对污染物的累积负荷和年污染负荷等进行详细规定。美国在此方面制定了详细的标准规范。以美国为例，介绍基于污染物限制的农用污泥施用率的计算。

由于大部分农用污泥都不会超过标准规定的最高污染物浓度限制，因此浓度限制不会成为这些污泥施用的影响因素。污染物的累积负荷（CPLR）和年污染负荷（APLR）是主要的考虑因素。

为了满足标准规范要求的 CPLR，可以使用公式（7-8）和公式（7-9）来控制土壤中污染物的量。第一个方程式可以用来根据污染物的 CPLR 和污泥中污染物的浓度估算污泥最大允许施用率：

$$最大允许施用率(kg/hm^2) = 10^6 \times CPLR(kg/hm^2)/污染物浓度(mg/kg) \tag{7-8}$$

在对标准中列出的 10 种污染物按以上方程式计算后，选择最低的允许污泥施用率来作为整个污泥施用场所的最大污泥施用率，以保证每种污染物的累积负荷不会超标。

第二个方程式可以用来根据污泥施用率单独计算某种污染物在土壤中的量：

$$污染物量(kg/hm^2) = 10^{-6} \times 污泥施用率(kg/hm^2) \times 污染物浓度(mg/kg) \tag{7-9}$$

5. 补充的氮、磷、钾肥计算

一旦污泥施用率被确定，那么就必须计算施入污泥中植物可利用的氮、磷和钾的量，并与作物需要的量进行比较。若污泥中提供的某种营养物少于建议的量，那么就需要额外补充这种营养物，以满足作物生长的需要。

7.6　污泥林用

7.6.1　污泥林用的考虑因素

污泥林用时不仅要遵循有关的污泥标准规范，还要考虑污泥施入后对森林及环境有可能造成的影响。其有关控制参数包括病原菌、重金属、营养物以及污染物。

1. 病原菌

当污泥施入森林中某一场所后，该土壤中存在的生物体是导致污泥中病原菌迅速死亡直至灭绝的主要原因。污泥中的微生物首先渗入土壤和森林土的表层，然后被本地土壤中的生物体所代替。对于污泥中的绝大部分微生物来讲，当污泥施入林地后，它们存活的时间非常短暂，存活时间受土壤条件、气候条件（包括温度、湿度等）以及土壤 pH 值的影响。

当污泥林用时，如果是将液体污泥施用在林地上，那么有可能由于风的传播而导致病原菌的污染。我们可以采取一定的预防措施来减少这种危害性，比如说在污泥施用期间以及施撒后的几小时内，禁止公众在下风向滞留等。

2. 氮

同其他土地利用形式一样，氮是污泥林用时必须考虑的一个重要因素。当污泥林用时，施入的氮必须小于或等于氮在林地中的农业转化率，不然就会造成氮的富集，进而造成水的污染。影响氮在林地里含量的几个关键因素包括植物对氮的吸收量、氮的矿化、氨的挥发、脱氮作用、土壤固氮率、氮的淋溶、气候的影响。

7.6.2 污泥林用对树木的影响

1. 对树苗生存的影响

美国的有关研究表明，在污泥林用的示范工程里，落叶性物种的树苗和许多松柏科植物如花旗松等对污泥的适应性很好。在较高的污泥施用率下，树苗的死亡率仍然比较低，而且污泥施入后，就可以进行树苗的栽培。

2. 对树木生长的影响

美国华盛顿州对花旗松施用污泥后的生长进行了大量的调查，结果表明影响植物生长的一些因素主要如下：

（1）污泥施用对土壤营养物的影响。对于那些相对比较贫瘠、缺乏营养物的土壤来说，污泥施入后，对植物生长促进作用比较明显。

（2）对种植的树木稀疏程度的影响。对于树木种植稠密和相对稀疏的林地来讲，污泥施入后，其总的树木产量相差不多，但是，树木种植稀疏的林地的木材直径要大些。

（3）对树木种类的影响。绝大部分的树种在污泥施入后，其长势会明显加快。但也有部分树种在污泥施入后，长势并没有什么变化。一些长势明显加快的树种有欧洲桤木、杂交白杨、日本落叶松、梓属植物等。

由于污泥林用这一研究课题开展的时间不长，收集的数据相对较少，因此很难全面评估污泥林用后对森林形成的利益。一个保守的评估是污泥施入后，增加了林地的氮肥。美国的一些初步研究表明，污泥的施用比施入化学肥料对提高树木的长势和产量更有帮助。另外，污泥的肥效比化学肥料持续的时间更长。

3. 对树木质量的影响

美国部分地区污泥林用后，能提高树木 200%～300%的增长量，同时改变了木材的一些基本特征，包括木材的相对密度、收缩量以及某些力学特性。调查表明，污泥施入后，对木材质量既有好的一面，也有不利的一面。在一些研究中，对施用污泥的木材样本和未施用污泥的木材样本进行静力弯曲测试,结果表明并没有太大的区别。另外也有研究表明,污泥施用后,木材的密度、断裂和弹性系数降低了 $10\% \sim 15\%$。

7.6.3 污泥林用的施用时段

1. 植树之前施用

在林木砍伐后的土地上施用污泥是最简单易行和经济合理的一种污泥林用途径。因为在植树之前施用污泥,可以采用多种污泥施用方法。可以用污泥运输工具将污泥从污泥处理厂运过来后直接撒土地上。其施用的难易程度受以下几个因素影响:施用场地的准备情况,如对树桩的处理情况、残留树枝的燃烧状况等;场地坡度;土壤条件;气候。其中施用场地的准备情况和污泥的特性是决定污泥施用方法的主要因素。

污泥在林木砍伐后的土地上施用的主要优点如下:

(1) 在污泥施用过程中,能方便地利用污泥施用设备,同时,能为将来再次施用污泥创造最适宜的通路;

(2) 如果施用场地清理干净,那么可以将污泥施入土壤里,这相对于在土壤表面施用更有利;

(3) 如果地势允许的话,可以采用灌溉、翻土作垄和犁沟等形式施用污泥,相对于喷洒的施用形式,该施用形式不会对环境造成污染,更有利于提高污泥利用率;

(4) 有机会选择那些对污泥适应能力更好的树种;

(5) 对于那些经常去森林游玩、探险的人来说,他们不会去荒芜的林地,因此相对来说,在林木砍伐后的土地上施用污泥,对公众造成危害的可能性更小。

污泥在林木砍伐后的土地上施用的主要缺点如下:

(1) 树种对氮的吸收率相对较低,更容易对地下水造成氮的污染。因此,在施用污泥时,施用率要相对较低。

(2) 必须加强对杂草的控制。杂草一般比树种生长的更快,更容易吸收营养物。一般情况下,在树种播下后的前三四年里,都要进行树木栽培和喷洒除草剂。

2. 树苗期施用

对树苗施用污泥,在美国主要采用喷洒器喷洒,将含固率为 $18\% \sim 20\%$ 或者更低的污泥从树苗的顶端喷洒而下。在树苗生长了五六年后,或者是树苗高度为 $1 \sim 1.5m$ 的时候,最适合污泥的施用。

建议在树苗长势下降时施用污泥,但在这段时间内,树苗对氮的吸收率也在下降。若污泥最初施用在土壤里,则其可利用氮主要以氨氮的形式存在,并且不会流失。另外,在北方一些寒冷的地区,在非成长季节里土壤的温度非常低,氮的矿化作用(有机氮转化为氨氮)、氮的消化作用(氨氮转化为硝酸盐氮)都不会发生。这样,氮营养物就会储存起来直到下一个生长季节。

树苗期施用污泥的主要优点如下:

(1) 树苗对新污泥的施用具有更好的适应性;

（2）对于已经生长的树木和植物来讲，杂草控制相对简单；

（3）对污泥运输和施用设备的使用仍然相对便利；

（4）在树苗期施用污泥，对落叶性树种和松柏科树种的长势有明显的促进作用。

树苗期施用污泥的主要缺点如下：

（1）为了避免污泥依附在树叶上，在树木蛰伏期内，污泥不能喷洒在树冠上，否则会对树木造成较大的影响。在暴雨期间施用污泥的话，会减少对树木的这种潜在伤害。另外，施用在阔叶树种树叶上的污泥会很快变干及脱落。

（2）在某些时候，还是要考虑杂草控制的问题。

3. 成树期施用

指的是生长 10 年以后对树林施用污泥。对成熟的树林施用污泥具有全年可以施泥的优势。由于是在树叶下施用污泥的，因此不会对树叶造成任何影响。

成树期施用污泥的主要优点如下：

（1）成熟的树林对由污泥引起的变化的适应性最好；

（2）由于增加了氮，而这正是成树期树木比较缺乏的，因此树木长势会明显变好；

（3）在降雨期间，由于树叶会打断雨滴，且树叶等残骸物会吸收流失的泥土，因此不会出现污泥迅速流失的情况；

（4）由于污泥是在树叶下喷洒，因此不用担心污泥施用是否在树木蛰伏期内这个问题；

（5）由于成树期土壤的 C/N 较高，因此土壤具有较好的固氮能力，同时可以按较高的污泥施用率施用。

成树期施用污泥的主要缺点如下：

（1）在成熟林段内，污泥的运输、喷洒都比较困难，设备在林内操作不方便；

（2）对氮的需求量相对较低。

7.6.4　污泥林用的时间安排

污泥林用既可以每年进行，也可以几年施用一次。如果每年都施用的话，那么要按照树木每年需要的氮吸收量来设计，同时要考虑氮的挥发、脱氮作用以及矿化作用。如果是几年施用一次，比如每隔 3~5 年施用一次，那么森林内的土壤以及植被需要一个较长的恢复时期。在这期间，公众在不施污泥的年份里可以到林地进行观光、娱乐。污泥的施用率不能单纯地按照这几年的年平均施用率计算，要考虑到不能出现 NO_3^- 淋溶的情况。

安排污泥施用的时间要综合考虑气候状况和林龄。雨季和冰冻期通常不能进行污泥的施用。美国 40 CFR PART 503 标准中就明确规定不能在洪灾、冰冻或冰雪覆盖的情况下施用污泥，以免污泥被带入水体。另外，在每年天气比较潮湿的时期内，由于运输工具等进入险峻土地上比较困难，在这段时期内一般也不宜施用污泥。

7.6.5　污泥林用的施用率

同污泥农用一样，污泥林用的施用率是基于树木对氮的需求量而确定的，同时考虑重金属等其他污染物的累积负荷。由于氮在树木的嫩枝、腐烂的树枝之间不断循环，因此林地内的氮循环比农业上的氮循环更为复杂。同样,一些污泥里的重金属可能会限制某一特定场所污泥的施用率。

1. 树林里的氮吸收和动力学

一般而言,如果管理得当且所选的树种能较好地适应污泥特性,那么森林对营养物的吸收、储存与农作物对营养物的吸收、储存效果基本一致。树木和下层矮生植物从污泥中吸收可利用氮,加快其生长速度。对于不同树种来说,它们对可利用氮的吸收是不同的;对于同一种树种,在树苗期间、苗壮成长期间和成树期间,对于氮的吸收也是不同的。美国的一项研究表明,幼小的花旗松对氮的吸收可达 $112kg/(hm^2 \cdot 年)$,而成熟的花旗松对氮的吸收只有 $28kg/(hm^2 \cdot 年)$。同时,森林里地表上的下层矮生植物会影响氮的吸收量,密集的下层矮生植物能明显地增加氮的吸收量。

表 7-26 是美国根据森林生态系统调查研究后得出的上层树木和下层矮生植物每年对氮的吸收量,可作为参考。

不同林木类型每年对氮的吸收量　　　　　表 7-26

林木类型		树龄(年)	平均氮的吸收量 $[kg/(hm^2 \cdot 年)]$
东部森林 (废水灌溉)	混合阔叶林	40~60	200
	红松	25	100
	白云杉	15	200
南部森林 (废水灌溉)	混合阔叶林	40~60	280
	南方松(主要指火炬松),无下层矮生植物	20	200
	南方松(主要指火炬松),有下层矮生植物	20	260
密歇根州森林 (废水灌溉)	混合阔叶林	50	100
	杂交白杨	20	150
西部森林	废水灌溉 杂交白杨	4~5	300
	废水灌溉 花旗松	15~25	200
	污泥施用 杂交棉白杨	5	280
	污泥施用 幼龄花旗松	7~15	112
	污泥施用 老龄花旗松	>40	50

从表 7-26 可以看出,大部分林木对氮的需求在 $100~300kg/(hm^2 \cdot 年)$ 之间。表中所列林木的树龄都在 5 年以上,这是树木苗壮成长的时期。

根据氮的需求量来计算污泥林用的施用率比计算污泥农用的施用率更为复杂,这是由于在计算林用污泥的施用率时,除了要考虑污泥中氮的矿化、氨的挥发外,还要考虑氮的转移,包括:脱氮作用;被下层矮生植物吸收的氮量;土壤固氮率。表 7-27 是污泥施用后氮的转化和损失值范围以及美国的建议取值。

(1)氮的矿化

当污泥中的有机物分解时,会发生氮的矿化,即从有机氮转化为 NH_4^+,释放 NH_4^+。第一年氮的矿化率变化范围较大，一般在 $10\%\sim50\%$ 范围内波动，有时甚至更大。美国俄勒冈州的研究表明，第一年里对于厌氧消化污泥来说氮的矿化率为 $20\%\sim65\%$，滞留时间较短的氧化塘污泥的矿化率为 $36\%\sim50\%$。

污泥施用后氮的转化和损失值范围以及美国的建议取值 表 7-27

类型			范围	建议取值
氮的矿化	厌氧消化污泥	短时间滞留	$20\%\sim65\%$	40%
		长时间滞留		20%
	氧化塘污泥	短时间滞留	$10\%\sim20\%$	20%
		长时间滞留		10%
	堆肥污泥	短时间堆置	$5\%\sim50\%$	40%
		长时间堆置、熟化		10%
氨的挥发		敞开林段		10%
		封闭林段		0
反硝化作用		全年以潮湿土壤为主		10%
		干燥土壤		0
土壤固氮作用	第一次施用	年轻林段	$0\sim1120kg/hm^2$	$112kg/hm^2$
		老林段		0
	再次施用			0
植物的吸收		见表 7-26		

（2）氨的挥发

当污泥农用时，施入土地表面的污泥中会有部分氨挥发到大气中，其比例一般是最初 NH_4^+ 的 $10\%\sim60\%$。然而，对于林地来讲，由于土壤 pH 值偏低以及风速较小等原因，其氨的挥发率较低。在设计时，敞开林段氨的挥发率一般采用 10%，封闭林段氨的挥发率一般认为为 0。

（3）反硝化作用

没有被植物吸收或者没有被土壤固定的过量 NH_4^+ 在大多数情况下会被微生物转化为硝酸盐。当土壤中的氧含量很低时，一些 NO_3^- 就会转化成 N_2 或者是 N_2O 散发到空气中，这个过程称为氮的反硝化。依赖于不同的土壤条件，氮的反硝化作用甚至可以减少 25% 的总氮量。

（4）土壤固氮作用

土壤固氮作用指的是微生物将 NH_4^+ 转化成有机氮的过程。由于土壤中含有大量的腐殖质、落叶等，因此林地的土壤中含有较高的有机碳。当这些碳分解时，会利用一些氮。这种固定作用将氮长期储存起来，然后再将这些氮以很低的矿化速率重新释放回去。碳的数量以及以前该场地是否施过肥影响到土壤固氮的效果，最大固氮量可以达到 $1100kg/hm^2$。

当污泥再次施用在同一块林地的时候，几乎没有补充的氮会被固定，除非之间相隔了很多年。林地表层土壤中 C/N 的大小可以作为反映污泥施用在该场地后，土壤对污泥中氮的固定作用大小的一个参数。一般来说，只有 C/N 大于 $20\sim30$，固氮作用才会发生。当污泥施入林地后，微生物数量会迅速增加，并开始分解土壤中的有机物，将氮固定在生物体内或者是酸性腐殖质上。进入微生物细胞结构的氮会随着微生物细胞的死亡而逐渐释放出来。

（5）氮的淋溶

氮是控制污泥施用率的主要限制要素，这是因为一旦氮过量施用，就会发生氮的淋溶。污泥补充的可利用氮会被微生物通过硝化过程转化成 NO_3^-。由于 NO_3^- 性质稳定，不会产生变化，因此它很容易随着渗透到土壤里的雨水而进入地下。

（6）温度的影响

在北方，冬天的气温比较低，土壤中微生物作用引起的氮的转移速度很慢。例如，当土壤温度下降至 $7 \sim 8 \, ℃$ 时，微生物的活性就会降低一半。土壤温度在 $0 \, ℃$ 左右时，微生物的活动一般就会停止。北方地区冬天林内土壤温度一般都在 $0 \, ℃$ 以下，这就意味着氮的矿化、硝化作用、反硝化作用基本上都停止了。这样，通过污泥施用而增加的营养物在冬天将基本上被储存在土壤里，直到温度回升。同样，在冬天由于不会形成 NO_3^-，也就不会发生 NO_3^- 的淋溶。

2. 基于氮的污泥施用率计算

在某一特定的年份里基于氮的污泥施用率计算主要包括两部分，一是确定施用场地氮的需求量，二是确定污泥中可利用氮的量。某一施用场地对氮的需求量为树木对氮的吸收量、下层矮生植物对氮的吸收量以及土壤固定的氮量之和，如公式（7-10）所示。

$$N_{req} = U_{tr} + U_{us} + S_i \tag{7-10}$$

式中　　N_{req}——施用场地对氮的需求量，kg/hm^2；

　　　　U_{tr}——树木对氮的吸收量，kg/hm^2；

　　　　U_{us}——下层矮生植物对氮的吸收量，kg/hm^2；

　　　　S_i——土壤固定的氮量，kg/hm^2。

在确定氮的需求量时，同时要考虑：以前施用的污泥通过氮的矿化增加的可利用氮量；目前施用的污泥里提供的氮量，包括 NO_3^- 和 NH_4^+ 以及矿化的有机氮。在污泥施用的第一年里，有机氮会以较快的速度转化为 NH_4^+；在以后的几年里，有机氮越来越不易被降解，同时有机氮的矿化也会大幅度降低。如果没有当地的矿化率数据，一般在污泥施用 3 年以后有机氮的矿化可以被忽视。因此，从前几年施用的污泥里矿化来的氮量可以根据以下方程式计算：

$$N_{preq} = [S_1 \times ON_1 \times (1-K_0) \times K_1 + S_2 \times ON_2 \times (1-K_0) \times (1-K_1) \times K_2 +$$
$$S_3 \times ON_3 \times (1-K_0) \times (1-K_1) \times (1-K_2) \times K_3] \times 1000 \tag{7-11}$$

式中　　　　　N_{preq}——前几年施用的污泥里矿化来的氮量，kg/hm^2；

　　　　S_1，S_2，S_3——1 年前、2 年前、3 年前的污泥施用率，t/hm^2；

　　ON_1，ON_2，ON_3——1 年前、2 年前、3 年前施用污泥的有机氮含量，%；

　　K_0，K_1，K_2，K_3——污泥施用后当年、第 1 年、第 2 年、第 3 年的矿化率。

施入污泥中可利用氮（PAN）按照公式（7-12）计算：

$$PAN = [AN/(1-V) + NN + (ON_0 \times K_0)] \times (1-D) \times 10 \tag{7-12}$$

式中　PAN——总的植物可利用氮量，kg/t；

AN——施入污泥中 NH_4^+-N 占的百分比，%；

NN——施入污泥中 NO_3^--N 占的百分比，%；

ON_0——施入污泥中有机氮占的百分比，%；

K_0——污泥施用年里有机氮的矿化率；

V——氨的挥发率；

D——氮的反硝化率。

因此，污泥的年施用率按照以下方程式计算：

$$S_0 = (N_{req} - N_{preq})/PAN \tag{7-13}$$

式中　S_0——污泥的年施用率，t/hm^2。

3. 基于污染物限制的污泥施用率计算

主要指按照有关污泥土地利用的标准规范中重金属及其他污染物的最高限制来计算污泥林用的施用率。这与污泥农用的计算方法是一样，可以参考 7.5 节。

7.7　污泥沙漠改良利用

7.7.1　污泥沙漠改良利用对土壤和植物的影响

1. 对沙化土壤物理性质的影响

土壤密度直接反映土壤的空隙状况和松紧程度，直接影响着土壤蓄水能力和通气性，并间接影响着土壤肥力和植物生长状况。沙土中的空隙粗大，但数目较少，总的空隙容积较小，因此土壤密度较大，一般为 $1.2 \sim 1.8 g/m^3$，不利于水分和养分的流通和储存。城市污泥具有较强的黏性、持水性和保水性等物理性质，这与沙化土壤的密度大、孔隙度大、水分与养分极易流失形成互补。

国内外学者证实施用污泥和污泥堆肥能显著提高土壤的含水量和持水性能，其机理是施用污泥能够改良土壤的物理性质，降低土壤密度，增加土壤团粒结构和孔隙率。Marshall 等在半干旱地区土壤中添加城市污泥后不仅提高了土壤的持水性能，还提高了混合后土壤表面水分的渗透性，雨水能快速渗透到深层土壤，这能更好地减少水分蒸发，有利于提高植物的抗旱能力。JoséIgnacio Querejeta 等的研究结果表明，施加城市污泥后的第 3 年，通过对沙质土壤 70cm 深度处的含水量进行监测，发现湿润季节的储水量比不添加污泥高 35%，而在干旱季节（9 月份）比不添加污泥高 40%。Ahmed Mazen 等的研究结果表明，25% 的沙漠土和 75% 的污泥混合后，在 1d、3d、5d 后进行持水量检测，结果表明混合土壤的持水量是沙漠土的 4 倍，说明施用污泥后，沙漠土的持水性能得到了改善。以上研究成果表明沙土中掺入城市污泥可提高土壤的持水性，有利于植被的修复。

2. 对沙化土壤化学性质的影响

城市污泥中含有大量的 N、P 及有机质等营养成分，当城市污泥或污泥堆肥施用到土壤中时，可以在一定程度上改善土壤的化学性质，尤其对于贫瘠土壤。土壤有机质是土壤肥力的物质基础，对维持土壤结构和土壤化学、生物学性质起着重要的作用。根据相关文献研究，我国内蒙古的几个沙地土壤有机质含量为 6.216～9.095g/kg，总体含量较低。此外，沙土的土壤肥力匮乏，N、P、K 等植物所需的营养元素含量低，严重制约了植物的生长。城市污泥富含 N、P、K 等植物生长必需的营养元素及有机质，污泥中的有机质在土壤中可以通过功能基、氢键、范德华力等形式促进土壤团粒结构的形成，使土壤的透水性、蓄水性、通气性及根系的生长环境有所改善。污泥还能提高土壤的离子代换量，改善土壤对酸碱的缓冲能力，提供养分交换和吸附的活性位点，从而提高土壤的保肥性。Ahmed Mazen 等对沙漠土壤添加不同比例的污泥后测定混合土壤的有机质含量、电导率及 pH 值，结果表明随着污泥比率由 0% 增加到 75%，混合土壤的有机质含量由 0.2% 增加至 11.4%，电导率由 0.61 mS/cm 增加至 1.14 mS/cm。

3. 对沙化土壤生物学性质的影响

细菌、放线菌和真菌是土壤微生物的主要群落，占土壤微生物总数的 99% 以上。土壤微生物的活动参与和促进了土壤的物质循环，是构成土壤肥力的重要因素之一。污泥能够改变土壤的生物学性状，使土壤中微生总量及放线菌所占比例增加，土壤的代谢强度提高。施用污泥能提高土壤微生物的活性，土壤环境的改善为土壤微生物的活动提供了条件。土壤微生物的活动反过来进一步促进了土壤肥力的提高。Zhman 等通过施用污泥堆肥改良土壤，细菌数和真菌数分别增加到了 $(4～63)×10^6$ 个/g 和 $(4～18)×10^5$ 个/g，分别比不施用污泥高 5～10 倍和 3～4 倍，放线菌也增加到了 $(1.18～140.23)×10^4$ 个/g。

4. 对植物生长的影响

城市污泥中含有植物生长所需的 N、P、K 及大量的有机质，当污泥施用于土壤后，除对土壤具有有效的改良作用外，也有利于植物的生长发育。城市污泥可以改善沙化土壤结构，为植物生长发育提供良好的根系生长环境。有研究将城市污泥制品用于木槿的培养基质，10%、30% 和 50%（质量比）三种处理均不同程度地促进了木槿的生长发育，地上生物量与地下生物量均比对照组显著提高，其中地上生物量最显著的比对照组增长 200.8%，地下生物量增长最高达 253.9%。将城市污泥施用于苜蓿草地可显著增加苜蓿的产量及其生物量，施用量以 1～2 kg/m² 为宜。试验证明当污泥施加量过大（>2kg/m²）时，苜蓿的长势情况虽好于对照组，但随着生长的继续生物量却呈下降的趋势。还有研究表明，采用表施方式向沙漠中加入污泥，可促进草原生物量的增加，并通过叶面积的增加而发挥有利作用。Pedro Jurado 等对美国德克萨斯州西部的奇瓦瓦沙漠施用城市污泥进行改良，按照污泥与沙土的 4 种不同比例，对沙漠表层在一年内施用两次污泥，仅施用一年，连续 4 年对同一种荒漠植物（Tobosa grass）的生长响应情况和植株中的总凯氏氮进行检测。研究表明，Tobosa grass 的生物量产出随污泥比例的增大呈直线型增长；植物体中的氮浓度与污泥比例成二次方关系。

5. 对土壤和植物中重金属的影响

沙土多呈碱性，而污泥中的重金属具有碱性稳定性的特点，这有利于城市污泥用于改良沙化土壤。城市污泥中的重金属随着污泥进入土壤环境，从而改变了原土壤中的重金属含量。研究表明，将城市污泥施入沙化土壤后，各种重金属几乎全部停留在土壤表层（0～20cm），即向下转移的部分很少（<10%），尤其在干旱地区造成地下水污染的可能性较小。另外，草本植物对污泥具有一定的改良作用，对污泥中存在的重金属有不同程度的吸收，并且随污泥的施入也增加了植物本身的生物量。植物生长过程中，根系分泌了大量的有机酸，对重金属有活化作用，影响重金属的生物有效性。将污泥施用于远离食物链的肥力较低的沙化土壤，可以提高沙化土壤的肥力，改善土壤结构，促进土壤团粒形成，有效地促进植物的生长发育，这样不但可以使污泥资源化利用，还可以降低城市污泥资源化利用的风险。在沙化土壤中种植的植物，不会进入人类的食物链中，且沙漠降水量小，地表径流及地下水重金属污染的风险小。

7.7.2 污泥沙漠改良利用的植物选取

1. 选取原则

树种选择的适当与否是造林工作成败的关键之一。同样，在治沙工作中固沙植物的选择尤为重要。固沙植物的选择不能用一个统一标准去衡量，只能因地制宜、适地适树。

在开展治沙工作之前，必须对固沙区的主要生态因子进行调查，同时对固沙植物的特性有所认识，才能做到有的放矢、对症下药。否则就会造成巨大的人力、物力的浪费。

固沙植物的选择及其合理配置，是植物治沙的核心问题。一般来说，选择的原则以乡土植物为主，经过引种试验，才能推广外地的优良植物物种。在同一地区甚至同一沙丘和丘间低地，由于地形部位、土壤、水分、风沙状况不同，应选择生态生理特性与之相适应的植物，否则即使成活也生长不良，或初期能够生长，而随后却不稳定。因此，研究固沙植物的生态生理特性是非常重要的。

我国治沙工作者根据多年的试验及有关植物地带性分布规律，总结出以下植物治沙方法：

（1）在东部草原地带的沙地，使用差巴戈篙、胡枝子、小叶锦鸡儿、樟子松、油松作为固沙植物效果良好。如在我国的科尔沁沙地进行的植物固沙就属此类。

（2）在北部的干草原地带可使用沙柳、油篙、紫篙、洋柴、酸刺、花棒作为主要固沙植物。如在毛乌素沙地进行的植物固沙就多采用这些植物。

（3）在半荒漠地带可使用油篙、花棒、柠条以及沙拐枣、紫穗槐等作为固沙植物。在腾格里沙漠的沙坡头地区这些植物生长良好。

（4）在荒漠地区可选梭梭柴、柠条、花棒、胡杨等作为主要固沙植物。如在荒漠地带进行的植物固沙就选用上述植物。

由于沙漠具有流动性，沙面的不稳定就成为植物生长的限制因素，因此还必须按照风沙蚀积规律因地制宜地选择植物物种。如在沙坡头地区、沙丘的落沙坡可栽种喜埋的植物，如黄柳、沙拐枣等；而在迎风坡中下部的风蚀区域，可栽种花棒、油蒿等沙生植物。在选取植物时，还应按照植物演替的规律来选择。采取植物固沙措施不仅固定了沙面，降低了风速，有较好的防沙效益，而且还取得了较大的生态效益，增加了沙漠地区的生物量。植物的枯落物经过降解，促成了生物结皮的形成，从而使沙面向成土过程发育，改善了土壤的肥力。此外，通过使用经济树种作为固沙植物，还有明显的经济效益。如在许多沙区营造的果树及葡萄园都带来了很大的经济效益。

2. 典型治沙植物

（1）紫花苜蓿

紫花苜蓿（Medicago sativa L.），是豆科苜蓿属多年生草本植物，根系发达，主根粗大，能吸收深层土壤水分，在干旱胁迫下植株仍能维持正常的水分代谢活动，有较强的耐寒、抗旱和再生能力。在内蒙古赤峰市广泛种植为饲料与牧草。

（2）小叶锦鸡儿

小叶锦鸡儿（Caragana microphylla Lam），属豆科、蝶形花亚科、锦鸡儿属，别名有柠条、牛筋条、马集柴、小叶金雀花、雪里洼、骆驼刺和猴撩刺等。小叶锦鸡儿为深根性灌木，有发达、强大的根系，其主根明显，侧根根系向四周水平方向延伸，纵横交错，具有很强的固沙能力。通常，随着林龄的增长，穿越钙积层的根越来越多，这使其特别耐旱、特别耐瘠薄，枝条再生能力极强，枝条被沙埋之后，能从枝上产生不定根，随着沙的加厚，不定根不断增加，并从上部萌生出新的枝条。这样，地下增加了吸收根，地上增加了新的营养枝，任凭沙压土埋，都能生长不衰，是典型的防沙治沙小灌木，是干旱草原、荒漠草原地带的先锋树种。

小叶锦鸡儿能够改善小气候、固定流沙、保持水土和提高土壤肥力。其根系发达，在地下交织成网，可以盘结土壤，防止崩塌流失。其蒸腾量是乔木树种的 1/10～1/20，具有很强的抗旱能力；其蒸腾作用可提高空气湿度，改善局部小气候。枝叶茂密，贴地而生，可降低地面风速、承纳降水、减少地表径流，并能够淤积肥土；不怕风刮沙埋，越埋越能促其分枝、生长越旺，因而小叶锦鸡儿林带、林网和生物地埂具有很强的防风固沙、保持水土的作用。此外，小叶锦鸡儿的松散灌丛对植物群落也有很大影响。灌丛截获的风滚植物，腐烂后给土壤增加了腐殖质，为灌丛中草本植物的斑块状生长提供了良好条件。灌丛截获的积雪，融化后增加了土壤水分。在沙区营造小叶锦鸡儿人工林，可以固定流动沙丘，增加植被覆盖度，提高土壤有机质、氮、磷和速效钾的含量，使群落环境逐渐向稳定方向发展。

（3）沙柳

沙柳（Salix cheilophila），别名西北沙柳、北沙柳，是草原地带典型的沙生中旱生落叶灌木或乔木，是内蒙古沙区的重要树种，是我国沙区人工栽培最广泛、经济效益较好的生态经济灌木树种之一。

沙柳成活率高，生长迅速，适应性强，抗旱耐贫瘠。春季来临时，风沙肆虐，沙丘平移，不管沙柳被埋得多深，只要露一个头在外面，它就能够茁壮成长，虽然不怕干旱，但雨水充足它也能够一样生长。根系非常发达，最远能够延伸到 100 多米，一株沙柳就可将周围流动的沙漠牢牢固住，固沙保土力强。

（4）杨柴

杨柴（Hedysarum mongolicum Turez），又名羊柴、蒙古岩黄芪、踏郎、三花子等，黄芪属，多年生落叶半灌木，具有耐寒、耐旱、耐贫瘠、抗风沙的特点，适应性强，故能在极为干旱瘠薄的半固定、固定沙地上生长，是优良的治沙品种。喜欢适度沙压并能忍耐一定风蚀，一般是越压越旺。杨柴枝叶繁茂，根系发达，在冬春大风频繁的季节，杨柴能够在很大程度上降低风速，增大地表粗糙度，减少风的吹蚀作用。使风沙流达到饱和而沉积在灌丛周围，从而可以就地固定和阻截外来流沙的前移。杨柴具有较强的抗风蚀沙埋作用，随着沙量的增加杨柴仍可以旺盛生长，并形成灌丛沙堆，持久地发挥防沙阻沙的作用。与沙区其他灌木相比，其防风固沙、阻沙作用更为明显。此外，杨柴枝条被沙埋后可形成不定根长出新枝条，其水平根系发达，根系多分布在地下 30~50cm，可以起到保持水土的作用。因而杨柴也是防风固沙、保持水土、改良土壤、增加植被的良好植物。杨柴采用封沙育林，自然繁殖很快，既可利用天然下种，又可利用串根成林。杨柴具有丰富的根瘤，利于改良沙地，并提高沙地的肥力。

（5）沙打旺

沙打旺，豆科（Leguminosae）黄芪属多年生草本。又名直立黄芪、麻豆秧等。防沙固沙能力强，是改良荒山和固沙的优良牧草。适应性较强；根系发达，能吸收土壤深层水分，故抗盐、抗旱。在风沙地区，特别在黄河故道上种植，一年后即可成苗，生长迅速，并超过杂草，还能固定流沙。直立黄芪适于在沙壤土上生长，以 pH 值为 6.0~8.0 最适宜。茎叶繁茂、覆盖面积大，扎根快，生长迅速。在风沙大的地区，直立黄芪常常被沙埋，被埋以后，又能自行长出来，生命力较顽强。

（6）柠条

柠条（Caragana korshinskii）属豆科锦鸡儿属，灌木，又名毛条、白柠条，为豆科锦鸡儿属落叶大灌木饲用植物，根系极为发达，主根入土深，株高为 40~70cm，最高可达 2m 左右。适于生长在海拔 900~1300m 的阳坡、半阳坡。耐旱、耐寒、耐高温，是干旱草原、荒漠草原地带的旱生灌丛。目前，柠条是中国西北、华北、东北西部水土保持和固沙造林的重要树种之一，属于优良的固沙和绿化荒山植物，良好的饲草饲料。柠条具有广泛的适应性和很强的抗逆性，是干旱草原、荒漠草原和荒漠上长期自然选择和人工选择出的优良饲用植物。柠条对环境条件具有广泛的适应性，柠条在形态方面具有旱生结构，其抗旱性、抗热性、抗寒性和耐盐碱性都很强。在土壤 pH 值为 6.5~10.5 的环境下都能正常生长。由于柠条对恶劣环境条件的广泛适应性，使它对生态环境的改善功能很强。一丛柠条可以固土 23m³，可截流雨水 34%，减少地面径流 78%，减少地表冲刷 66%。柠条林带、林网能够削弱风力，降低风速，直接减轻林网保护区内土壤的风蚀作用，变风蚀为沉积，土粒相对增多，再加上林内有大量枯落物堆积，使沙土密度变小，腐殖质、氮、钾含量增加，尤以钾的含量增加较快。

（7）荆条

荆条（Vitex negundo var. heterophylla（Franch.）Rehd.）系马鞭草科黄荆的变种，落叶灌木。是北方干旱山区阳坡、半阳坡的典型植被，对荒地护坡和防止风沙均有一定的作用。荆条主根很深，有独特的抗旱能力，可在干旱岩石裸露的山地上生长，是优良的水土保持树种，耐寒、耐旱，亦能耐瘠薄的土壤；喜阳光充足，多自然生长于山地阳坡的干燥地带，形成灌丛，或与酸枣等混生为群落，或在盐碱沙荒地与蒿类自然混生。其根茎萌发力强，耐修剪。

7.7.3　监测和监管

污水处理过程中，重金属、有机污染物等有毒有害物质，会随污泥沉积下来。污泥经稳定化处理后，仍含有有毒有害物质，特别是重金属，因此污泥施用于沙漠时应注意污泥中有毒有害物质对施用地土壤、地下水等环境的污染，建立有效的监测监管体系，在污泥施用过程中做到以下几点：

（1）建立健全相关管理机构及管理制度。指定专门的机构或办公室负责污泥施用于沙漠改良的监管工作。制定污泥施用的监测、检查、监督、执行制度体系，防范污泥处理处置过程中潜在的环境和安全风险，系统解决污泥处理处置监管难题。加强对城市污泥施用于沙漠后各指标的长期监测，建立数据平台，以及时准确评估污泥施用后的潜在风险。

（2）对污泥进行全过程监督和管理。从源头上严格控制污泥中的重金属和有毒有害物质。污泥施用于沙漠前必须进行相关指标的检测，符合泥质限值要求的污泥才可施用于沙漠，改良沙漠土壤。

（3）严格控制污泥的施用量及施用频率，污泥施用量过大，一方面容易导致土壤中 N、P、K 等养分含量过高而影响植物的生长，另一方面会增加土壤及地下水重金属污染的风险。重金属是限制污泥沙漠利用的主要因素之一。根据《城镇污水处理厂污泥处置 土地改良用泥质》GB/T 24600—2009 要求，每年每公顷土地施用干污泥量不大于 30000kg。由于各沙漠土壤背景值及周边环境不同，施用污泥时应根据其土壤背景值等情况，严格按照计算得到的污泥安全施用量进行施用，当达到一定的限度时，应停止施用，同时在利用区建立使用、监管机制。

（4）污泥施用于沙漠后，相关单位应委托具有相应资质的第三方机构，定期对污泥施用于沙漠后的环境质量状况进行评价，关注施用区域内的土壤、地下水、地表水、植物等相关因子的状态和变化，并根据发生的变化做出相应的调整。

污泥施用于沙漠后应采取多点取样混合以确保样品具有代表性，且样品质量不应小于 1kg。监测频率如表 7-28 所示。

污泥改良沙漠时的监测频率　　　　　　　　　　　　　　表 7-28

干污泥量(t/365d)	频率
0＜干污泥量≤290	1 次/365d
290＜干污泥量≤1500	1 次/90d
1500＜干污泥量≤15000	1 次/60d
干污泥量＞15000	1 次/30d

（5）制定污泥改良沙漠规划，应符合城乡规划，并结合当地实际与环境卫生、园林绿化等相关专业规划相协调，使得污泥施用于沙漠更加安全有效、促进社会的可持续发展。

第8章 污泥焚烧

8.1 污泥单独焚烧

8.1.1 流化床焚烧

流化床焚烧炉结构简单、操作方便、运行可靠、燃烧彻底、有机物破坏去除率高，已经成为主要的污泥焚烧设备。流化床焚烧炉的热强度高，灰渣燃尽率高，灰渣中的残余碳可小于3%，其中鼓泡流化床通常在0.5%～1%之间；烟气残留物产生量少，NO_x含量可降至100 mg/m^3以下。废水产生量少，炉渣呈干态排出，无渣坑废水。但通常需对污泥进行严格的预处理，将污泥破碎成粒径较小、分布均匀的颗粒，因此飞灰产生量较多，操作要求较高，烟气处理投资和运行成本较高。

随着流化床焚烧炉的广泛应用，中国工程建设标准化协会于2008年批准发布了《城镇污水污泥流化床干化焚烧技术规程》CECS 250—2008，规定污泥流化床干化焚烧系统的技术指标应符合以下要求：

(1) 污泥流化床干化焚烧系统循环躯体回路的氧含量应小于8%；

(2) 干化机出口混合气体温度为85℃；

(3) 污泥干化后的含水率不应大于10%；

(4) 污泥干化后85%～90%的颗粒尺寸宜为2～3mm；

(5) 污泥焚烧温度为850℃；

(6) 焚烧烟气的排放符合《生活垃圾焚烧污染控制标准》GB 18485、《大气污染物综合排放标准》GB 16297和《恶臭污染物排放标准》GB 14554的有关规定。

流化床污泥焚烧工艺包括焚烧系统、烟气净化系统和灰渣处理系统。

(1) 焚烧系统

焚烧系统包括：进料系统、燃烧器、流化床焚烧炉、助燃空气、炉渣排出和床砂回流等部分。

1) 进料系统

具有粉碎功能的进料系统，结构简单、投料均匀、可靠性高。

2) 燃烧器

系统开始启动时，启动燃烧器与辅助燃烧器将床温加热至650℃，而该系统则是通过燃烧器负荷控制的油控制参数来调整该温度，当床温超出 750℃时，启动燃烧器将会被连锁，当干舷区的温度低于 850℃时，可通过自动或手动的方式来启动辅助燃烧器。

为了确保整体燃烧的安全，燃烧器管理系统具有将燃烧器负荷、操作顺序与流化床燃烧相联系的控制功能，该系统采用通过温度来显示控制循环的 PLC 进行控制，火焰的监视与燃烧器顺序的监控包含在该系统当中，与 PLC 控制功能整合在一起的该程序将提供能够满足现代工业设备所必需的操作维护要求的整套焚烧控制系统。

3）流化床焚烧炉

流化床焚烧炉如图 8-1 所示。

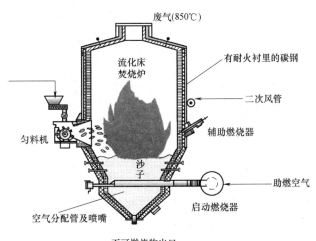

图 8-1　流化床焚烧炉示意

当足够量的空气从下部通过一层沙子颗粒时，空气将渗透性地充满在颗粒之间，从而引起颗粒剧烈的混合运动并开始形成流化床，随着气流的增加，空气将对流动的沙子施加更大的压力，从而减少了因沙颗粒本身的重力而引起的彼此之间的接触摩擦，随着空气流量的进一步增大，其引力将与颗粒的重力相平衡，因此沙颗粒可以悬浮在空气流中。

当空气流量进一步增大时，流化床变得不再均匀，鼓泡床开始形成，同时床内活动变得非常剧烈，空气/流动的沙子占用的容积将明显增多，低流化速度使得从流化床流失掉的颗粒量非常少。

安装在焚烧炉周围的仪表用于监视燃烧过程。

床温是由安装在焚烧炉壁板底部的热电偶来进行测量的，当床温超过 850℃时，污泥供应系统将会引起连锁。

干舷区的温度则是由安装在焚烧炉顶部的热电偶来进行测量的，当干舷区的温度超过 1000℃时，污泥供应系统将会引起连锁，该连锁可以停止整个供料系统的运行。

在焚烧炉的顶部装有与焚烧炉相连的压力变送器。相应的信号将用于平衡引风机的鼓风操作。

焚烧炉顶端所安装的冷却水喷嘴与燃烧室相连。当焚烧炉出口处的温度超过 1045℃的设定值时，冷却水将注入到炉膛内。

针对氮氧化物的净化，可采用选择性非催化还原法脱氮工艺，在焚烧炉膛内完成脱氮。

4）助燃空气

在自动模式的正常运行环境下，燃烧空气量通过烟气中所包含的氧量进行验算；在正常模式下，燃烧空气量则是由操作人员进行控制的。总的燃烧用空气分成一次风和二次风，二次风流量被设置成固定值，操作人员须根据焚烧状况或排放物情况来设定最佳的一次风与二次风分配比例。

燃烧用空气由送风机提供，而相应的空气量则由送风机风门进行调节，送风机的管线入口处安装文丘里流量计与防止噪声扩散的管道消声器，送风机的下游处安装可以预热流动空气的管壳式预热器，在正常环境下，空气将由蒸汽预热器加热至120℃，之后，燃烧用空气将再次由空气预热器加热至一定温度，并被导入焚烧炉的散气管内。

二次风的流量则由二次风风门进行调节，在控制风门的上游安装文丘里管道类型的流量计，二次风被分配到炉膛周围的几个喷嘴内，该喷嘴所喷出的空气将以很高的转速穿透烟气，并将该空气散布在干舷区的整个横截面上。

5）炉渣排出和床砂回流

为了防止炉底的不可燃物质堆积，应间歇性地通过排放斜槽排放炉渣。

经过振动筛的石英砂排放至石英砂气动输送机内，该气动输送机将石英砂回流至砂仓以便再使用，石英砂将通过石英砂回转阀从砂仓排出，并通过下料斜槽添加到炉膛内。

6）废热回收系统

废热回收系统包括空气预热器和余热锅炉。

850℃的烟气通过炉膛导入废热回收系统，采用高效率的空气预热器和余热锅炉，利用流化床焚烧炉产生的高温烟气加热焚烧炉的助燃空气，可以将焚烧炉的助燃空气提高到一定温度；余热锅炉产生的高温蒸汽作为干化系统的热源对脱水污泥进行干化，烟气通过空气预热器和余热锅炉之后，其温度将冷却至180℃，从而达到了进入烟气净化系统的良好温度。

（2）烟气净化系统

安装烟气净化系统的目的是为了清洁焚烧炉所产生的烟气，从而可以使烟气达到排放标准。烟气净化系统如图8-2所示。

从焚烧炉排出的烟气中的一部分灰渣可在经过余热锅炉与空气预热器时被去除，剩余部分将送至干式反应器，烟气中的酸性气体在干式反应器中将与石灰（$Ca(OH)_2$）进行反应，而一些污染物质或二噁英将会被活性炭吸附，石灰与活性炭将由引风机进行喷射，从而能够使之均匀地扩散在烟气内。

烟气所携带的灰尘与反应物经过干式反应器之后进入到具有脉冲清洁功能的布袋除尘器内，而该布袋除尘器既是最终的颗粒收集装置，也是可以提高整个酸性气体收集效率的最终反应器。整个过程中所产生的残渣将随着灰渣一同排放。布袋除尘器通过采用笼形结构的过滤

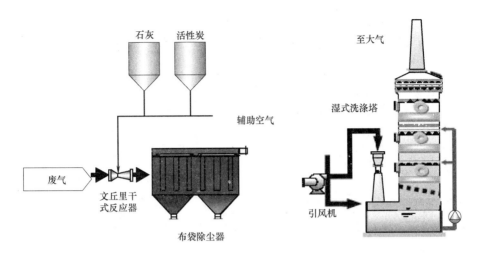

图 8-2 烟气净化系统示意

袋，通过表面过滤的方式来收集灰渣，过滤袋的清洁采用脉冲喷射空气的方式，从清洁表面吹落下来的灰粒将会收集在灰斗中，引风机在上游处产生负压来确保烟气的输送以及在焚烧炉内产生必要的约-40mmH₂O的负压，而该负压值在PLC内由压力控制器进行自动控制。经过布袋除尘器之后，被处理后的烟气将通过烟囱进行排放。

（3）灰渣处理系统

灰渣处理系统流程如图 8-3 所示。

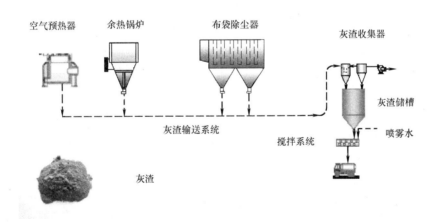

图 8-3 灰渣处理系统流程

灰渣产生区域有空气预热器、余热锅炉和布袋除尘器。

空气预热器、余热锅炉和布袋除尘器所排放的灰渣经灰渣收集装置之后采用密闭的管路输送系统被输送至灰渣仓。

灰渣将被灰渣收集风机的吸入压力导入到灰渣收集装置内，灰渣收集装置与灰渣收集装置的排放螺旋连锁，灰渣仓内灰渣的排放通过一个旋转锁气机与无尘的灰增温装置来进行，该装置内可以注入喷雾水。收集的灰渣可安全填埋或作为水泥原料、其他建筑材料。

8.1.2 回转窑式焚烧

回转窑式焚烧炉（见图 8-4）采用卧式圆筒状，外壳一般采用钢板卷制而成；内衬耐火材料（可以为砖结构，也可以为高温耐火混凝土预制），窑体内壁有光滑的，也有布置内部构件结构的。窑体的一端以螺旋式加料器或其他方式加料，燃尽的灰渣从另一端排出炉外。污泥在回转窑内可与高温气流逆向或同向流动，逆向流动时高温气流可以预热进入的污泥，热量利用充分，传热效率高。

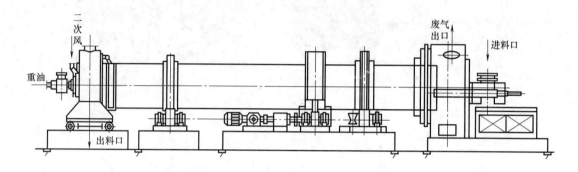

图 8-4 回转窑式焚烧炉

回转窑式焚烧炉的温度通过调节窑体端头的燃烧器的燃料量加以控制，通常可在 810 ～1650℃范围内变动。采用的燃烧温度一般为 900 ～ 1000℃，空气过剩量为 50%。大部分余灰被空气冷却后在回转窑较低的一端回收并卸出，飞灰由除尘器回收。整个系统在负压下工作，可避免烟气外泄。

污泥在回转窑内停留时间较长，有的长达几小时，这由窑的转速、加料方式及其燃烧气流流向、流速等因素而定。回转窑的转速一般控制在 0.5 ～ 8r/min。回转窑的安装倾斜坡度一般为 0.02。以 L/D 为 3 ～ 10（L 为筒长，D 为筒径）的回转窑式焚烧炉为例，其焚烧能力为：容积热负荷为 $(4.2～104.5)×10^4 kJ/(m^3 \cdot h)$（以炉内容积为基准），容积质量负荷为 35～60kg/(m^3 \cdot h)$（以炉内容积为基准）。

8.1.3 立式多膛焚烧

立式多膛焚烧系统如图 8-5 所示。大部分的立式多膛焚烧炉是将脱水污泥从最上层炉膛投入，污泥通过刮泥耙齿的作用逐层通过焚烧炉。炉中心有一个顺时针旋转的空心中心轴，中心轴带动各段的刮泥耙齿打碎、搅拌分散在各段上的污泥，使污泥分别从 1、3、5 等奇数段从外向里落入下一段，而在 2、4、6 等偶数段从里向外落入下一段。每段炉膛上的污泥厚度维持在约 25mm。

冷空气首先通入中心轴及连接在轴上的耙臂，一方面使轴冷却，另一方面预热空气，经过预热的部分或全部空气从上部的空气管进入到最底层炉膛，再作为燃烧空气向上与污泥逆向运动焚烧污泥，产生的废气从最上层的炉膛通入洗涤器等装置处理后排放。冷空气从底部通入焚烧炉冷却灰渣，通常也可在炉体中部设置冷空气接入口。

按照各段的功能，可以把炉体分成 3 个操作段：最上部为干化段，温度在 310～540℃之

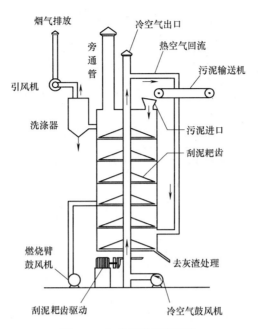

图 8-5　立式多膛焚烧系统

间；中部为焚烧段，温度在 $760\sim980℃$ 之间；最下部为灰渣冷却段，温度在 $260\sim350℃$ 之间。焚烧段可再细分为中上段和中下段，挥发性气体和固体物质在中上段燃烧，而固定碳在中下段燃烧。

立式多膛焚烧炉有时需要对产生的烟气进行二次燃烧处理，以降低烟气中的臭味和未燃烧的碳氢化合物浓度。二次燃烧往往需要辅助燃料。有的焚烧炉设计为可从中间炉膛进料，将上部炉膛作为二次燃烧室。立式多膛焚烧炉排放的废气可以通过文丘里洗涤器、吸收塔、湿式或干式旋风喷射洗涤器进行净化处理。当对排放的废气中颗粒物和重金属的浓度限制严格时，可使用湿式静电除尘器对废气进行处理。

立式多膛焚烧炉结构紧凑，操作弹性大，是一种可以长期连续运行、可靠性相当高的焚烧装置，适用于各种污泥的焚烧处理。污泥性状较黏稠，热值较低，而且在点燃之后容易结成饼或灰尘覆盖在燃烧表面上，使火焰熄灭，因此需要连续不断地搅拌，反复更新燃烧面，使污泥得以充分氧化。立式多膛焚烧炉内各段都设有刮泥耙齿，物料在炉腔内的停留时间也很长，正适用于这种要求。

由于进料污泥中有机物含量及污泥的进料量会有变化，为了使污泥充分燃烧，通常通入立式多膛焚烧炉的空气量应比理论需气量多 $50\%\sim100\%$。若通入的空气量不足，污泥没有被充分燃烧，就会导致排放的废气中含有大量的一氧化碳和碳氢化合物；反之，若通入的空气量太多，则会导致部分未燃烧的污泥颗粒被带入到废气中排放掉，同时也需要消耗更多的燃料。

烟气再循环（FGR）技术是立式多膛焚烧炉的改进型工艺，原理是将炉膛内的烟气返回到焚烧段下方的炉膛中。标准型立式多膛焚烧炉中，干化污泥到达中部焚烧段炉膛后，与预热后上升的空气流混合燃烧，极可能引起燃烧区超温，此时向炉膛内通入大量过剩空气起到"急冷"明火的作用,过剩空气贡献的气相环境中剩余的氧与氮气反应是生成氮氧化物的主要原因。FGR 技术的初衷是削减立式多膛焚烧炉的过剩空气总量和氮氧化物排放量,首台采用FGR 技术的污泥焚烧炉是位于美国康涅狄格州的 New Haven 污水处理厂的立式多膛焚烧炉,此后康涅狄格州的 Hartford 污水处理厂的污泥焚烧炉、罗得岛州的 Woonsocket 污水处理厂的污泥焚烧炉也相继采用了 FGR 技术。

FGR 技术的一个优势是可减少氮氧化物（NO_x）的排放。上述 3 个采用了 FGR 技术的立式多膛焚烧炉中,Hartford 装置的氮氧化物排放量最低,为 0.78kg/t 干污泥;Woonsocket 装置的氮氧化物排放量最高,为 2.62kg/t 干污泥;3 个焚烧炉的氮氧化物排放量平均值为1.22kg/t 干污泥,大约为 AP-42（美国空气污染排放因子汇编）报道的"多膛炉污泥焚烧装置"氮氧化物排放因子（2.27kg/t 干污泥）的一半左右。标准立式多膛焚烧炉的氮氧化物排放量范围在 1.36～6.35kg/t 干污泥,平均值为 2.72kg/t 干污泥。

采用 FGR 技术的立式多膛焚烧炉可减小炉温波动幅度、提高运行稳定性。安装有 FGR 系统的立式多腔焚烧炉,炉温的"小时标准偏差（hourly standard deviation）"最大仅为 0.5℃,而未采用 FGR 技术之前该立式多腔焚烧炉在一个"代表性运行周期（a representative period）"内的"小时标准偏差"值高达 38.3℃。

接受返回热气流的较低位置的炉膛应保持足够高的炉温,以确保污泥中的有机物被完全烧尽。采用 FGR 技术的立式多膛焚烧炉内部不会产生混杂在灰渣质中的"污泥球",最终排出的灰渣粒度更细小、不再含有块状物和渣状物,Woonsocket 污泥焚烧炉配置的灰渣输送系统故障率大幅度降低,后继的灰渣处置装置也不再发生堵塞现象、灰渣更易于通过其中的各种孔道装置。采用 FGR 技术可削减熔渣的产生量,并减少停炉处理熔渣的时间。而且,由于 FGR 技术可使焚烧炉的运行更为稳定、熔渣产量削减,焚烧炉的耐火材料和耙齿的使用寿命也都得以延长。此外,安装了 FGR 系统的立式多膛焚烧炉能够在较小的过剩空气操作条件下运行,因此降低了炉内气相中的氧浓度,并随之削减烟气的总产量。由于熔渣清理时间大幅度减少、运行状态更加稳定、可在低氧浓度条件下实现碳氢化合物的达标排放,FGR 立式多膛焚烧炉的处理量可提高 10% 以上。

8.1.4 电动红外焚烧

电动红外焚烧炉（electric infrared incinerator）是一种卧式安装、设计为绝热/绝缘结构的炉型,其主要特点是在炉顶位置安装有多组红外线加热元件,焚烧炉为模块化设计,可根据需要组装成足够的长度。沿焚烧炉的长度方向在炉膛内设置有金属丝网编织型输送带,脱水污泥饼从一端进入焚烧炉后,被一内置的滚筒压制成厚约 2.5cm 与传输带等宽的薄层,污泥层先被干化,然后在红外加热段焚烧。助燃空气被高温烟气预热后由炉尾（固体物料卸出端）喷注到炉膛中,焚烧灰排入到设在另一端的灰斗中,空气从灰斗上方经过排放焚烧灰层的预热后从后端进入焚烧炉,与污泥逆向而行。

红外线加热是利用电磁辐射传热原理,以直接方式传热而达到加热物体的目的,从而避免加热传媒体导致的能量损失。红外线的波长区间大致为 0.75～1000nm,因其波长位于红色光波长（0.6～0.75nm）外而得名。在低于 2000℃ 的常规工业热工范围内，红外线是最主要的热射线。红外线还可划分为近红外、中红外、远红外等若干小区间，所谓的远、中、近是指其在电磁波谱中距红色光的相对距离远近。

采用红外线加热是否有效，主要取决于被加热物体的吸收程度，吸收率越高，红外线辐射效果就越好。而吸收率取决于被加热物体的类别、表面状态、红外线辐射源的波长等。一般金属晶体十分致密，透过表面的电磁辐射能在很短的距离内迅速衰减，因此热辐射对金属的穿透深度在微米数量级上。而非金属材料分子结构不很致密，在常温下不同非金属物质具有各自的特征振动频率，因此当入射的电磁波到达界面时，电磁波很少被反射，较易穿过界面进入表层，有些能激起共振的变为热量，有些能不能激起共振的则受到折射、散射和反射作用。由于实际物体都不是单一结构的单纯物质，故有些未被表层吸收的辐射波，在深入过程中还会被其他物质的共振而不同程度地加以吸收。因此，电动红外焚烧炉采用内置的滚筒将进料污泥压制成厚约 2.5cm 的薄层，污泥物料在红外线焚烧段得到强化加热，并与逆向而行的空气混合燃烧。

红外线具有穿透力，能内外同时加热，且不需热传介质传递，热效率良好，节省炉体的建造费用及空间，组合、安装及维修简单容易，因而电动红外焚烧炉得到一定的应用。但由于运行耗电量大，能耗高，而且金属传输带的寿命短，因此目前尚未得到普遍推广，主要用于小型污泥焚烧系统。

8.2 水泥窑协同焚烧

城镇污泥水泥窑协同处置是利用工业水泥窑高温处置污泥的一种方式。水泥窑协同处置过程中，污泥中的有机质将在高温条件下充分燃烧，焚烧产物经固化最终进入水泥熟料中，从而达到污泥的安全处置。生态水泥生产过程中，通常加入的干污泥占正常燃料（煤）的 15%，污泥泥质应符合《城镇污水处理厂污泥处置 水泥熟料生产用泥质》CJ/T 314—2009 及《水泥窑协同处置污泥工程设计规范》GB 50757—2012 的相关规定。

我国窑炉资源丰富，且水泥厂配备有大量的环保设施，对这些窑炉资源的有效利用可降低污泥处理装置的基建费用。利用水泥窑协同处置污泥，不仅具有焚烧法的减容、减量化特征，且燃烧后的残渣成为水泥熟料的一部分，不需要对焚烧灰渣进行处置（填埋），将是一种两全其美的水泥生产途径。

水泥窑具有燃烧炉温高、处理物料量大等特点，能够彻底分解污泥中的有害有机物。水泥生产过程中的熟料温度可达到 1450℃，气体温度在 1800℃ 左右，燃烧气体在温度高于 1100℃ 的窑内停留时间大于 4s，而且回转窑内物料呈高度湍流化状态，有利于气固两相的混合、传热、分解、化合和扩散，污泥中的有害有机物能得到充分燃烧去除。

污泥采用水泥窑协同处置能够将灰渣中的重金属固化在水泥熟料的晶格中，达到稳定固化效果，减少污泥中重金属可能造成的二次污染。水泥窑内的碱性环境能减少二噁英的形成，窑尾的增湿塔能迅速降温，使得水泥窑在高温运行过程中产生的二噁英排放浓度远低于国家对废气排放要求的限值标准。而新型干法水泥厂采用闭路生产措施，污泥焚烧产生的废气粉尘经过布袋除尘器收集后再次进入回转窑内燃烧，不产生新的废弃物。污泥中的无机成分氧化钙、氧化硅可作为生产原料直接在水泥制备过程中加以利用，省去了日后的灰渣处理工序，节约了填埋场用地和资金。另外，脱水后的有机成分在燃烧过程中将产生一定的热量，可抵消部分污泥中水分蒸发所需的热能，实现污泥中热值的有效利用。

8.2.1 水泥窑协同焚烧方法

利用干法水泥生产工艺协同处置污泥有以下 3 种方法。

（1）污泥脱水后直接运至水泥厂入窑，进行湿污泥直接焚烧

污泥经给料机计量后，通过提升、输送设备输送到分解炉或烟室进行处置。湿污泥直接焚烧处理工艺环节少，流程简单，二次污染可能性小，但所需的燃料量大，水泥厂应充分利用回转窑废气余热烘干湿污泥后再焚烧。该方法应尽量选择在靠近投料点的位置建设污泥接收、储存和输送系统，投料点位置一般设于窑尾，如图 8-6 所示。

（2）污泥脱水后通过适当的措施进行干化或半干化后再运至水泥厂入窑

该方法的优点是水泥厂焚烧工艺设备相对简单，容易得到水泥厂的配合，运输费用低，污泥可作为水泥生产的辅助燃料提供热量。缺点是污水处理厂需要设置干化设备，没有充分利用水泥厂的余热进行干化，导致污泥干化费用较高。

（3）脱水污泥通过水泥厂余热干化或半干化后再入窑

这种方法充分利用了水泥厂的余热资源，实现了循环经济，但需要对水泥回转窑系统进行改造，初期投资较高。

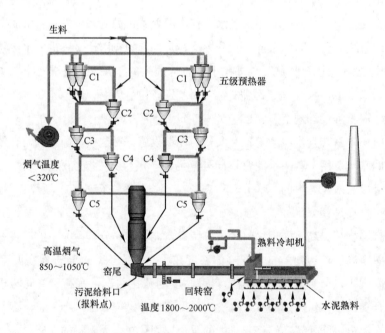

图 8-6 污泥的水泥窑协同焚烧工艺流程

水泥窑协同处置污泥技术已在国内多个项目中实现了工程化应用。来自污水处理厂的脱水

污泥含水率约 80%，在水泥厂配套建设一个烘干预处理系统，利用窑尾废气余热（温度约 280℃）将污泥烘干至含水率低于 30%。含水率低于 30% 的污泥已成散状物料，经输送及喂料设备送入分解炉焚烧。在分解炉喂料口处设有撒料板，将散状污泥充分分散在热气流中，由于分解炉的温度高、热熔大，使得污泥能快速、完全燃烧。污泥烧尽后的灰渣随物料一起进入窑内煅烧。

8.2.2 水泥窑协同焚烧工艺流程

建成的水泥窑协同处置污泥工艺流程通常包括以下部分。

（1）污泥接收和缓冲

污泥储存设施容积按 1～3d 的额定污泥处置量确定，缓冲设备容积按 0.1～0.5d 的额定污泥处置量确定。

（2）污泥输送

传统的污泥输送方式有皮带输送、螺旋输送、螺杆泵送等。

（3）污泥干化

包括转鼓干化机、流化床干化机等各类干化设备，热源为水泥窑烟气余热。

（4）干化污泥的收集与输送

干化污泥经布袋除尘器收集后，由链板输送机送入干泥缓冲仓。

（5）回转窑

国外应用较多的有两种半干污泥入窑方式，一种是由窑头主燃烧器直接喷入烧成带，另一种是由带悬浮预热器的干法窑窑尾第二把火处或在分解炉中加入。

（6）废气处理

回转窑生产系统是水泥厂最大的粉尘污染源，窑尾烟尘排放量占到整个生产线的 1/2，具有粒径小、湿度大、烟气温度高且波动大，以及粉尘入口浓度高等特点。目前国内水泥厂大部分选用静电除尘器除尘，但静电除尘器必须对烟气进行调质处理，除尘效率较低，当要求控制粉尘排放量小于 $50mg/m^3$ 时，静电除尘器难以达到粉尘排放要求。因此，近年来美国、韩国等不少大型水泥厂开始使用布袋除尘器。

（7）冷却

我国绝大多数新型干法水泥生产线均采用篦冷机冷却出窑高温燃料。篦冷机是一种骤冷式冷却机，用鼓风机向机内分室鼓风，使冷风通过铺在篦板上的高温熟料层，进行充分的热交换以达到急冷熟料、改善熟料质量的目的。但篦冷机产生的余风夹杂有熟料粉尘，排放前必须对其进行除尘处理。

8.3 热电厂协同焚烧

热电厂协同处置污泥主要有两种方式，即湿污泥直接掺煤混烧和热电厂烟气余热干化后掺煤混烧。这两种污泥处置方式都是利用现有的电厂锅炉混烧污泥和煤，释放出热量，产生蒸汽用于汽轮机组发电。

8.3.1 湿污泥直接掺煤混烧

湿污泥（含水率约为80%）直接掺煤混烧技术对锅炉系统改造少，因而初期投资低，但由于污泥中含有大量的水分，对锅炉燃烧的影响较大，燃烧组织困难，使得锅炉热效率降低。改造后的循环流化床锅炉用于焚烧污泥，具有高效能、低污染、燃料适应广等优点。脱水污泥通过输送泵从污泥储藏室底部经污泥输送系统喷射至循环流化床燃烧室中，由于受到气体摩擦阻力作用，污泥变成小颗粒，比表面积增大，瞬时汽化沸腾燃烧，温度可达到850~900℃。混合床料在流化状态下进行燃烧，一般粗颗粒在燃烧室下部燃烧，细颗粒在燃烧室上部燃烧，被吹出燃烧室的细颗粒经分离器分离后收集，经返料器送回床内循环燃烧。

湿污泥直接掺煤混烧技术流程简图如图8-7所示，通常系统包括污泥储存系统、污泥输送系统、冲洗系统、吹扫系统、料仓料位报警连锁系统、烟气处理系统及除渣系统。脱水污泥被运输至热电厂的污泥储藏室，经输送泵送至炉膛与煤混合燃烧。

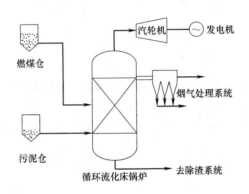

图 8-7 热电厂循环流化床锅炉焚烧污泥示意

湿污泥的循环流化床锅炉和煤粉炉掺混焚烧在国内外都有工程应用。德国 Berrenroth 电厂和 Weisweiler 电厂将含水率为70%的脱水污泥放在循环流化床锅炉中与煤混合焚烧，其燃煤与污泥比为3:1，燃烧后烟气指标符合德国允许排放值。德国也有一些热电厂采用煤粉炉混烧污泥，脱水污泥与干化污泥均有使用，污泥比例在10%以下，多数在5%左右，工程运行表明少量污泥混烧不影响热电厂环保指标达标。我国常州某热电有限公司利用3台75t/h的循环流化床锅炉处理含水率为80%的污泥180~225t/d，其工程投资由焚烧锅炉防磨喷涂改造和新建污泥储存、输送系统两部分组成，投资总额120万元，每吨污泥的混烧处理成本为106元，这低于单独建设同等规模焚烧装置的费用。

8.3.2 热电厂烟气余热干化后掺煤混烧

污泥中含有大量的有机物，热值可以作为资源利用，但由于脱水污泥含水率很高，直接利用时对燃烧工况干扰较大而且掺混比更低。利用热电厂烟气余热来干化污泥可以解决这一问题。热电厂烟气温度大约为200℃，在适宜的温度下进行污泥干化预处理，可以保留污泥90%以上的热值，干化污泥含水率降为20%~40%，并可以形成质地坚硬的颗粒作为燃料用于焚烧发电，实现循环经济的目的。

污泥热干化有直接加热和间接加热两种方式。

（1）直接加热干化

直接加热方式是利用从锅炉烟道抽取的高温烟气或锅炉排烟直接加热湿污泥。烟气与污泥直接接触，低速通过污泥层，在此过程中吸收污泥中的水分。干污泥与热介质进行分离后，排出的废气一部分进行热量回收再利用，剩余部分经无害化处理后排放。常用的干化设备有转鼓干化机、流化床干化机、闪蒸干化机等类型。直接加热干化费用较低，效率较高。

（2）间接加热干化

间接加热方式是利用低压蒸汽作为热源，通过热交换器将烟气热能传递给湿污泥，使污泥中的水分得以蒸发。干化过程中蒸发的水分在冷凝器中冷凝，一部分热介质回流到原系统中循环利用。典型的间接干化机有顺流式干化机、垂直多段圆盘干化机、转鼓干化机、机械流化床干化机等。这种技术可以利用大部分烟气凝结后的潜热，热能利用率高，不易产生二次污染，对气体的控制、净化及臭味的控制较容易，无爆炸或着火的危险。

热电厂烟气余热干化后掺煤混烧工艺通常包括污泥储存系统、污泥输送系统、热干化系统、烟气分离系统、干污泥传送系统、泥煤混合系统等。脱水污泥被运输至热电厂的污泥储藏室，经螺旋泵送至热干化设备进行干化处理，干化污泥经传送机传送至混合设备与煤进行混合，混合后送入炉膛进行混合燃烧。流程简图如图 8-8 所示。

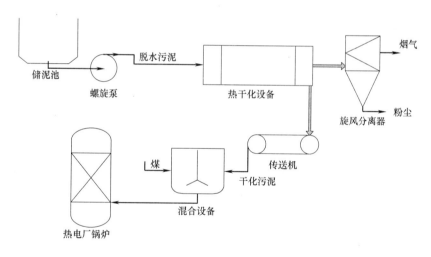

图 8-8 热电厂烟气余热干化法焚烧污泥示意

8.4 生活垃圾协同焚烧

现有的垃圾焚烧厂大多采用了先进的技术，配有完善的尾气处理装置，可以在生活垃圾中混入适当的污泥一起焚烧。将污泥与生活垃圾按一定比例掺混入炉焚烧，在炉膛高温作用下，可将有毒有害有机物氧化分解，污泥焚烧产生的热量还可回收用于发电。国内外已开展了污泥与生活垃圾混烧的研究与实践，深圳盐田垃圾焚烧厂已于 2006 年投产了污泥与生活垃圾混烧项目，日焚烧处理污泥 40t。

污泥与生活垃圾混烧，可采用湿污泥（含水率 80%）直接混烧、半干污泥（含水率 50% 左右）或干污泥（含水率 10%～20%）混烧等不同方式。湿污泥喷射投加容易造成喷嘴堵塞，无法连续投加，影响系统运行，同时湿污泥热值很低，对垃圾发电厂的发电效率影响较大。但污泥的干化成本高，从而导致干污泥混烧成本较高。

典型的垃圾焚烧厂混烧污泥的工艺流程见图 8-9。利用垃圾焚烧厂炉排炉混烧污泥，需安装独立的污泥混合和进料装置。垃圾和污泥由吊车抓斗抓入料斗，经滑槽进入焚烧炉内，再由进料器推入炉床。经过炉排的机械运动，垃圾和污泥在炉床内移动、翻搅，首先被干化，再经高温燃烧，成为灰烬后落入除渣机，再由皮带输送机送入灰渣场。燃烧所用的空气分为一次风和二次风，一次风经过蒸汽预热，自炉床下贯穿助燃；二次风加强烟气扰动，延长燃烧行程，使燃烧更为充分，炉内温度控制在 850～1000℃。

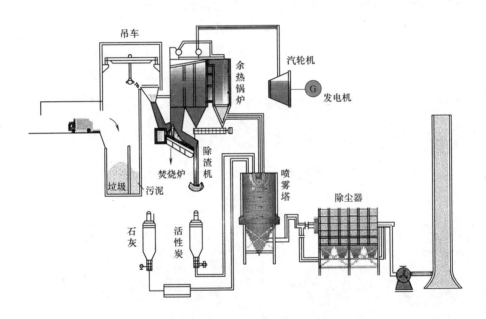

图 8-9　垃圾焚烧厂混烧污泥工艺流程图

垃圾焚烧炉出口烟气温度不低于 850℃，烟气在炉内停留时间不小于 2s，在此条件下可控制焚烧过程中二噁英的形成，高温烟气经余热锅炉吸收热能用于发电。余热锅炉充分考虑了烟气高温和低温腐蚀，从余热锅炉来的烟气在喷雾塔中经石灰除酸、活性炭吸附、除尘器除尘等烟气净化措施后从烟囱排出。由于混入污泥焚烧，焚烧炉内过剩空气系数大，排放的烟气中氧气含量为 6%～12%。

（1）垃圾和污泥料仓

垃圾称重系统主要称量、记录生活垃圾、污泥、灰渣等的进出厂情况，方便结算。

对于进入垃圾焚烧厂的污泥运输车，可以直接利用垃圾称重系统进行称重，以方便对进入垃圾焚烧厂的污泥质量进行记录。经称重后的车辆在卸料平台卸料，进入垃圾储坑中，并对垃圾的性质进行调节,如对垃圾进行混合、脱水、发酵等,以利于垃圾在炉内的燃烧。但是对于高含水率的污泥,不能和生活垃圾储存在一个储坑内,因而需要另建独立的污泥储仓,对垃圾的卸料系统没有影响。

（2）给料系统

干化污泥和垃圾可利用吊车抓斗进料,但脱水污泥含水率较高,可以直接用泵输送至进料斗。对于污泥给料系统,一般需要新建独立的料斗及布料装置,对垃圾给料系统不造成影响。对于脱水污泥这样的高水分、高挥发分燃料,粒度对燃烧过程中失水率、挥发分析出率、固定碳燃尽率和失重率的影响不大。因为在污泥燃烧的开始阶段,由于水分和挥发分的大量析出,在污泥表层形成了疏松的多孔结构,其对氧气和燃烧产物扩散的阻碍作用不大。因此,可以选用较大的给料粒度而不必担心污泥不能被完全焚烧处理干净,从而使污泥给料系统得到大大简化。

（3）焚烧炉

垃圾焚烧炉炉型包括机械炉排炉和流化床炉。我国垃圾焚烧行业经过多年的发展,以机械炉排炉为主的垃圾焚烧工艺已相对完善,并具有一定的规模,基本具备混烧污泥的条件。生活垃圾与含水率为 80% 的污泥掺混比例大致为 4:1,干污泥（含固率约 90%）直接以粉尘状的形式进入焚烧室,或通过进料喷嘴将含固率为 20%～30% 的半干污泥喷入燃烧室,并使之均匀分布在炉排上。

（4）焚烧炉余热利用系统

垃圾焚烧产生的热量在余热锅炉经过热交换,产生的蒸汽通过汽轮发电机组发电。在污泥掺烧比例不大于 20% 的情况下,对余热锅炉及汽轮发电机组发电影响较小。

（5）烟气处理系统

烟气处理系统包括除酸系统、活性炭吸附装置、除尘器等。污泥中重金属的存在形式主要有氢氧化物、碳酸盐、硫酸盐及磷酸盐等。国内外研究表明,城市生活垃圾中所含有的重金属物质,高温焚烧后除部分残留于灰渣中之外,大部分会在高温下气化挥发进入烟气,通过现代除尘设备,可使排放气体中的二噁英、汞等重金属的含量低于排放标准。

此外,污泥与生活垃圾直接混烧需考虑以下问题:1）污泥和生活垃圾的着火点均比较滞后,在焚烧炉排前段着火情况不好,可造成物料燃尽率低;2）焚烧炉助燃风通透件不好,造成燃烧温度偏低;3）市政污泥与生活垃圾在炉排上混合程度不理想时,会引起焚烧波动;4）物料燃烧工况受生活垃圾性质变化的影响,具有不稳定性,城市生活垃圾成分受区域和季节的影响比较大,垃圾含水率和灰土含量的大小将直接影响污泥处理量;5）为保证混烧效果,污泥混烧过程中往往需要向炉膛添加煤或喷油助燃,消耗大量的常规能源,运行成本高。

第 9 章　污泥处理处置新技术

9.1　污泥热解技术

9.1.1　技术概况

　　热解过程利用污泥中有机物的热不稳定性，使有机物分解可生物降解和一些不可生物降解的有机物。当温度在 650～1000℃时，污泥产生可燃气和碳；当温度在 400～550℃时，污泥产生可燃气、重油和碳；当温度在 250～300℃、压力在 5～10MPa 时，污泥只产生碳。热解过程是一个吸热的热化学过程，考虑到能耗，一般在微正压、热解温度为 250～500℃之间进行。这种方法已经商业化，用于能源作物和城市生物质废物生产生物能源。而且热解具有更好的减量化效果，且随着热解温度、加热速率的增加，体积减小的程度增加。热解温度在 650℃以上时，干污泥减少的体积能达到约 40%～50%。热解过程中的产物包括液体（生物油）、非冷凝气体（热解气）、固体（生物炭），这些产物可用于产热和发电。污泥热解生物油主要来自污泥中的脂肪和蛋白质，由脂肪族、烯族及少量其他类化合物组成。通过比较污泥及其衍生油与石油的烃类图谱，Bayer 认为污泥转化为油的过程是一系列生物质脱氨、水和二氧化碳反应的综合，与石油的形成过程类似，因此可以作为原油生产燃油。另外，热解残留物中的重金属与燃烧灰分和干污泥本身的重金属相比，自然浸滤作用更慢，不容易浸出，对污泥中的重金属进行了很大程度上的固定，使得重金属向环境中释放的速度大大减缓，因此热解残留物可以作为吸附剂、吸附剂前体、土壤改良剂以及来做碳封存材料。热解产物的多功能用途使得热解技术与气化、焚烧技术相比更加可持续、更有优势，并已被应用。例如，日本爱知县衣浦东部流域污泥碳化项目建成于 2014 年，采用流化床碳化炉，设计处理规模 100t/d（污泥含水率80%）；横滨南部污泥中心正在建设中，采用回转窑碳化炉，设计处理规模 150t/d（污泥含水率80%）；此外，日本很多焚烧炉正在着手改造成热解焚烧炉，以减少对环境的污染。

　　有关污泥低温热解技术的最早报道可追溯到 1939 年的一项法国专利，在该专利中 Shibata 首次阐明了污泥热解处理工艺。到 20 世纪 70 年代，德国科学家 Bayer 和 Kutubuddin 对该工艺进行了深入研究，开发了污泥低温热解工艺，流程如图 9-1 所示。

　　1983 年，Campbell 和 Bridle 在加拿大采用带加热夹套的卧式反应器进行了污泥热解中试试验，他们通过机械方法先将污泥中的大部分水和无用泥沙去掉，再将污泥烘干。然后将干污泥放进一个 450℃的蒸馏器中，在与氧隔绝的条件下进行蒸馏。结果，气体部分经冷凝后变成

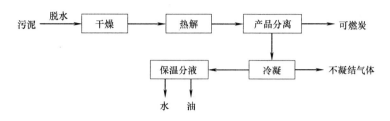

图 9-1　污泥低温热解工艺流程

了燃油，固体部分成了炭。但由于热解产物中存在表面活性剂等原因，油水分离困难，热解效率较低。

1986 年，在澳大利亚的 Perth 和 Sydney 建立起了第二代试验厂，其试验结果为大规模污泥低温热解油化技术的开发提供了大量的数据和经验。20 世纪 90 年代末，第 1 座商业化的污泥炼油厂在澳大利亚 Perth 的 Subiaco 污水处理厂建成，处理规模为 25t 干污泥/d，每吨干污泥可产出 200～300L 与柴油类似的燃料和半吨烧结炭，该专利工艺称为 Enersludge 工艺，如图 9-2 所示。

该工艺采用热解与挥发相催化改性两段转化反应器，使可燃油的质量得到提高，达到商品油的水平。污泥干燥过程所需的能量主要由热解转化的可燃气体提供。热解后的半焦通过流化床燃烧，尾气处理工艺简单，排放的气体可达到德国 TALuft 标准（全球最严格的废物焚烧尾气控制标准）。

在传统热解工艺的基础上，近年来又开发了催化热解技术及微波热解技术。与传统电加热及燃气加热热解工艺相比，微波热解所用的时间更短，且生成的液态油中含氧脂肪类物质含量较高，经检测油中不含分子量较大的芳香族有害物质。污泥热解过程中加入钠、钾、钙等的化合物作催化剂后，不仅可以加快污泥中有机物的分解速度，而且可以改善热解油的性能，为后续利用创造条件。

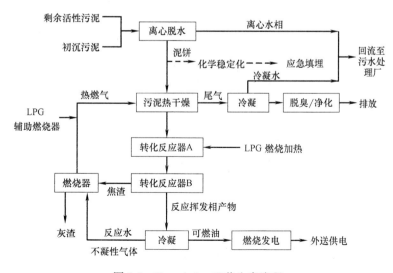

图 9-2　Enersludge 工艺生产流程

9.1.2 热解工艺及产物

实现污泥能量再生的热解工艺分为慢速热解和快速热解。慢速热解的停留时间比较长，加热缓慢，这种方法通常用来生产生物炭或活性炭，而不是能源产品（生物油或裂解气）。与慢速热解不用，快速热解是快速加热（约100℃/min）条件下的热化学过程，产物的主要成分为生物油和裂解气。

根据热解温度一般可把热解过程分成3个阶段，第一阶段为脱除表面吸附水阶段，温度为100～120℃，热解产物主要为水分；第二阶段为污泥中脂肪类、蛋白质、糖类等有机物质的分解阶段，温度范围为150～450℃，该温度段为放热过程，320℃以下主要为脂肪类的分解阶段，320℃以上为蛋白质、糖类的分解阶段，此阶段的热解产物为液态的脂肪酸类；第三阶段为450～700℃，该阶段为第二阶段形成的大分子分解及小分子聚合阶段，失重速率相对第二阶段小一些，主要产物为气态小分子碳氢化合物。各种有机化合物的分解温度不同，大致情况如表9-1所示。

各类物质分解温度范围   表 9-1

化合物	温度范围(℃)	化合物	温度范围(℃)
水	<150	醚类	<600
羧酸类	150～600	纤维素	<650
酚、醛类	300～600	其他含氧化合物	150～900

热解体系中的羧酸、酚、醛及其他含氧化合物的 C—O 键都可在 300～650℃范围内断裂，因此，在该温度段热解液的产率应该是比较高的。

污泥热解过程中的主要产物及其主要应用途径如图9-3所示。

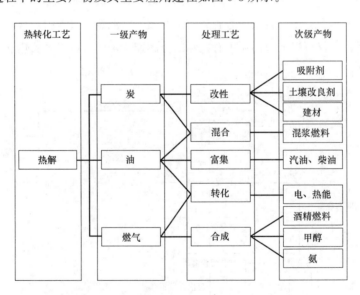

图 9-3 污泥热解工艺的主要产物

就快速热解而言，有两种途径可以利用污泥生产有价值的生物能源。一种是中温热解（400～550℃），以生产生物油为目的；另外一种是高温热解（大约1000℃），以最大限度生产裂解气为目的。两种热解条件不同，其能量特征也不同。表 9-2 和表 9-3 分别列出了与污泥中温和高温热解相关的一些数据，可以看出，中温热解过程中，包括经过厌氧消化的和未经厌氧消化的污泥，污泥中近一半的挥发性固体能够转化为生物油（内能高于 30MJ/kg），生物油的热值有时甚至能够达到柴油的水平。

高温热解过程中的能量表现并不依赖于原料中 VS 的含量（见表 9-3）。尽管厌氧消化后的污泥原料与好氧消化后的污泥原料相比拥有较低的 VS 含量，但是经过热解后产生的表观能源利用率却较高。这种现象与中温热解过程中观察到的现象有明显的区别。在中温热解时，能源利用率和生物油能量输出都随着原料中 VS 含量的增加而增长（见表 9-2）。这种反常的现象主要是因为厌氧消化后的污泥高温热解产生的裂解气中 H_2 含量更高。

由于生物炭的热值很低，不能作为能源燃料。湿污泥与干污泥相比，热解过程产生的裂解气数量以及 H_2 含量更高，且污泥含水率越高，裂解气中的 H_2 含量越高。可能的原因是，含水率高的湿污泥在高温热解过程中形成富含蒸汽的环境，引起挥发性化合物（中间产物）原位蒸汽热重整和碳化残留物的局部蒸汽气化。

与高温热解相比，中温热解使用的温度较低，运行过程中能量输入相对较少，且产物以生物油为主，便于储存和运输，因此中温热解更为经济适用。

中温快速热解的能量表征（400～550℃） 表 9-2

污泥原料			热解条件				生物油产品		AEE(%)
类型	VS (%)	CV (MJ/kg)	热源	运行模式	温度 (℃)	时间 (min)	产量 (%)	CV (MJ/kg)	
PS	84.0	23.0	电	序批	500	20	42.0	37.0	67.6
WAS	69.0	19.0	电	序批	500	20	31.0	37.0	60.1
ADS	59.0	17.0	电	序批	500	20	26.0	37.0	56.6
ADS	47.0	12.3	电	连续	550		36.0	32.1	94.0
ADS	46.6	11.9	电	连续	550		27.9	31.2	73.0
ADS	38.3	8.9	电	连续	550		24.3	30.6	83.5
SS	75.5		微波	序批	490	10	40.0	35.0	
SS	75.5		电	序批	500	30	37.0	30.0	

注：VS=挥发性固体含量，CV=热值，PS=初沉污泥，WAS=剩余污泥，SS=城市污泥，ADS=厌氧消化后的污泥，AEE=表观能源利用率，根据生物油内能与原料内能的比例计算。

（1）气态产物

污泥热解后产生的不凝结气体主要由 H_2、CO、CH_4、CO_2、C_2H_4、C_2H_6 等几种成分构成，除 CO_2 外均为可燃气体。此外，热解气中还含有少量的 C3、C4、C5 等气体，但含量较少。

如图 9-4、图 9-5 所示，低温（250～350℃）时，CO_2 为气体中的主要成分，其次是 N_2。随着热解温度升高，CO_2 含量减少，CO 和 H_2 含量在整个温度范围内持续增加。碳氢化合物（CH_4、C_2H_4、C_2H_6）含量随着温度升高先增加后减少，CH_4 在约 600℃时达到最大值，C_2H_4、C_2H_6 在 450℃时达到最大值。

高温快速热解的能量表征（约＞1000℃）　　　　　　　表 9-3

污泥原料			热解条件			生物油产品		AEE (%)
类型	VS(%)	CV(MJ/kg)	热源	温度(℃)	加热速率 (℃/min)	产量(%)	CV (MJ/kg)	
SS	75.5	—	微波	1130	113	63.2(py-gas) 7.3(bio-oil) 29.5(biochar)	—	79.3*
ADS	62.3	16.7	电	1000	122	54.6(py-gas) 8.5(bio-oil) 37.9(biochar)	18.1(py-gas) 36.3(bio-oil)	
AEDS	54.7	14.0	电	1000	122	51.4(py-gas) 3.9(bio-oil) 44.7(biochar)	20.3(py-gas) 36.3(bio-oil)	74.6

＊包括生物油的能量。

注：VS=挥发性固体含量，CV=热值，SS=城市污泥，ADS=厌氧消化后的污泥，AEDS=好氧消化后的污泥，AEE=表观能源利用率，根据裂解气内能与原料内能的比例计算。

尽管两种不同加热速率下气体达到最大值的温度是一样的，但是可以观察到一些数量上的差异。除了 CO_2、C_2H_4、C_2H_6 之外，其他的气态成分的浓度在所有热解温度下都随着加热速率的增加而增长。

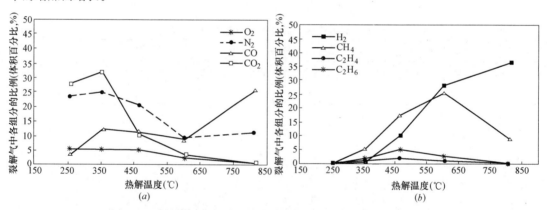

图 9-4　不同热解温度下加热速率为 60℃/min 时裂解气中的比例

(a) O_2，N_2，CO，CO_2；(b) H_2，CH_4，C_2H_4，C_2H_6

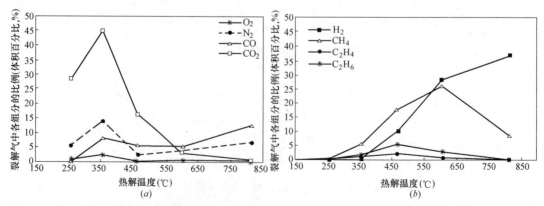

图 9-5　不同热解温度下加热速率为 5℃/min 时裂解气中的比例

(a) O_2，N_2，CO，CO_2；(b) H_2，CH_4，C_2H_4，C_2H_6

污泥中有机物的裂解过程首先是 C—C 键及 C—H 键的断裂，形成的游离基再进行重新组合，形成小分子化合物。由于 C—C 键能（346.9kJ）小于 C—H 键能（413.8kJ），因此 C—C 键易断裂。含 C 原子数较多的烷烃断裂的趋势一般在 C 键的一端，形成的短碎片成为烷烃，而较长的碎片成为烯烃。简单的裂解过程可用以下反应方程式表示：

$$CH_3 + CH—CH_2 \longrightarrow \cdot CH_3 + \cdot CH_2CH_3$$
$$\qquad | \qquad | \\ \qquad H \qquad H$$

形成的游离基又可相互结合或由一个游离基转移一个氢原子给另一个游离基：

$$\cdot CH_3 + \cdot CH_3 \longrightarrow CH_3—CH_3$$
$$\cdot CH_3 + \cdot CH_2CH_3 \longrightarrow CH_4 + CH_2 = CH_2$$

当温度升高到一定程度时，甲烷等小分子气体在污泥中含有的重金属的催化下也会发生反应：

$$CH_4 + H_2O \xrightarrow[998K]{Ni} CO + 3H_2$$

由此可见，由于污泥中含有多种金属离子及有机质，因此热解过程相当复杂。

（2）液态产物

热解后污泥中的可凝结挥发性物质，冷凝后形成了棕黑色的热解液，热解液呈明显的分层现象，主要包括水相物质（反应生成的水、水溶性有机物）以及不溶于水的有机物。热解油处于最上层，黑褐色，类似于原油。水溶性有机物一般为脂肪酸，经过离心后可以发现，水相占到总热解液的 30%～40%。热解液具有易储存及易运输等特点，可作为能源或化工原料加以利用。

由于污泥中含有大量的脂肪、蛋白质及氨基酸等，因此热解油的主要组成元素为碳、氢、氧，污泥低温热化学转化过程中形成的衍生油主要成分为脂肪酸、脂肪氰、沥青烯、硬脂酸甲脂、苯系物、酰胺及烃类。热解油的主要成分为十五烷和十七烷，大部分为重油。重油只在低温阶段产生，在温度高于 450℃ 和较大的停留时间下重油发生二次裂解，产生轻质油。

污泥热解油中典型物质分子结构式如图 9-6 所示。

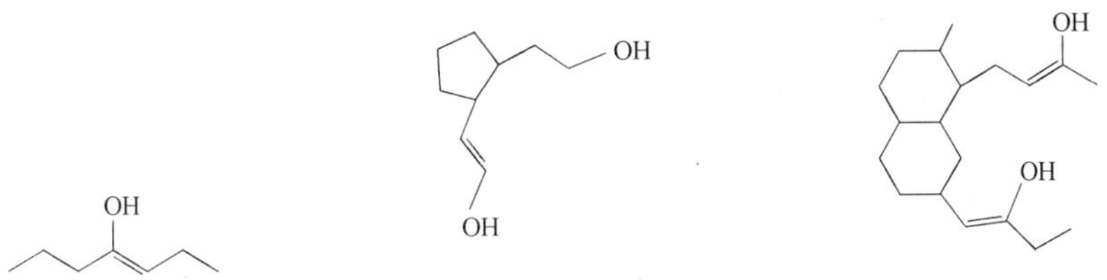

$C_7H_{14}O$　　　　$C_9H_{16}O_2$　　　　$C_{19}H_{36}O_2$

图 9-6　污泥热解油中典型物质分子结构式

随着热解温度升高，热解油中单环芳烃不断增加，而酚类物质和它的烷基衍生物则急剧下降，长链烷烃和长链脂肪酸也减少。含有 2～3 个环的多环芳烃（PAHs）在 450℃ 时达到最大值，含有 4～5 个环的 PAHs 也主要在 450℃时增加，在高于 450℃时虽然也增加，但增加不明显。热解油由 100 多种有机物质组成，有 C11～C31 的长链烷烃，单环芳香烃主要有苯乙烯、苯酚以及它们的烷基衍生物，还有些含 N、O 的芳香化合物，如嘧啶、吡咯、吲哚、异喹啉、甲基喹啉、苯基呋喃等。脂肪族、芳香腈类、羧酸（RCOOH，R 代表含 14、15、16 和 18 个碳原子的脂肪链）类物质主要有脂肪酰胺类、类固醇类，如胆甾烯、胆甾二烯、甲酸基胆甾烯。多环芳烃主要有萘、甲基萘系列化合物、联苯、苊烯、菲、蒽、苯并喹啉、甲菲、苯蒽之类的高致癌物质。脱羧作用导致长链脂肪酸减少，从而使气体中 CO_2 含量增加，PAHs 增加是由于发生了双烯合成反应和像酚之类的化合物发生了氧化所致。

研究发现，污泥热解油具备替代柴油等燃料油的基本条件，但根据使用场合及油品性能要求的不同，热解油直接使用有一定的困难。但是，经过适当的加工后，污泥热解油可以转化为矿物油类的替代品。

（3）固态产物

热解产生的固态产物被称为生物炭（biochar）。生物炭不仅可以将碳封存在土壤中，减少向空气中的排放从而减轻气候变化，而且能够改善土壤性质，提高水分、营养物质的涵养和微生物的活性，从而增加肥力，提高作物产量，因此近些年来生物炭受到越来越多的关注，经常被用于土壤修复工作中。

热解温度和污泥成分是决定生物炭性质的两个主要因素。

热解温度的升高会引起生物炭产量的降低（见表 9-4），但是生物炭表面积会增加，有利于促进生物炭对农药等化学物质的吸附。中低温（400～600℃）、较长的物料停留时间（0.5～2h）和较低的加热速率（10℃/min）可提高生物炭产量。生物炭的比表面积随着热解温度和停留时间的增加而增加，但在 550～650℃温度段内减小。这是由于在形成孔的中间阶段由于挥发分的损失导致孔扩大，从而使生物炭的比表面积减小。酸碱预处理、适当升高反应温度和添加 $ZnCl_2$、TiO_2 等催化剂可提高生物炭的吸附性能。热解条件通常根据生物炭的用途进行选择和设计，一般来说，同种物料低温慢速热解所得生物炭热值较高，中温热解所得生物炭吸附性好。

不同热解温度下生物炭的产率 表 9-4

热解温度(℃)	生物炭产率(%)	热解温度(℃)	生物炭产率(%)
300	72.3±2.5	500	57.9±2.3
400	63.7±2.0	700	52.4±2.6

热解温度对生物炭的组成、pH 值、热值等化学性质有非常重要的影响（见表 9-5）。

污泥热解温度从 450℃升高到 850℃，生物炭中的含碳物质（大部分为灰分）从 51%增长到 66%。然而，即使在 850℃时，污泥仍未达到完全热解，一些挥发性物质仍然存在于含碳物质中（4.6%）。这表明，在高温时脱挥发分作用减慢，这和煤、生物质的碳化趋势相同。杂原子（尤其是氧和氮）的含量相对较高，这表明固体有机组分拥有丰富的功能。干污泥的 pH 值为 6.6，而生物炭偏碱性，而且随着温度升高和加热速率提高，生物炭的碱性增强。这是由有机组分的酸性含氧表面基团减少引起的。随着温度升高氧含量减少也能证实这一点。

生物炭的一些化学性质　　　　　　　　　　表 9-5

样品编号	含水率（%）	灰分含量（%）	挥发分（%）	C（%）	H（%）	N（%）	O（%）	S（%）	C/H（%）	C/O（%）	pH$_{PZC}$值	热值（kJ/kg）
S	5.2	29.5	60.7	35.7	5.2	3.5	25.4	0.72	0.57	1.87	6.6	16558
S5-450	0.9	50.7	23.1	36.0	2.6	3.8	6.4	0.55	1.15	7.50	8.0	12429
S60-450	0.4	58.0	18.4	29.9	1.8	3.2	6.5	0.56	1.38	6.13	8.2	11533
S5-650	0.8	60.3	11.9	30.8	1.2	3.0	4.2	0.55	2.13	9.78	9.0	11904
S60-650	1.1	62.2	11.0	29.2	1.2	2.7	4.1	0.54	2.02	9.49	8.6	11058
S5-850	1.4	62.3	4.6	33.0	0.7	1.7	1.7	0.58	3.93	25.89	11.7	11016
S60-850	1.0	66.3	5.7	29.6	0.7	1.4	1.5	0.52	3.52	26.31	11.9	11958

注：以%为单位的均表示质量百分比。

污泥成分是影响产物形态和配比的最重要因素之一，也是决定目标产物和工艺设计的主要依据。研究表明，好氧消化污泥中的物质更易转化成挥发分，厌氧消化污泥中难生物降解有机物等成炭物质含量更高而适宜用于污泥炭化工艺。总有机碳和富里酸含量高的污泥在炭化工艺中所得产物有更好的碳富集效果，较低的腐殖酸与富里酸含量比可提高热解生物炭的比表面积和吸附性能。稳定化污泥热解产生的生物炭更适宜作吸附剂，而使用化学絮凝污泥可减少后期的活化步骤。若污泥含水率较高而导致反应时间延长，常通过干化预处理或掺混其他原料提高污泥含固率来提升系统能效。掺混纤维素和木质素含量较高的生物质可提高污泥生物炭热值，有利于以燃料形式回收热解生物炭中的能源。

一般而言，有 3 种方法可以用来处理污泥热解过程中产生的碳残留：（1）单独或与其他燃料混合进行焚烧；（2）土地利用；（3）具有孔状结构用作特定污染物的廉价吸附剂，之后进行焚烧或填埋。

尽管热解残留物的热值随着热解温度和加热速率的增加稍微有所减少，但这些热值都很接近，与其他燃料以及干污泥本身相比要低得多，加上这种残留物中重金属浓度较高，焚烧技术的使用并不是很合适。

生物炭的土地利用除了通过碳封存、减少温室气体排放来减轻全球气候变化，还能作为土壤修复剂改变土壤性质，例如提高土壤（针对酸性土壤）pH 值、阳离子交换能力、土壤缓冲性能。生物炭能够加强被修复土壤对营养物和水分的涵养，改变土壤中微生物群落结构，增加土壤肥力，尤其是对肥力不足的土壤。另外，生物炭在土地利用过程中被证明能作为有效的吸附剂对各种有毒有害物质发挥吸附作用，主要是由于它具有比较大的表面积和特殊的结构。

利用固态残留物作为污染物的吸附剂可以与前两种方法共同使用。固态残留物先被用作吸附剂，随后进行焚烧或填埋。众所周知，碳基质适合吸附酸性化合物，如 SO_2、H_2S 以及一些其他的化合物，如苯酚等。从结构的角度来看，这些材料拥有约 40%～54% 的孔隙率。但是，与其他吸附剂相比，热解残留物大部分孔隙为大孔隙，中孔和微孔的体积相对较小。一些研究表明，固态残留物的活化（尤其是化学活化）可相对提高较差的结构特性。总的来说，这些残留物拥有越高的 pH 值，就越适合用作对污水处理过程中酸性化合物和大分子物质进行吸附的廉价吸附剂。

9.1.3 热解技术特点及展望

同其他处理方法相比，热解技术的优势可以概括为：

（1）热解技术使原料体积大幅度减小，实现减量化；

（2）原料中有机成分转化为可回收、易利用、易运输及易储存的能源形态，能量利用率高、损失少，减少系统外用能耗，提高经济性；

（3）热解系统二次污染小，烟气处理简便，温室气体排放量远低于焚烧法，无二噁英排放，污泥重金属实现固定化，环境安全性高。

热解作为污泥的一种新型处理方式，在消除污泥填埋和焚烧所致二次污染的基础上，进一步实现了污泥资源回收和利用，使单纯的污染治理与能源可持续利用相结合，充分体现了该技术在环境污染处理工艺方面的新理念，具有很好的应用前景。但目前污泥热解技术工程应用较少，且国内关于污泥热解技术的研究多集中在热解反应机理、污泥热解特性等基础性研究方面，对热解产物的性质及资源化利用途径等研究不足，缺乏中试规模以上的污泥热解工艺研究，缺乏可产业化推广的污泥热解设备，缺乏针对污泥处理全流程的能量平衡分析，无法对污泥的热解处理及产物资源化利用提供技术支撑。目前污泥热解尚存在热解效率低、投资成本高、运行维护复杂、产物资源化利用水平低等问题，制约了该技术的推广应用程度。

针对目前该领域的现状，应对如下几个方面作进一步深入的研究。

（1）优化热解工艺参数，实现高效率、低能耗：污泥热解效率受热解工艺参数和泥质特性影响显著，例如热解温度不同会影响到热解产物的组分和产率，污泥有机质含量不同，热值相应不同，污泥热解产物的产量以及热解系统能量平衡工况条件也会存在显著的差异。因此，针对不同污泥泥质特性开展污泥热解工艺优化是污泥热解技术工程应用的重点和关键。

（2）集成成套热解设备，实现自动化、智能化：污泥热解设备包括污泥热解炉、炉温控制系统、氧气浓度控制系统、进出料系统和能量回收系统等，涉及给水排水、热工、消防、安全等专业，设备种类多、投资成本高、运行维护复杂，制约了该技术的推广应用。因此，越来越多的研究开始聚焦于热解设备的一体化和集约化设计，以提高污泥热解效率，降低投资运行成本，简化运行维护环节，以提升产业化推广潜力。

（3）污泥热解产物的高效安全利用：尽管热解工艺本身对环境的二次污染明显降低，污泥热解产物在作为燃料利用时仍需考虑燃烧后有害物质的生成和防治，固态产物作为吸附剂使用时其本身吸附性的能的改进和安全性的提高也需要额外的投入和研究，热解产品的市场化应用还需要政府的合理导向与规范以及公众相关意识和接受力的培养。因此，污泥热解产物的净化、纯化和资源化利用等环节已成为决定污泥热解项目成功与否的重要因素，真正实现热解产物的资源化效果还需要多方面的协调和关注。

9.2 污泥水热处理技术

水热处理技术是在密封的压力容器中，以水为溶剂，在高温高压条件下进行化学反应的各种技术的统称,在化工、冶金等领域被广泛应用。在水热反应体系中,水的性质发生强烈改变,蒸汽压变大、密度变小、表面张力变小、黏度变小、电离常数变大、离子积变大。利用水的这些性质变化,无须添加药剂即可对污泥进行改性。污泥的水热改性技术,通常指亚/超临界水氧化技术。

9.2.1 亚/超临界水氧化技术

通常情况下,水以蒸汽、液态和冰三种常见的状态存在,且属极性溶剂,可以溶解包括盐类在内的大多数电解质,对多数有机物和气体微溶或不溶。水的临界温度是 374.3℃,临界压力是 22.05 MPa,在此温度和压力之上就是超临界区,该状态的水即为超临界水,是一种不同于液态和气态的新状态。同时,低于临界温度和临界压力则是亚临界区。对亚临界状态的温度下限和压力下限目前尚无明确的规定,一般将水处于温度 200~374℃、压力 10~22 MPa 时的状态,称为水的亚临界状态。

水的存在状态见图 9-7,由于水的临界点是相图上气液共存曲线的终点,是所谓的二级相变之一,这就决定了任何水的状态方程的比偏微分都要在临界点发散到正的或负的无穷大。在超临界条件下,水的密度、介电常数、黏度、扩散系数、电导率和溶解性能与常温、常压下水的性质相比有了很大变化,超临界条件下水可以与有机物、氧气、二氧化碳等气体完全混合,形成均一相,在很短的反应停留时间内,有机物被迅速氧化成简单的小分子化合物,最终碳氢化合物被氧化成 CO_2 和 H_2O,氮元素被氧化成 N_2 和 N_2O,硫和卤素等则生成酸根离子的无机盐沉淀析出。

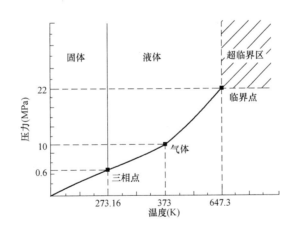

图 9-7 水的存在状态

城市污泥是各种微生物的集合体,微生物的细胞壁是由肽聚糖组成的,肽将多糖链架桥结合而形成牢固的三维结构。在高温下这种肽键结合体因热振动而不稳定,而反应性活泼的热水分子进攻多糖链中的糖苷键及氨基酸中的肽键,并发生水解反应而生成单糖、氨基酸或它们的低聚物。村上等在 320℃、11.2 MPa 的亚临界水氧化条件下,将难分解的剩余活性污泥转化为易分解物后,返回曝气槽进行生物降解,亚临界水氧化反应时的污泥可溶化率达 98%,可使剩余污泥大幅度减少甚至完全消除,出水水质(BOD 量、COD 量、TOC)也没有额外增加。

在该亚临界条件下污泥的分解反应以水解反应为主,不生成有害副产物。即使污泥中存在二噁英,也会因脱氯而被无害化。目前,美国有三大公司(Modell Develiment Corp.、Eco-Waste Technologies 和 Modar Inc.)已经建立了处理污泥量为 $130\sim230L/h$ 的超临界水氧化试验装置。

日本九州大学还研究了在亚临界条件下从污泥中回收石油化工产品的方法。首先在价廉且易于被磁选回收的铁催化剂作用下于 250℃ 反应生成丙酮、丁酮,再用沸石作催化剂生成苯、甲苯和二甲苯等石油化工产品。在整个过程中不排放 CO_2,并使污泥量大大减少。

亚/超临界水氧化技术处理城市污泥具有以下优点:

(1)较高的反应温度很容易杀死城市污泥中的病原体。有机物、氧化剂完全溶于亚/超临界水中形成均相,克服了相间的传质阻力,大大提高了有机物的氧化速率,能在数秒钟内将城市污泥中的有机物氧化成 CO_2、N_2 和 H_2O,将杂环原子转化为无机盐。由于无机盐在超临界水中的溶解度特别低,因此可以很容易地将其从中分离出来,排放到体系外的只是 CO_2 和处理干净的水,产物清洁,无需后续处理。

(2)亚/超临界水氧化反应是放热反应,只要城市污泥中有机物质量分数超过 3%,仅需输入系统启动时所需的能量,整个反应过程便可依靠自身反应放出的热量来维持。多余热量可以用来产生热水、蒸汽,用于制冷或发电。

(3)亚/超临界水氧化反应的设备投资和运行费用均较低。由于反应速率极快,因此可以采用较小的反应装置实现较大规模的城市污泥处理量,设备投资低,封闭性好。

(4)城市污泥的亚/超临界水氧化技术与焚烧法相比,不再需要高能耗的脱水、干燥过程,可直接处理重力浓缩后的城市污泥或未经任何处理直接来自二次沉淀池的城市污泥,大大减少了运行费用。此外,由于亚/超临界水氧化反应温度远低于焚烧法,二噁英等有机物可完全混溶于水中直接被反应掉,因此不会产生 SO_x、NO_x、二噁英以及飞灰等二次污染物。

(5)城市污泥的亚/超临界水氧化技术可以进行城市污泥的分散处理,即在现有的污水处理厂内设置 1 套相匹配的亚/超临界水氧化装置,就能就地消化城市污泥。超临界水氧化处理产生的水可进行循环利用,产生的泥渣可集中填埋或资源化利用,可减少大量的城市污泥运输费用,避免了另建城市污泥处理厂的资金投入。

尽管具有以上优点,但该技术比通常条件下更易导致金属的腐蚀,且盐易于沉降堵塞管道等,而且目前污泥亚/超临界水氧化技术在国内还处于技术研发阶段,工艺、装备、材料及系统技术有待进行放大验证,距离规模化应用还有一定距离。

9.2.2 湿式氧化技术(WAO)

湿式氧化技术(Wet Air Oxidation,WAO)是在高温(125~350℃)和高压(0.5~20MPa)条件下,以空气中的 O_2 为氧化剂(也可使用臭氧、过氧化氢等氧化剂),在液相中将污泥中的有机污染物氧化为 CO_2 和水等无机物或小分子有机物的化学过程。大多数学者认为,WAO 与超临界水氧化都属于自由基反应,但从反应温度和压力条件来看,WAO 的反应条件更温和,与亚临界水氧化类似,其机理有所不同。

湿式氧化技术最早开始研究应用于处理造纸黑液，在温度为 150～350℃、压力为 5～20MPa 条件下，使黑液中的有机物氧化降解，COD 去除率达 90％以上。随后 WAO 在处理造纸黑液及城市污泥方面得到了商业化的发展，并建立了几个完全氧化城市污泥的 WAO 处理厂，开发了用 WAO 处理污泥以改善污泥脱水和沉降性能、再生活性炭等新用途。此外，针对污泥中特定结构进行了基础性研究，如 Teletzke 等用 WAO 处理不同的活性污泥，发现淀粉最易被降解，蛋白质和木质素在 200℃ 以下不易降解，而在 200℃ 以上和淀粉一样易降解。活性污泥中少量的糖可以在 150～175℃ 被氧化。对低压下的 WAO 研究表明，大部分硫被氧化为硫酸盐，而有机氮转化为硝酸盐和氨，大部分固体还存在于污泥中，需通过各种干燥方式分离。

按照统计，WAO 在污泥领域应用最为成功，有 50％以上的 WAO 装置用于活性污泥的处理。WAO 可以将活性污泥氧化为无菌、生物稳定、便于填埋和脱水的形式，且污泥量大大减少，处理费用明显降低。此外，不同于超临界水氧化把污泥中的氮氧化为氮气，WAO 仅把有机氮转化为氨氮和硝态氮，最大程度上保留了氮源。

与常规处理方法相比，WAO 有以下几个特点：（1）应用范围广，处理效率高，几乎可以无选择地有效处理各种污泥；（2）氧化速率快，大部分 WAO 所需的反应停留时间在 30～60min，且温度、压力低于超临界水氧化，因此装置比较小，且相对易于管理；（3）二次污染较少，大部分有机物被氧化为 CO_2、各种有机酸、醇、NH_3、NO_3^- 等，而 SO_2、HCl、CO 等有害物质产生很少；（4）可以回收能量和有用物料，例如，系统中排出的热量可以用来产生蒸汽或加热水，反应放出的气体可以用来使涡轮机膨胀，产生机械能或电能，有效回收磷等。

为了进一步提高 WAO 的效率，克服其仍需高温高压的缺点，近年来开发了催化湿式氧化，如投加贵金属活性组分 Au、Pt 等，或投加过渡金属活性组分、稀土元素、碳材料等不同的催化剂，使 WAO 反应条件更温和、成本更低、效率更高。

与国外相比，我国有关湿式氧化技术的研究在新型高效催化剂的自行研制及反应机理和反应动力学等基础性研究工作方面还比较欠缺，因此该方法研究离实际工业化还有一定的距离。

下 篇

主要技术装备

第 10 章　污泥浓缩装备

10.1　离心浓缩机

离心机用于污泥浓缩已有几十年的历史，经过几次更新换代，现在普遍采用的是卧式螺旋离心浓缩机和笼型离心浓缩机，其中卧式螺旋离心浓缩机相对较为普遍。

10.1.1　卧式螺旋离心浓缩机

与离心脱水机的区别在于离心浓缩机用于浓缩污泥时，一般不需要加入调理剂，只有当需要浓缩污泥含水率大于 6％时，才加入少量调理剂，而离心脱水机要求必须加入调理剂。

1. 工作原理

污泥由空心转轴输入卧式螺旋离心浓缩机转筒内，在高速旋转产生的离心力作用下，立即被甩入转鼓腔内。污泥中的固相颗粒，由于相对密度大，离心力也大，因此被甩贴在转鼓内壁上，得到浓缩，形成固体层，称为固环层。而相对密度小的水分，离心力也小，在内圈形成液体层，称为液环层。固环层的污泥在螺旋输送器的推移下，被输送到转鼓的锥端。经转鼓周围的出口连续排出。液环层的液体则由堰口连续溢流排至转鼓外，形成分离液，然后汇集靠重力排出脱水机外，进而达到污泥浓缩的目的。

2. 设备构造

卧式螺旋离心浓缩机主要由转鼓、带空心转轴的螺旋输送器、差速器等组成，设备的总体结构如图 10-1 所示。

3. 技术参数

(1) 转鼓直径和有效长度

转鼓是离心浓缩机的关键部件，转鼓直径越大离心浓缩机的处理能力也越大，转鼓长度一般为其直径的 2.5～3.5 倍，一般长度越长，污泥在机内停留时间也越长，分离效果也越好，常用转鼓直径在 200～3000mm 之间，长径比 L/D 在 3～4 之间。

(2) 转速

转鼓的转速是一个重要的机械因素，也是一个重要的工艺控制参数。转速的调节通常通过变频电机或液压电机来实现。转速越大，离心力越大，有助于提高泥饼含固率。但转速过大会使污泥絮凝体被破坏，反而降低脱水效果。同时较高转速对材料的要求高，对机器的磨损增大，动力消耗、振动水平也会相应增加。

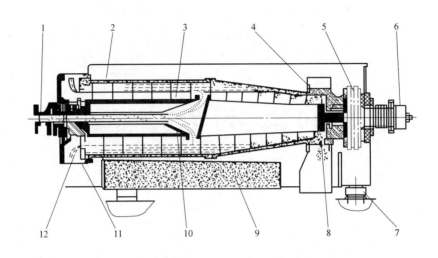

图 10-1 卧式螺旋离心浓缩机结构示意图

1—进料口；2—转鼓；3—螺旋输送器；4—挡料板；5—差速器；6—扭矩调节；

7—减震垫；8—沉渣；9—机座；10—布料器；11—积液槽；12—分离液

转速的高低取决于转鼓的直径，要保证一定的离心分离效果，直径越小，要求的转速越高。反之，直径越大，要求的转速越低。

（3）分离因数

离心机的离心分离效果与离心机的分离因数有关，分离因数是指颗粒在离心机内受到的离心力与其本身重力的比值，用下式计算：

$$\alpha = \frac{n^2 \cdot D}{1800} \tag{10-1}$$

式中　α——分离因数；

　　D——转鼓的直径，m；

　　n——转鼓的转速，r/min。

分离因数表征离心机的分离能力，α 越大，表明固液分离效果越好。离心机转鼓的转速一般能在较大范围内无级调速，通过调节转速，可以控制离心机的分离因数，使之适应不同泥质的要求。

不同的离心机，其分离因数的调节范围不同。α 大于 1500 的离心机称为高速离心机，高速离心机可以获得 98% 以上的高固体回收率，但能耗较高，且需较多的维护管理。α 小于 1500 的离心机称为低速离心机，低速离心机的固体回收率一般也能达到 90% 以上，但能耗要低很多。因此在污泥浓缩和脱水中绝大多数采用低速离心机。

（4）转鼓的半锥角

半锥角是锥体母线与轴线的夹角，锥角大，则污泥受离心挤压力大，利于脱水，通常离心浓缩机的半锥角为 6°～10°。锥角大，螺旋推料的扭矩也需要增大，叶片的磨损也会加大，若磨损严重会降低脱水效果。

（5）转差

转差是转鼓与螺旋输送器的转速差。转差大,则输渣量大,但也带来转鼓内流体搅动量大,污泥停留时间短,浓缩分离液中含固量增加,浓缩污泥的含水量增大。污泥浓缩的转差以 2～5r/min 为宜。

(6) 差速器

差速器是卧式螺旋离心浓缩机的转鼓与螺旋输送器相互转速差的关键部件,是离心浓缩机中最复杂、最重要、性能和质量要求最高的装置。转速应无级可调,差速范围在 1～30r/min 之间。

(7) 螺距

螺距即相邻两螺旋叶片的间距,是一项很重要的结构参数,直接影响输渣的成败。当螺旋直径一定时,螺距越大,螺旋升角越大,物料在螺旋叶片间堵塞的机会就越大。同时,大螺距会减小螺旋叶片的圈数,致使转鼓锥端物料分布不均匀而引起机器振动加大。因此,对于难分离物料如活性污泥,输渣较困难,螺距应小些,一般是转鼓直径的 1/6～1/5,以利于输送。对于易分离物料,螺距应大些,一般为转鼓直径的 1/5～1/2,以提高沉渣的输送能力。

4. 型号参数

卧式螺旋离心浓缩机具有污泥进料含固率适应性好;能自动长期连续运行;分离因数大,絮凝剂投加量少;单机生产能力大,结构紧凑,占地面积小;维修方便;可封闭操作,对环境影响小等优点。

卧式螺旋离心浓缩机的典型代表为德国 Flottweg 公司的 OSE 系列污泥离心浓缩机和日本 Tsukishima Kikai 公司的 Centri Hope。OSE 系列污泥离心浓缩机用于对来自曝气池和二次沉淀池的污泥进行浓缩脱水,能够 24h 连续工作,处理范围在 20～250m³/h 之间。采用封闭式结构以避免臭气外溢,所有与湿污泥接触的部件都采用高质量的不锈钢制造,并采用内部清洗以避免喷射散溢。相关性能参数如表 10-1 所示。

德国 Flottweg 公司 OSE 系列污泥离心浓缩机的主要性能参数　表 10-1

型号	结构材料	尺寸(mm)			总质量(kg)	转鼓驱动电机功率(kW)	螺旋驱动电机功率(kW)	典型的进料量(m³/h)	可选择驱动方式
		L	W	H					
Z4E-4	所有与湿污泥接触的部件都采用高等级的合金钢	3500	1000	1200	3000	22～30	4	20～40	对转鼓和螺旋推进器采用液压驱动
Z5E-4		4200	1600	1150	6200	45～75	5.5	35～70	
Z6E-4		4800	1705	1500	9230	55～90	5.5	50～90	
Z73-4		4815	2350	1500	11000	75～110	5.5	80～130	
Z92-4		5740	2780	1730	16200	110～200	7.5	120～250	

10.1.2　笼型离心浓缩机

笼型离心浓缩机为日本 Nishhara 环境技术公司的产品,也称为离心过滤污泥浓缩机 (Centrifugal Filtration Sludge Thickener)。如图 10-2 所示,圆锥形笼框内侧铺上滤布,驱动电机通过旋转轴带动笼框旋转。污泥从笼框底部流入,其中的水分通过滤布进入滤液室,然后排出。污泥中的悬浮固体被滤布截留实现固液分离,污泥被浓缩。浓缩后的污泥沿笼框壁徐徐向上，从上端进入浓缩室再排出。当滤布被污泥滤饼堵塞而使得滤液透过能力大幅度下降时，停止泵入污泥，用水泵泵入带压洗涤水，通过洗涤喷嘴在笼框旋转的同时冲洗滤布。

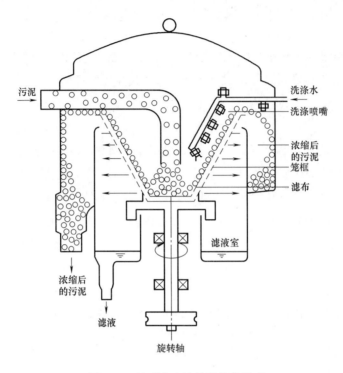

图 10-2　笼型离心浓缩机结构示意

　　笼型离心浓缩机由于具有离心和过滤的双重作用，大大提高了过滤效率，实现了浓缩装置的小型化，大大减少了占地面积。该装置转速低（900r/min 左右）、运行操作安全方便、臭气散发少。当剩余污泥的含固率在 0.5%～0.9% 之间时，浓缩后的污泥含固率为 2.5%～4.5%，SS 回收率为 85%～94%。目前该设备在国外的许多小规模污水处理厂已有较为广泛的应用。

10.2　带式浓缩机

　　带式浓缩机多用于对初次沉淀池及二次沉淀池的排泥进一步浓缩，以增加污泥的致密性。带式浓缩机的结构原理与带式压滤机相似，是根据带式压滤机的前半段——重力脱水段的原理并结合沉淀池排出的污泥含水率高的特点而设计的一种新型的污泥浓缩设备，其总体结构如图 10-3 所示，主要由框架、进泥配料装置、滤布、调整辊和犁耙组成。絮凝后的污泥进入重力浓缩段，污泥被均匀摊铺在滤布上，由于污泥层有一定的厚度，而且含水率高，透水性差，为此设置了很多犁耙，将均铺在滤布上的污泥耙起很多垄沟，在重力作用下污泥的表面水大量分离并通过滤布空隙迅速排走，污泥固体颗粒则被截留在滤布上。

　　带式浓缩机通常具有很强的可调性，其进泥量、滤布走速、犁耙夹角和高度均可进行有效调节以达到预期的浓缩效果。带式浓缩机的主要性能参数和对不同类型污泥的处理效果如表

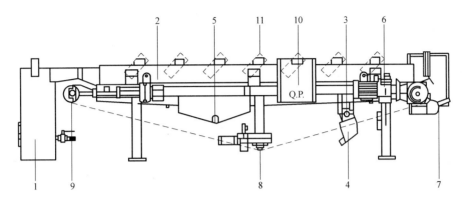

图 10-3 带式浓缩机结构示意

1—絮凝反应器；2—重力浓缩段；3—冲洗水进口；4—冲洗水箱；5—过滤水排出口；

6—电机传动装置；7—卸料口；8—调整辊；9—张紧辊；10—气动控制箱；11—犁耙

10-2、表 10-3 所示。

带式浓缩机的主要性能参数 表 10-2

型号	功率 (kW)	流量 (m³/h)	滤布 宽度(m)	滤布走速 (m/min)	电压 (V)	频率 (Hz)	质量 (kg)	外形尺寸 (长×宽×高)(m)
1200	2.2	100	1.3	3~17	380	50	1850	5.5×2.49×1.21
2000	2.2	200	2.2	3~17	380	50	2400	5.5×3.46×1.21
3000	4	300	3.2	3~17	380	50	3100	6.4×4.4×1.25

带式浓缩机对不同类型污泥的处理效果 表 10-3

污泥类型	进泥含固率(%)	出泥含固率(%)	高分子絮凝剂投加量 (kg/t 干污泥)
初沉污泥	2.0~4.9	4.1~9.3	0.7~0.9
剩余活性污泥	0.3~0.7	5.0~6.6	2.0~6.5
混合污泥	2.8~4.0	6.2~8.0	1.6~3.5
消化污泥	1.6~2.0	5.0~10.5	2.5~8.5

带式浓缩机进泥含水率高达 99.2% 以上，污泥经絮凝、重力浓缩后含水率可降低到 95%~97%，达到下一步污泥脱水的要求，因此一般带式浓缩机和带式压滤机相配套连接，污泥浓缩后直接进入带式压滤机进行脱水。设备厂家通常会根据具体的泥质提供水力负荷或固体负荷的建议值，但不同厂商设备之间的水力负荷可以相差很大，在没有详细的泥质分析资料时，设计选型的水力负荷可按 40~45m³/(m·h) 考虑。

10.3 转筒式浓缩机

转筒式浓缩机（Rotary Drum Thickener，RDT），也被称为转筛式浓缩机（Rotary Screen Thickener，RST），既可与螺旋压榨机联用进行浓缩脱水一体化，也可用于好氧或厌氧消化前的浓缩，以达到减量化的目的。

转筒式浓缩机的工作原理与带式浓缩机较为类似，主要特点是在水平放置的转筒（或转筛）内壁衬有滤布或滤网，污泥中的自由水透过滤布或滤网外流。转筒既可以通过中心轴支撑在钢架上，也可以通过其外圆柱底部的支撑辊轴以类似摩擦轮的方式来传动，工作过程中转筒以 2～5r/min 的速度缓慢旋转。由于污泥滤饼可能会堵塞滤布或滤网，因此需要定期冲洗。在转筒外圆柱顶部设有冲洗喷头以定期冲洗转筒内壁的污泥滤饼，因而转筒缓慢旋转的目的主要是为了使整个圆柱面得到较为均匀的冲洗，而不是利用离心力达到泥水分离的目的。

目前市场上的转筒式浓缩机主要有：瑞典 Alfa-lava 公司 ALDRUM 污泥浓缩系统、德国 Passavant-Roediger 公司 ROEFILT 转筒式浓缩机、奥地利 Andritz 集团 PowerDrain 转筒式浓缩机、西门子公司 RDT 转筒式浓缩机、英国 Centriquip 公司 SludgeMaser 转筛式污泥浓缩机、美国 Parkson 公司 Hycor ThickTech 转筛式污泥浓缩机、美国 Vulcan Industries 公司 LFST Liqui-Fuge 转筛式污泥浓缩机、日本 FKC 公司 HC 系列转筛式污泥浓缩机等。

（1）ALDRUM 污泥浓缩系统

ALDRUM 污泥浓缩系统（见图 10-4）的工作原理为：经絮凝后的污泥通过低速旋转的转筛式浓缩机进行固液分离，污泥中的液体透过滤网流出，截留下来的污泥得到浓缩，污泥浓缩的浓度可随污泥的进料流量、转筛的倾角及旋转速度的变化而改变。ALDRUM 污泥浓缩系统还配有水力喷射滤网清洗系统，由于滤网采取间歇式清洗，水的消耗量小。

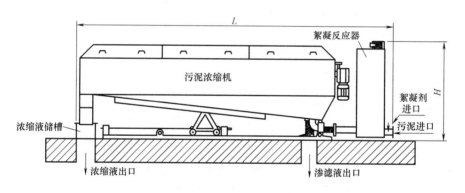

图 10-4　ALDRUM 污泥浓缩系统示意

絮凝反应器由常压反应器及专门设计的螺旋搅拌器组成，为确保污泥完全絮凝，螺旋搅拌器能使絮凝剂和污泥充分混合，并与污泥中的固体发生絮凝反应，螺旋搅拌器清洁光滑，可避免搅拌时对絮质的破坏。ALDRUM 污泥浓缩系统有 AFDT Mini、Midi、Maxi、Mega 及 MegaDuo 等几种，处理能力分别为 7m³/h、15m³/h、30m³/h、60m³/h、2×60m³/h。

（2）ROEFILT 转筒式浓缩机

ROEFILT 转筒式浓缩机有单筒式、同框架同驱动双筒式两种，能使污泥的含固率从 0.5% 上升到 14%。转筒自动运行并通过喷淋筒用浓缩过程中产生的澄清滤液冲洗，驱动通过手动调节。为了达到良好的絮凝效果，转筒配有手动控制搅拌的反应罐。浓缩污泥一般通过安装在转筒卸料槽下的污泥泵输送，污泥泵通过安装在转筒卸料槽中的泥位电极来控制间歇运行，为保证污泥运送，污泥泵配有螺旋输送器。ROEFILT 转筒式浓缩机的主要性能参数如表 10-4 所示。

德国 Passavant-Roediger 公司 ROEFILT 转筒式浓缩机的主要性能参数　　　表 10-4

最大处理能力(m³/h)	长 L (mm)	宽 B (mm)	机器长 I (mm)	高 H (mm)	转筒直径 (mm)	转筒长 (mm)	整机设备功率(kW)	稀泥浆泵功率(kW)	浓缩污泥泵功率(kW)	空载质量(kg)	运行质量(kg)
15	4100	1200	2400	2200	850	1605	4.5	3.0	3.0	1100	2500
20	4100	1350	2400	2300	1000	1605	4.5	3.0	3.0	1300	2900
30	5900	1350	4100	2200	850	3210	4.5	5.5	3.0	1700	3500
40	6000	1350	4100	2300	1000	3210	4.5	7.5	4.0	2600	4400
50	6000	1550	4100	2500	1200	3210	4.5	7.5	4.0	2900	4800
60	6000	2150	4100	2200	850	3210	6.0	7.5	4.0	3400	6000
80	6000	2450	4100	2300	2×1000	3210	6.0	11.0	4.0	4000	6500
100	6000	2850	4100	2500	2×1000	3210	6.0	15.0	7.5	4500	7100

10.4　螺压式浓缩机

螺压式浓缩机（Rotary Screw Thickener）由楔形圆筒型不锈钢滤网和有自动清洗功能、合理梯度变化、变螺距、变轴径的楔形筛网轴组成，其最大的特点就是筒体外壁不旋转，仅仅是其中的同轴螺旋输送器旋转。

德国 HUBER 公司 RoS2 型螺压式浓缩机是一种将稀浆液进行机械浓缩的新型设备。区别于传统浓缩池处理方法，螺压式浓缩机可实现机械化、连续化、全封闭方式运行。RoS2 型螺压式浓缩机工艺流程如图 10-5 所示。当含固率为 0.5% 左右的稀污泥进入螺压式浓缩机的主机时，先进入圆形搅拌槽内，对稀污泥进行缓慢搅拌，使其浓度均质稳定。对于需要投加絮凝剂的稀污泥在进入搅拌槽前可投加干粉状或液体状絮凝剂，使溶药后的污泥在搅拌槽内进行反应，再通过溢水堰进入螺压式浓缩机的主装置。污泥由滤网、螺旋轴从低端缓慢提升到高端，

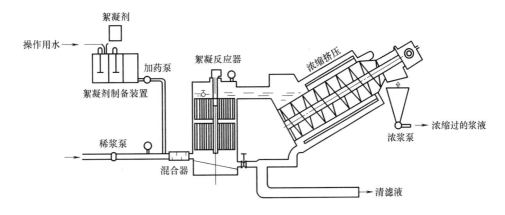

图 10-5　RoS2 型螺压式浓缩机工艺流程

在此过程中污泥被转动螺旋缓慢提升、压榨直至浓缩，使污泥含固率提高到 6%～12%，污泥卸入泥斗，进入后续处理装置。整个过程在全封闭式装置内进行，滤液从筛网渗出，为使浓浆顺利排出，浓缩机安装角度为 30°。该设备具有筛网运转过程中的自清洗装置和定时冲洗设施，清洗时不影响机械的运行和浓缩效果。

　　RoS2 型螺压式浓缩机的主要性能参数如表 10-5 所示，其主要特点如下：（1）对含固率0.5% 的稀污泥进行浓缩，处理后的含固率可提高到 6%～12%，絮凝剂的消耗量为 0.19%～0.29%；（2）设备适用范围广，当进泥含固率在 0.7%～1.2% 之间变化时，可以通过调节螺旋装置的转速，以适应稀污泥含固率的变化，使絮凝剂得到充分利用，反应完全；（3）设备体积小、占地少、能耗低、效率高，由于整机在低于 12r/min 的低转速下运行，无振动和噪声，使用寿命长。

RoS2 型螺压式浓缩机的主要性能参数　　　　　　　表 10-5

型号	处理量 (m³/h)	驱动电机		压榨机转速 (r/min)	反应器功率(kW)	搅拌器转速 (r/min)	清洗系统驱动功率 (kW)	系统管径 (mm)	运行质量 (kg)
		功率 (kW)	电压 (V)						
RoS2.1	8～15	0.55	380	0～12.0	0.55	0～23.5	0.04	80/100	3300
RoS2.2	18～30	1.10	380	0～9.1	0.55	0～23.5	0.04	100/125	3400
RoS2.3	35～50	2.20	380	0～9.7	0.55	0～23.5	0.04	100/150	4700
RoS2.4	60～100	4.40	380	0～7.5	0.55	0～9.9	0.04	200/150	9000

第11章 污泥厌氧消化装备

11.1 厌氧消化预处理装备

污泥厌氧消化预处理是保障厌氧发酵系统稳定运行、提高产气率和工程效益的重要环节，如浓缩、脱水、预热等预处理，对于高含固污泥则还需热水解等预处理，而对于协同厌氧消化，还需经过物料混合等预处理等。关于污泥浓缩和脱水预处理装备具体见第10章和第12章。对于污泥协同厌氧消化来说，其预处理装备主要为协同物料如餐厨垃圾、园林垃圾、农业秸秆等采用的粉碎、筛分、除油等现有装置。

11.1.1 污泥预热装备

污泥厌氧消化一般采用中温或高温厌氧消化，而一般污泥温度为常温，因此需额外热源对污泥实施加温，以满足厌氧消化温度的需求。厌氧消化池的加热方法一般分为池外加热和池内加热两种。池外加热是把新鲜污泥预先加热后投配到厌氧消化池中，该方法的优点是易于控制，不会使厌氧消化池中出现局部过热现象，不会影响甲烷细菌的活动。缺点是需要额外的加热设施，相对比较复杂。池外加热有投配池内预热和热交换预热两种方法。投配池内预热一般采用蒸汽管在预热池内直接加热，因此所需的装备为非标装备，大多采用枝状或环状结构的蒸汽管，其管径和间距需要根据加热所需蒸汽量计算（见图 11-1）。热交换器预热一般使用双管式（见图 11-2），内管走污泥，直径 100mm，为避免污泥热结附着于管壁，应控制污泥流速在 1.2～1.5m/s；外管通热水，直径 150mm，热水的温度一般为 50～60℃（适合于中温厌氧消化，高温厌氧消化应升高热水温度），流速为 0.6m/s 左右。

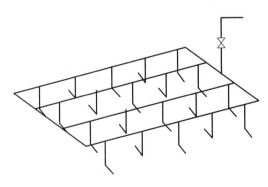

图 11-1　投配池预加热装置示意

图 11-2　热交换器装置示意

11.1.2　粉碎筛分预处理装备

一般情况下，污泥中杂质含量要远小于生活垃圾，但当污泥中存在塑料、破布和其他物质时，为保证厌氧消化进料稳定均匀，通常也需要粉碎、筛分等预处理。

污泥粉碎过程就是把污泥中存在的较大的纤维物质等破碎为较小的物质，从而避免对后续输送、搅拌设备的堵塞和缠绕。典型的污泥研磨机见图 11-3。研磨机的维护管理要求一般较高，但随着技术的发展，如新的轴承和密封措施，更坚固的不锈钢切片，超负荷自动感应器应用，可以实现旋转切片反转从而自动清理堵塞物或切断缠绕物的机械措施等，这些都使得新研发的低速研磨机性能更加可靠。

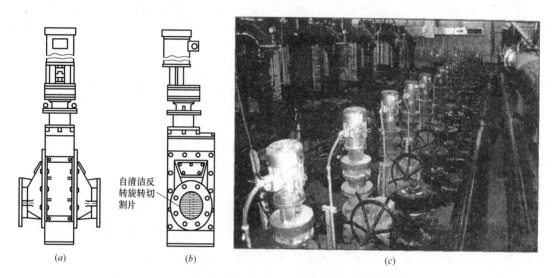

自清洁反转旋转切割片

图 11-3　典型直列式污泥研磨机

(a) 侧视图；(b) 端视图；(c) 多组污泥研磨机典型安装图

在一些要求不高的场合，筛分预处理可以替代粉碎过程。筛分的优点是耗能较少，且效率较高。污水预处理用的阶梯格栅可以作为初沉污泥、剩余污泥的筛分装备，这些格栅栅距基本为 3～6mm，也有 10mm 的。另外一种典型的污泥筛分装备为直列式筛分机，该筛分机可以直接安装在输送管道上（见图 11-4）。这种筛分机通过侧面 5mm 格栅分离污泥中的杂物，然后杂物被旋转输送至 2mm 细格栅，并被脱水和压实。当杂物累积超过排放锥体的单位压力（一般操作压力为 100kPa）后需要排出，此时的杂物含固率为 30%～50%。

11.1.3　高温热水解预处理装备

1. 工作原理

高温热水解预处理系统的原理是在密闭的压力容器内，利用高温高压蒸汽（150～170℃）对污泥进行蒸煮并瞬间释压，使污泥颗粒溶解，细胞物质破碎，大分子有机物质水解，彻底杀灭细菌，从而提高污泥的流动性，强化和改善污泥厌氧消化的效率，提高沼气品质和产气率，如图 11-5 所示。

2. 主要设备

高温热水解预处理系统见图 11-6，主要由污泥浆化系统、热水解反应罐、套管式换热器、

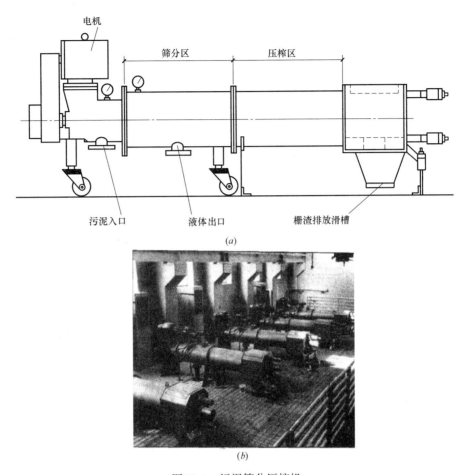

图 11-4　污泥筛分压榨机

（*a*）示意图；（*b*）安装图

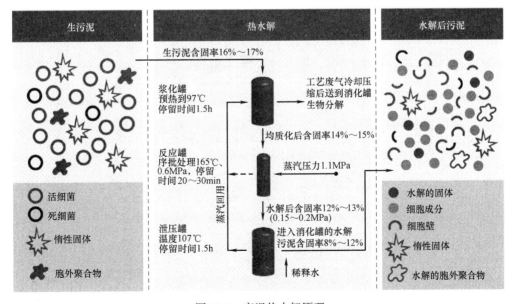

图 11-5　高温热水解原理

仪表控制系统等若干子系统组成。

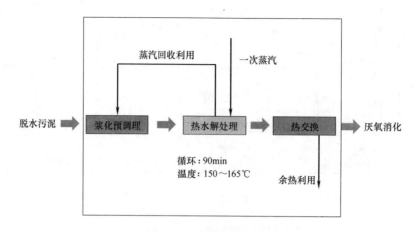

图 11-6　高温热水解预处理系统示意

（1）污泥浆化系统

污泥浆化系统主要由浆化设备主机、中间储仓、能量回收水箱三大部分组成（见图 11-7），基本参数见表 11-1。

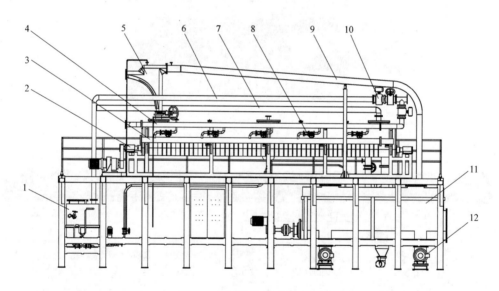

图 11-7　污泥浆化系统总装

1—能量回收水箱；2—浆化设备主机；3—蒸汽分管；4—蒸汽主管；5—压力释放三通
6—二次蒸汽回收管；7—连通管；8—蒸汽分配阀；9—污泥超越管
10—二次蒸汽回收阀；11—中间储仓；12—出浆螺杆泵

主要设备介绍如下：

1）浆化设备主机

污泥浆化过程是在浆化设备主机内完成的，生污泥在浆化设备主机内被热水解反应罐释压蒸汽加热到 70～90℃，再进入中间储仓，污泥浆化效果优良且设备结构简洁，故障率较低。

污泥浆化系统基本参数 表 11-1

项目	参数	项目	参数
浆化介质	市政污泥	热源	水蒸气
进泥温度	≥5℃	气源	0.5~0.8MPa
进泥含水率	≥85%	一次蒸汽压力	≤0.25MPa
出浆温度	70~90℃	工作压力	常压

2）中间储仓

中间储仓用于储存浆化污泥，位于浆化设备下方。在中间储仓下部设置 2 台出浆螺杆泵，1 用 1 备，螺杆泵将浆化污泥送入热水解反应罐。

3）能量回收水箱

能量回收水箱用于储存稀释水，采用方形腔体结构，可回收热水解反应罐释压时的余热，做到能源的充分利用。

（2）热水解反应罐

热水解反应罐采用立式圆筒压力容器罐体。反应罐接受由中间储仓送来的浆化污泥，通过一次蒸汽，对反应罐中的浆化污泥进行加热。

结合项目大小，通常采用几个反应罐以既定程序，按时序，分批次连续不间断运行。每个反应罐独立完成污泥热水解反应的进泥、加热、保压、释压、排泥、排渣流程。

反应罐的立式圆筒结构，便于不同数目的罐体组平面布局，充分利用楼层空间，减少占地面积。罐体上还特别设置了释压口，可将释压蒸汽引入浆化设备蒸汽主管用以加热，做到能量的充分利用。

热水解反应罐特征参数见表 11-2，安装图见图 11-8。

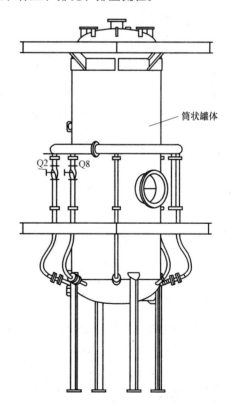

筒状罐体

Q2 Q8

热水解反应罐特征参数 表 11-2

项目	参数
介质	浆化污泥
进泥温度	<100℃
进泥含水率	85%~92%
工作温度	150~170℃
气源	水蒸气
设计压力	1.1MPa
蒸气压力	≤1.0MPa
工作压力	0.5~0.8MPa

（3）套管式换热器

经过热水解后的污泥温度较高，不能直接进入

图 11-8 热水解反应罐安装示意

厌氧消化池，因此需要换热器对污泥降温。

套管式换热器通过管壁逆流换热，换热效果良好；采用模块化组合方式，可满足不同处理规模和出泥温度要求；结构上还设置了防堵塞口，可有效防止大颗粒污泥堵塞管路。

套管式换热器主要参数见 11-3，设备图见图 11-9。

套管式换热器主要参数　　　　　　　　　　　表 11-3

项目	参数	项目	参数
介质	热水解污泥	容器类别	Ⅰ类
进泥温度	约 100 ℃	出泥温度	35～42℃可调节

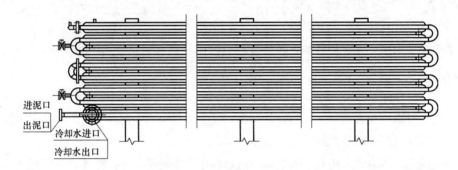

图 11-9　套管式换热器设备

3. 技术特点

高温热水解预处理的技术特点如下：

（1）高温热水解后污泥的流动性大为改善，进入厌氧消化池的污泥含固率可由传统的 4%～6% 提高到 9%～12%，由此厌氧消化池固体负荷率可提高 1 倍，可以减少占地面积。

（2）高温热水解后污泥厌氧消化速度大为提高，水力停留时间可由传统的 20～25d 缩短到 12～15d，可提高厌氧消化池的效率。

（3）由于厌氧消化条件的改变，沼气产量比传统厌氧消化提高 10% 以上。

（4）厌氧消化污泥品质提高，厌氧消化后污泥品质达到美国 A 级污泥标准。

11.2　厌氧消化罐

11.2.1　利浦厌氧消化罐

1. 工作原理

厌氧消化罐内的物料在恒定温度、充分混合条件下，发生中温厌氧消化反应，产生沼气，使物料中的有机物得到充分降解。恒温系统由附着在厌氧反应器侧壁的热水管及保温棉组成。搅拌均质系统由 2 台穿壁搅拌器和 1 台循环泵组成，可以形成立体均质效果。

2. 主要设备

利浦厌氧消化罐示意图见图 11-10，主要设备包括厌氧反应器顶盖、复合钢板侧壁、柔性密封膜、正负压保护阀、气位指示系统、恒温系统、搅拌均质系统等。

3. 技术特点

（1）利浦厌氧消化罐为高负荷厌氧反应器，处理介质含固率最高可达 15%，与传统厌氧消化池相比体积小，进而能够减少热损失，降低能量消耗。

（2）配备穿壁搅拌器和循环泵，使厌氧反应器内物料搅拌充分，可实现厌氧反应器内有机物料、温度、pH 值的均质。充分的搅拌既可以提高降解效率，也可以防止上层结壳阻碍沼气溢出。

（3）底部及侧壁配有特殊的加热保温系统，使厌氧反应器内温度恒定，厌氧反应器内任意两点的物料温差不超过 0.5℃，保证厌氧消化过程的顺利进行。

柔性密封膜
沼气出口
液面
缠绕伴热管
保温层

图 11-10　利浦厌氧消化罐示意

（4）采用专利复合钢板卷制而成，接触物料部分为不锈钢材质，抗腐蚀能力强，不需要做额外防腐处理。

（5）柔性密封膜气区和厌氧消化区为一体化结构，且气区有一定量的沼气储存能力，不需设置单独的沼气柜，能有效增强运行的稳定性和安全性，同时又可减少占地面积和投资。

（6）顶部设有正负压保护阀和沼气放散装置，当设备出现故障，厌氧反应器内压力超过设定值时，正负压保护阀和沼气放散装置自动打开，防止危险事故发生。

（7）为利用专用设备螺旋卷制，厌氧反应器采用现场加工，制作工期短，每罐制作仅需22～25d。

4. 型号参数

通用型号为：利浦 KomBio-2200。

主要参数为：

直径：16.0m；

侧壁高度：15.0m；

锥顶高度：4.5m；

物料容积：2200m³；

沼气容积：700m³。

可根据具体工程情况，制作其他直径、高度的利浦厌氧消化罐，且可根据需求制作平顶厌氧消化罐。

5. 工程案例

（1）大连东泰夏家河污泥处理项目（见图 11-11）

处理物料：污水处理厂污泥（400t/d）、餐厨垃圾（200t/d）、过期食品、海关罚没食品、城肥、垃圾渗滤液。

设计规模：600t/d。

厌氧消化罐数量：12套。

运行时间：2009年4月开始运行。

（2）郑州马头岗二期污水处理厂污泥处理工程（见图11-12）

处理物料：污水处理厂污泥。

设计规模：800t/d（含水率80%）。

厌氧消化罐数量：一期16套。

运行时间：2016年8月开始运行。

图11-11　大连东泰夏家河污泥处理项目

图11-12　郑州马头岗二期污水处理厂污泥处理工程

（3）镇江市餐厨垃圾与污泥协同厌氧消化处理项目（见图11-13）

处理物料：餐厨垃圾120t/d、污水处理厂污泥120t/d。

设计规模：240t/d。

厌氧消化罐数量：4套。

运行时间：2016年7月开始运行。

11.2.2　污泥分级分相厌氧消化装置

1. 工作原理

污泥分级分相厌氧消化技术的核心是温度分级、生物分相（见图11-14）。

温度分级：第一级采用高温强化水解反应器，实现细胞壁破壁，释放内溶物，并强化内溶物和多糖类物质的水解和酸化，从而保证有机物的降解率。第二级采用中温产甲烷反应器，实现产乙酸和产甲烷。

生物分相：第一级在高温下运行，温度

图11-13　镇江市餐厨垃圾与污泥协同
厌氧消化处理项目

在 40~50℃之间，该温度适合水解酸化菌生长，抑制产甲烷菌生长。第二级温度控制在 35~38℃之间，适合产甲烷菌生长。通过温度分级自然形成了生物分相，不同微生物在各自最佳的环境下生长。

2. 主要设备

污泥分级分相厌氧消化系统所包含的主要单元见表 11-4。

3. 技术特点

污泥分级分相厌氧消化工艺能够实现厌氧消化技术的突破，破解了污泥厌氧消化的限速步骤：使厌氧消化时间比单相厌氧消化缩短 30% 以上，污泥有机物降解率大于 50%，沼气产率提高 35%。

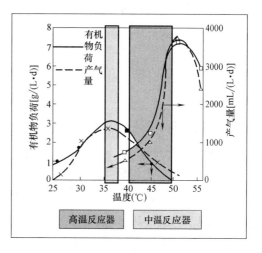

图 11-14　产甲烷菌在不同温度下的
活性及工艺操作温度范围

污泥分级分相厌氧消化系统主要单元　　　表 11-4

单元名称	主要功能
接料浆化单元	接料浆化系统主要包括快速混合器、螺杆泵等；此单元的功能是对脱水污泥进行稀释、搅拌、输送、进料等
均质调配单元	浆化后的污泥在调配池内调配均匀，实现污泥的精调处理，使污泥含水率、温度分别调至 92% 和 50℃左右
分级分相厌氧消化单元	采用高温水解酸化和中温产甲烷的分级分相厌氧消化处理方式对污泥进行减量化、无害化及资源化处理，产生沼气
沼气净化单元	对污泥厌氧消化系统产生的沼气进行脱硫及去除水分等
沼气储存与利用单元	处理后的沼气一部分用于沼气锅炉，利用锅炉产生的热量给厌氧消化系统进行增温和补温，以保证厌氧消化所需的温度；剩余部分沼气用于发电或提纯制压缩天然气
臭气处理单元	收集处理系统产生的臭气，处理后达标排放

污泥分级分相厌氧消化技术具有以下优势：

(1) 克服了水解限速步骤，水力停留时间短，基建与运行费用更低。微生物分级分相生长，均处于各自的最佳生存条件，微生物活性高，克服了水解限速步骤，污泥的水力停留时间缩短至 17~21d，减小反应器体积 20%~70%，使基建与运行费用更低。

(2) 提高了细胞破壁效率，有机物降解率提高。被细胞壁包裹在胞内的有机质充分释放进而被转化为沼气，有机物降解率高于 45%，污泥减量效果提高显著，稳定化程度更高，沼气回收量大。

(3) 固体负荷高，处理量大。本工艺在含固率 8%~10% 的高含固率条件下仍可以稳定、高效地运行，提高了处理量从而进一步减小了厌氧反应器的体积，使基建和运行费用进一步降低。

(4) 甲烷含量高，沼气品质好。通常，中温单相厌氧消化产生的沼气中甲烷含量为 60%~65%。本工艺产生的沼气中甲烷含量在 65%~70%，沼气品质更好。

(5) 常温常压工艺，运行安全可靠，操作方便，整套厌氧消化系统设备简单，维修量少，运营维护简单。

(6) 实现系统热量高效回收。对高温罐出泥的热量进行回收，用于加热生污泥，最大限度地实现系统热量的回收与资源化。

(7) 运行方式灵活、多样。高温罐进出泥采用泵送形式，可根据进泥质量灵活调整高温水解段的运行时间。

(8) 设备集成度高、车间卫生条件好、臭味较小。

4. 工程案例

(1) 宁海县污泥处理处置工程

1) 应用规模

污泥 150t/d，含水率 80%；粪便 40t/d，含水率 98.5%。

2) 工艺流程

浙江省宁海县污泥处理处置工程采用污泥厌氧消化＋深度脱水＋土地利用工艺。

宁海县除城北污水处理厂以外其他各污水处理厂脱水污泥（含水率约为 80%）采用运送罐车输送至城北污水处理厂，经过称重后，运送至污泥浆化池，采用城北污水处理厂未经脱水的高含水率污泥对其进行浆化处理，使污泥含水率调配至 90% 左右；浆化处理后的污泥转移至污泥调配池，与城北污水处理厂的粪便一起进行调配，在调配池内将污泥含水率调配至 92% 左右；调配后的污泥再由螺杆泵投配入高温水解罐，进行为期 3d 的高温水解反应，以提高污泥的细胞内溶物溶出率；经高温水解反应后的污泥再泵入中温厌氧消化罐，经过 14d 的中温厌氧消化后，产生沼气和厌氧消化污泥；产生的厌氧消化污泥经过储池调解后，经加药后进入板框压滤机房进行深度脱水处理；厌氧消化污泥经过脱水处理后产生的泥饼通过皮带输送至堆置棚缓存外运，然后进行园林绿化等土地利用；对厌氧消化污泥深度脱水产生的滤液进行化学沉淀除磷处理，处理后的废液排入厂区污水管。污泥厌氧消化产生的沼气进入生物脱硫塔，然后送入沼气储柜，经过稳定后送入发电机，发出的电送入厂区总变电的低压管网，供厂区自用。沼气发电机发电后的余热供污泥加热和厌氧消化罐保温。当产气量大于使用量或者不进行沼气利用时，沼气通过点燃火炬的方式安全排放。启动初期或沼气发电机进行检修时，采用油气双燃料蒸汽锅炉供污泥加热及厌氧消化罐保温。

宁海县污泥处理处置工程工艺流程如图 11-15 所示。

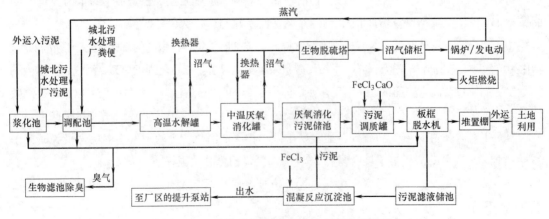

图 11-15 宁海县污泥处理处置工程工艺流程

3）主要工艺参数

宁海县污泥处理处置工程主要工艺参数见表 11-5。

宁海县污泥处理处置工程主要工艺参数　表 11-5

项　目	参数
集中处理污泥量	150t/d(80%)
污泥(剩余污泥)中有机物含量	50%
污泥厌氧消化有机物降解率	50%
粪便量	40t/d(98.5%)
粪便中 COD 含量	25000mg/L
粪便厌氧消化有机物降解率	90%
高温水解罐温度	45～50℃
高温水解罐停留时间	3d
中温厌氧消化罐温度	35～38℃
中温厌氧消化罐停留时间	14d

4）处理效果

分级分相厌氧消化对 VS 的降解率为 50%，每天产生 3200m³ 沼气，高温水解罐产气量占总气量量的 13.6%～14.1%，高、中温产气量比约为 1∶6，高温水解罐产气中 CO_2 含量较高，罐中发生较好的酸化反应，中温厌氧消化罐产气品质更好（见表 11-6）。沼渣深度脱水后堆置、快速腐熟，每天产生 27.65t 营养土，用于绿化能够促进植物生长。

高温水解罐、中温厌氧消化罐产气成分（%）　表 11-6

成分	H_2	CO_2	N_2	CH_4	合计
高温水解罐	0.01	44.73	1.55	53.71	100.00
中温厌氧消化罐	0	24.29	1.64	74.07	100.00
气柜	0.01	27.06	1.71	71.22	100.00

宁海县污泥处理处置工程污泥处理区鸟瞰图见图 11-16；厌氧消化罐与脱硫塔，双膜气柜见图 11-17。

图 11-16　宁海县污泥处理处置工程
污泥处理区鸟瞰

图 11-17　宁海县污泥处理处置工程厌氧
消化罐与脱硫塔、双膜气柜

（2）秦皇岛市北戴河新区污泥处理厂工程

1）应用规模

秦皇岛市7家污水处理厂的脱水污泥集中处置，共计300t/d（按含水率80%计）。

2）工艺流程

本工程主要分为污泥预处理系统、厌氧消化系统、深度脱水系统、沼液处理系统和沼气净化提纯系统，工艺流程见图11-18。在污泥预处理系统，外厂运来的脱水污泥与污水处理厂稀污泥混合、浆化，并在调配池精调加热后，进入厌氧消化系统，污泥有机质降解50%以上，并产生沼气；厌氧消化污泥进入深度脱水系统，采用超高压压榨，出泥119.3t/d（含水率＜60%），经熟化堆置7~10d后含水率可降至40%（79.5t/d，体积减量约74%），满足土地利用要求；沼液经处理后达标排放；沼气产量为1.26万 m^3/d，一部分沼气用于锅炉供热，其余可全部提纯天然气约6000 m^3/d，用作车用燃气（CNG）。

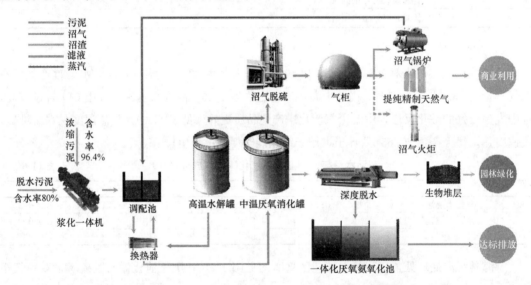

图11-18　秦皇岛市北戴河新区污泥处理厂工程工艺流程

3）主要工艺参数

厌氧消化系统进泥含固率：8%~10%；

有机物降解率：50%；

高温水解罐：45~50℃，停留3d；

中温厌氧消化罐：35~38℃，停留14d；

厌氧消化系统容积负荷：2kgVS/（ m^3 · d）。

秦皇岛市北戴河新区污泥处理厂工程鸟瞰图见图11-19；厌氧消化罐区见图11-20。

图11-19　秦皇岛市北戴河新区污泥处理厂工程鸟瞰

图 11-20　秦皇岛市北戴河新区污泥处理厂工程厌氧消化罐区

11.3　污泥搅拌机

如本书 3.5.3 节所述，厌氧消化搅拌方式主要包括沼气搅拌、机械搅拌（包括机械叶轮搅拌、机械提升循环搅拌、水下搅拌器搅拌等）和污泥泵循环搅拌 3 种。对应于厌氧消化搅拌方式，污泥厌氧消化搅拌装备也分为 3 类。

11.3.1　沼气搅拌装备

该装备由沼气压缩机、沼气喷射管、沼气循环管、冷凝水排放设备和沼气过滤器等组成，是一个集成装备，其中沼气压缩机是沼气搅拌装备的核心。

沼气压缩机主要用于沼气的加压，目前有活塞式和螺杆式两种，受沼气成分复杂等影响，不同于其他气体压缩机，沼气压缩机要求气密性好、耐酸碱、采用无油润滑等。

沼气喷射管和沼气循环管主要用于沼气的输送，包括竖管式、底部喷射式等（见图 3-7），而冷凝水排放设备和沼气过滤器主要用于沼气内水分以及杂质的排除，便于沼气的输送。

11.3.2　机械搅拌装备

机械搅拌装备包括机械叶轮搅拌装备、机械提升循环搅拌装备、水下搅拌器等，3 种搅拌装备的基本部件都是螺旋桨式叶片。机械搅拌装备适用于含固率 10% 左右的污泥，而且种类较多，安装方式也多种多样。

机械叶轮搅拌装备和机械提升循环搅拌装备一般采用中心安装搅拌，即将搅拌装置安装在厌氧消化池的中心（见图 11-21），此种安装方式简单，应用最为广泛。但该安装方式受离心作用的影响有时易产生分层现象，致使混合效果较差，搅拌效率降低，同时会引起搅拌器的振动，易使搅拌器受损。针对此现象，可将搅拌装置偏离设备中心线安装，如偏心安装和倾斜式安装，以提高搅拌效果，但这些安装方式更易引起振动，难以在大中型设备应用。但该类搅拌装备组成简单，操作容易，维修量小，可以通过竖管向上或向下两个方向推动污泥，因此在固定污泥液面的前提下，能够有效地消除浮渣层，适用于卵形厌氧消化池或者坡度较大的锥底圆柱形厌氧消化池。不过当池内的螺旋桨发生故障时，消化系统要停止运行，进入内部检修。

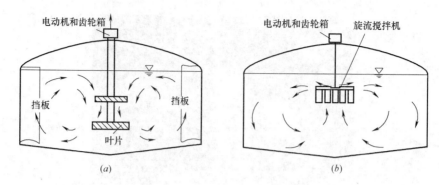

图 11-21 顶部中心安装搅拌装置

(a) 低速涡轮机；(b) 低速搅拌机

水下搅拌器可以直接放置于厌氧消化池内（见图 11-22）。通常每个搅拌器的最佳搅拌半径为 3～6m，因此如果厌氧消化池直径较大，可以设置多个搅拌器，按等边三角形等均匀方式布置，所以适用于大型厌氧消化池。但潜水搅拌器要全部密封，所以电缆、提升装置都需要采取特殊做法；另外，维修时需要停止厌氧消化系统的运行，从而影响厌氧消化效果，且安全上存在一定的风险。

图 11-22 水下搅拌器

侧装式水下搅拌器（见图 11-23）的电机和减速机在池体外侧，叶轮在池体内侧，可以在

图 11-23 两种不同形式的侧装式水下搅拌器

一定程度上避免水下搅拌器维修困难的问题。侧装式水下搅拌器有底部水平安装和顶部斜装式，顶部斜装式还可在一定范围内调整搅拌角度。该类搅拌器电机和减速机维修方便，但机封和轴承的维修更换较为不便，此外通过厌氧消化池壁的密封性问题不好解决。目前密封采用在搅拌轴上焊接水封罩、在厌氧消化池顶盖上设水封槽等方式，水封罩在水封槽内转动可起到密封作用，水封槽内的水深可以根据厌氧消化池内的气相压力而定。

11.3.3　污泥泵循环搅拌装备

污泥泵循环搅拌装备主要由污泥泵、射流器和循环管道组成。该装备利用污泥泵抽取厌氧消化池内的部分混合液加压，然后回流到厌氧消化池内，实现进水或进泥与原混合液充分混合。污泥泵循环搅拌装备简单，维修方便，但为了使混合液混合完全，需要的循环量较大。为了提高混合效果，通常在厌氧消化池内设射流器，由污泥压送的混合液经射流器喷射，在射流器喉管处形成真空，吸进一部分池中的消化液或熟污泥，形成更为强烈的搅拌。为了防止堵塞，循环管道的最小管径一般为 200mm。射流器的选择必须与污泥泵的扬程相匹配，所采用污泥泵的扬程一般为 15~20m，引射流量与抽吸流量之比一般为 1:(3~5)。射流器的工作半径为 5m 左右，因此当厌氧消化池的直径超过 10m 时，可设置多个射流器。

采用污泥泵循环搅拌时，由于经过污泥泵叶轮的剧烈搅动和射流器喷嘴的高速射流，会将污泥打得粉碎，对厌氧消化污泥的泥水分离非常不利，有时会引起上清液 SS 过大，因此，这种搅拌方式比较适用于小型厌氧消化池。

11.4　沼气脱硫设备

污泥厌氧消化产生的沼气携带有大量的 H_2S，H_2S 是一种腐蚀性很强的化合物，对输气管、仪器仪表、燃烧设备等有很强的腐蚀作用，而且易于与水共同作用，更加速了金属腐蚀和堵塞。因此我国环保标准严格规定，利用沼气能源时，沼气中 H_2S 含量不得超过 20mg/m³。目前沼气脱硫技术借鉴了烟气脱硫方法，主要包括干法、湿法和生物法 3 种。

11.4.1　干法脱硫设备

沼气干法脱硫是一种简易、高效、成本相对较低的脱硫方式，一般适合用于沼气量小、H_2S 含量低的沼气脱硫。干法脱硫设备主要由脱硫塔（内装填活性炭、氧化铁等脱硫剂填料）、冷凝水罐或沼气颗粒过滤器等组成，其中冷凝水罐或沼气颗粒过滤器主要用于消除沼气中夹杂的颗粒杂质，并使得沼气在进入脱硫前含有一定湿度。

脱硫塔通常设计两台，交替使用，便于脱硫塔的再生利用。含有 H_2S 的沼气进入脱硫塔底部，在穿过脱硫填料层到达顶端的过程中被氧气氧化为单质硫，从而实现脱硫目的。经过干法脱硫的沼气应满足以下要求：低位发热值大于 18MJ/m³、H_2S 含量小于 20mg/m³、温度小于 35℃。

脱硫塔的重要参数是空速、线速和床层高度。空速表示在单位时间内单位体积脱硫剂所能处理的标准状态下的气体体积。空速的选择与脱硫剂的活性、沼气中 H_2S 含量、操作温度、脱硫剂更换周期等直接相关，一般来说沼气中 H_2S 含量越高、温度越低、脱硫剂更换周期越长则空速越低。而不同的脱硫剂适用不同的空速，需要根据动力学方程进行计算。线速是确定脱硫塔直径和截面积的重要参数，线速越低，塔径越大，加大线速可提高反应速度，加大气体处理能力，但床层压力损失随线速的 1.5～1.8 次方成比例地增加，因此增大线速会导致动力消耗增加。对传统常温氧化铁阀脱硫塔，美国规定线速为 7～16mm/s，我国规定为 7～11mm/s。床层高度可以根据空速和线速确定，但同时考虑脱硫剂的强度，因此不宜过高。其他规定还有沼气干法脱硫设备入口流速宜为 15m/s，出口管内流速宜为 10m/s，脱硫塔适当保温，保持塔内温度为 20～40℃等。

11.4.2　湿法脱硫设备

　　湿法脱硫处理气量范围较大，特别对高含硫沼气处理效果好，因此适宜于产气量大、H_2S 含量高的场合。不同于干法脱硫，湿法脱硫是使气体中的 H_2S 在含有催化剂的液相中氧化成单质硫的一种脱硫技术。主要包括吸收和再生过程（见图 11-24）。其中吸收过程在脱硫塔内实现，主要是溶解于液体的 H_2S 与碱液（主要是碳酸钠、碳酸氢钠、氢氧化钠、氨等）发生反应生成 $NaHS$、Na_2S_x 等盐类，而再生过程则在再生槽内完成，在氧气、萘醌等氧化剂的作用下，$NaHS$、Na_2S_x 等被氧化为单质硫，同时实现碱液的再生。

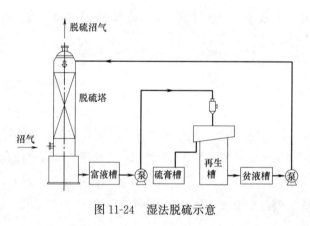

图 11-24　湿法脱硫示意

　　脱硫塔是湿法脱硫的主体，包括洗涤塔、H_2S 采样与监测系统、碱液配置槽、供水软水装置、液位控制系统、支撑件和连接件等。实际运行时，一般采用逆流接触法，即沼气由下至上通过脱硫塔，而吸收液则从脱硫塔顶部向下喷淋，使得 H_2S 和吸收液充分接触反应。

　　影响湿法脱硫塔处理效果的因素比较多，包括沼气 H_2S 含量、气量变化、吸收液组成和浓度、气液比、pH 值、反应温度、催化剂等。因此在设计湿法脱硫塔时应根据不同吸收液成分和沼气气量及 H_2S 含量等选择合适的技术参数。

11.4.3　生物法脱硫设备

　　生物法脱硫技术是由于传统干法和湿法脱硫技术有其自身难以克服的缺点而发展起来的一种新型脱硫技术，生物法脱硫技术具有能耗低、操作方便、无二次污染、投资少等优点，可以称之为第三代沼气脱硫技术。顾名思义，该法是利用脱硫微生物将 H_2S 选择性地转化成硫酸或单质硫的生物代谢过程。目前应用的生物法脱硫可大致分为一体式生物脱硫和分离式生物脱硫两类。

　　一体式生物脱硫是指沼气中 H_2S 的吸收和生物转化过程都在一个脱硫塔内完成（见图11-25），其产物一般为硫酸或者硫酸盐。为了提供微生物所需的氧气，需要额外通入一定量的空气。一体式生物脱硫塔通常采用生物滤池或生物滴滤塔的方式，即内部安装塑料填料，并循环营养液，既保持填料潮湿状态，又补充脱硫细菌生长所需的营养。一体式生物脱硫塔处理效率高，可达95%～99%，运行成本低，自动化程度高，操作简便，造价较低。但是一体式生物脱硫塔的填料易堵，不仅影响处理效果、增加劳动强度，而且空气直接与沼气混合，一旦控制仪表发生故障，沼气极易达到爆炸极限，安全风险高。另外，系统运行控制精度过高（温度30～31℃），系统易失控。如脱硫产物为硫酸，则会形成大量的低浓度硫酸，较难处理。并且不能处理 H_2S 含量高于15000mg/L的沼气。

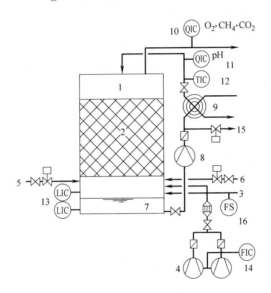

图 11-25　一体式生物脱硫塔

1—反应塔；2—填料；3—沼气入口；4—空气供应；5—营养液供应；6—稀释用水；7—循环液；8—营养液泵；9—热交换器；10—气体分析仪；11—pH控制仪；12—温度计；13—营养液位控制器；14—空气流量计；15—营养液废液排出口；16—安全流量控制开关

分离式生物脱硫是将洗涤吸收和生物反应分为两个处理单元分别进行（见图11-26）。首先含 H_2S 的沼气进入洗涤吸收塔，在塔内与混合液中的碱反应脱除 H_2S。塔吸收液流至塔底，进入生物反应器，利用微生物的作用将吸收液中的硫化物转化为单质硫，同时碱液得到再生，单质硫在分离器中分离。分离式生物脱硫设备的脱硫效率高（可达99%以上），年运行成本低，自动化程度高、操作简便，沼气不与空气直接混合，运行安全，能处理 H_2S 含量高于15000mg/

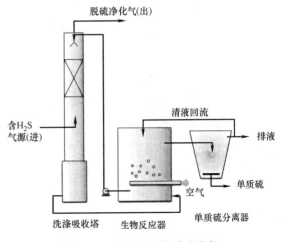

图 11-26　分离式生物脱硫设备

L 的沼气，但运行成本略高于一体式生物脱硫塔。

11.5　沼气储存设备

沼气储存设备的主要作用是有效平衡产气和用气，大型沼气工程的沼气储存一般采用沼气柜，而少量沼气可采用储气罐或储气袋等储存方式。当前正在使用的沼气柜主要有低压湿式储气柜、低压干式储气柜和高压干式储气柜等。

11.5.1　低压湿式储气柜

低压湿式储气柜属可变容积金属柜，主要由水槽、钟罩、塔节以及导轨等组成（见图11-27）。一般钟罩采用钢板制作，而水槽采用混凝土加工。随储气柜内沼气的不断输入增加或使用减少，钟罩将沿导轨上下浮动，从而保持储气柜内沼气压力的平衡。通常钟罩的外径比水槽的内径小 10～20cm，钟罩上下浮动时通过水封达到密封。

钟罩上设有检修人孔、溢流管、安全放空管、安全阀等。当储气柜内的沼气压力超过正常压力时，安全阀会自动打开泄压，以保证运行安全。钟罩内设有配重结构，填装有混凝土等配重块，以保证储气柜内的沼气压力符合输配系统的用气压力要求，一般储气压力应该等于 2 倍沼气用具额定压力加上管道损失压力。低压湿式储气柜的容积需要根据供求平衡曲线确定，如沼气用于生活用气和发电时，储气柜的容积为日产气量的 40％左右。

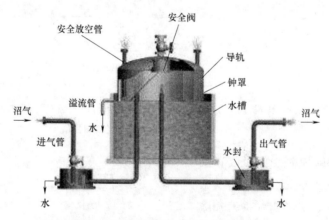

图 11-27　低压湿式储气柜示意

根据导轨形式的不同，低压湿式储气柜可分为螺旋式导轨储气柜、外导架直升式储气柜和无外导架直升式储气柜 3 种。

螺旋式导轨储气柜的导轨在钟罩或塔节的外壁上，而导轮在下一节塔节和水槽上，钟罩和塔节呈螺旋式上升和下降。这种结构的优点是钢材消耗较少，施工高度低，一般用在多节大型储气柜上，但其抗倾覆性能不如外导架直升式储气柜，而且对导轨制作、安装精度要求高，加工较为困难。

外导架直升式储气柜的导轮设在钟罩和每个塔节上，而直导轨与上部固定框架连接。这种结构的优点是外导架加强了储气柜的刚性，抗倾覆性能好，导轨制作、安装容易，但因外导架比较高，施工时高空作业和吊装工作量较大，钢材消耗比同容积的螺旋式导轨储气柜略高，一般用在单节或两节的中小型储气柜上。

无外导架直升式储气柜的结构和优点与螺旋式导轨储气柜基本相同，其差别在于钟罩和塔节上升和下降为直上直下。这种储气柜结构简单，导轨制作容易，钢材消耗小于外导架直升式储气柜，但它的抗倾覆性能最差，一般仅用于小的单节储气柜上。

低压湿式储气柜投资省、安全性较好，采用较普遍，在实际使用时，除了设置安全放空管、安全阀外，其出口处还应设置阻火器，以防止沼气回火。安装时两个低压湿式储气柜之间的防火安全距离应大于其中较大储气柜直径的 1/2，还要有可靠的防爆、防雷和接地等安全措施，此外，低压湿式储气柜还存在如下缺点：

（1）在北方地区的冬季，水槽要采取保温措施，通常采用蒸汽加热、热水加热、电加热及加隔离层等方式；

（2）水槽、钟罩、塔节以及导轨等常年与水接触，必须定期进行防腐处理；

（3）水槽对储存沼气来说为无效体积。

11.5.2　低压干式储气柜

传统低压干式储气柜一般由圆柱形外筒、沿外筒内面上下活动的活塞、密封装置及底板、立柱和顶板等组成，因干式密封不需要设置水槽，所以基础荷载要求很低，但如何防止在固定的外筒与上下活动的活塞之间滑动部分间隙的漏气是低压干式储气柜最核心的技术。目前传统干式密封法一般采用矿物油或树脂膜等实现活动部件的密封。

稀油密封是通过不断补给滑动部分间隙，使其一直处于充满状态而实现两者之间的密封，密封油可以循环使用。早期采用煤焦油作为密封油，目前广泛采用润滑油系统的矿物油、稀油密封方法属于 20 世纪 80 年代的技术，目前应用较少。

柔性树脂膜密封是在外筒下端与活塞边缘之间贴有可挠性的特殊合成树脂膜，当活塞上下滑动而增减储气量时，膜随之卷起或放下达到密封目的（见图 11-28）。活塞外周装有波纹板，用于补偿活塞在运转中由于密封设备位置的改变所引起的在圆周方向上长度的变化，同时还承受内部燃气的压力。当储气柜内的燃气为零时，活塞全部落在底板上，T 挡板则停在周围略高的台上，当沼气从侧板下部进入储气柜内达到一定的压力值后，活塞首先上升，然后带动 T 挡板同时上升至最高点，密封帘也随之卷上或卷下变形。活塞与 T 挡板的运动依靠密封帘及平衡装置（见图 11-29）与侧板间的充分空隙而可以自动地调向中心，使活塞保持水平。

密封帘是低压干式储气柜的核心，应具备耐腐蚀及老化、气体不透性、有一定强度、良好的弹性、适用较宽的温度范围等特性。目前采用的密封帘多为尼龙车胎作底层，外敷氯丁合成橡胶或腈基丁二烯橡胶等材料。

柔性树脂膜密封低压干式储气柜的底板及侧板全高 1/3 的下半部分要求密封，而侧板全高 2/3 的上半部分及柜顶不要求密封，因此可以任意设置洞口，以便工作人员进入活塞上部，这对检查及管理颇为有利。但该类储气柜检修年限相对短，活塞检修支架多，工作量较大。

针对低压湿式储气柜和传统低压干式储气柜施工周期长、材料消耗大等现实，开发出了低

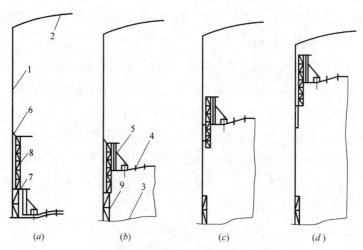

图 11-28 柔性树脂膜密封低压干式储气柜

(a) 沼气量 0%；(b) 沼气量 35%；(c) 沼气量 70%；(d) 沼气量 100%

1—侧板；2—框顶；3—底板；4—活塞；5—活塞挡板；6—外密封帘；7—内密封帘；8—T 挡板；9—T 挡板支架

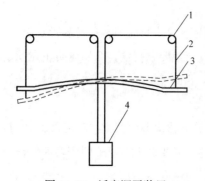

图 11-29 活塞调平装置

1—滑轮；2—钢丝绳；3—活塞；4—配重

压膜式储气柜（见图 11-30）。低压膜式储气柜由内膜、外膜和底膜 3 部分组成，内膜和底膜形成封闭空间储存沼气，外膜和内膜之间则通入空气，起控制压力和保持外形等作用。低压膜式储气柜的核心是膜材料的选择，要求膜材料具有抗风载、耐 H_2S。耐紫外线、阻燃、自洁等优点，目前多采用疏水性高分子材料如聚丙烯、聚四氟乙烯等制成，并加涂 PVDF、PTFE 等防护涂层。低压膜式储气柜结构简单，施工简单快捷、周期很短，且便于拆卸重建。此外，因膜材料具有自重轻、强度大等特点，可制造跨度较大的空间，因此低压膜式储气柜得到越来越多的应用。

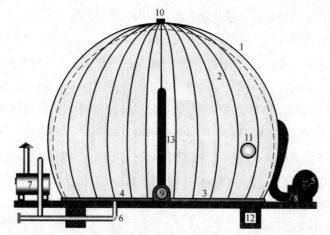

图 11-30 低压膜式储气柜示意（奥地利 Environtec DMG）

1—外膜；2—内膜；3—底膜；4—固定环；5—空气风机；6—沼气管路；7—安全阀；
8—止回阀；9—出气调压阀；10—超声波测距仪；11—视窗；12—基座；13—空气软管

11.5.3 高压干式储气柜

高压干式储气系统主要由缓冲罐、压缩机、高压干式储气柜、调压箱等设备组成、经过净化后的沼气首先储存在缓冲罐内，当沼气达到一定量后，压缩机启动将沼气打入高压干式储气柜中，储气柜内的高压沼气经过调压箱调压后，进入输配管网。缓冲罐类似于小的湿式储气柜，解决压缩机流量与发酵装置产生沼气量不匹配的问题，一般 20～30min 升降一次。高压干式储气柜内的压力一般为 0.8MPa。

高压干式储气系统虽然具有工艺复杂、施工要求高、需要运行维护等缺点，但采用高压储气可以减少占地面积，冬季无需保温，并实现远距离送气，提高了输送能力。

11.6 沼气发电机

沼气燃烧发电是随着大型沼气池建设和沼气综合利用的不断发展而出现的一项沼气利用技术，具有创效、节能、安全和环保等特点，是一种分布广泛且价廉的分布式能源，而沼气发电机是沼气工业化利用的关键设备。20 世纪 80 年代中期我国已有多家科研院所、厂家对沼气发电机进行了研究和试验，已形成系列化产品。目前国内从 8kW 到 5000kW 各级容量的沼气发电机均已先后鉴定和投产，主要分为单燃料沼气发电机系列和双燃料沼气发电机系列，为沼气发电提供了有力的设备支持。

单燃料沼气发电机是将"空气-沼气"的混合物放在发电机的气缸内压缩，用火花塞使其燃烧，将化学能转化为气体的热能和压力能，气体的压力推动活塞，通过轴带动发电机发电。该类型的发电机具有不需要辅助燃料油及其供给设备、控制比双燃料沼气发电机简单、价格较低等优点。双燃料沼气发电机的工作原理与单燃料沼气发电机相同，不过压缩气缸内的物料为沼气或其他可燃气体及液体，因此能够适应沼气产量及甲烷浓度的变化，如果由气体燃料转为柴油燃料，在停止工作后，发电机内不残留未燃烧的气体。但其控制机构较复杂，用气体燃料工作时需要添加液体辅助燃料，其价格也较单燃料沼气发电机稍高。

沼气发电系统由沼气发动机、沼气脱硫及稳压、防爆装置、调速系统、余热利用系统、并网控制系统等组成。

（1）沼气发动机。沼气发动机本身由基本发动机、启动装置、燃气系统、空气进气系统、点火系统、排气系统、润滑系统、冷却系统、控制系统等组成。

基本发动机是指仅装有为运转所必需的内装附件的发动机，主要由机座、主轴承、曲轴、气缸体、气缸头、活塞、连杆、凸轮轴、飞轮等组成；发动机从静止状态达到启动速度需要足够的动力，尤其是在气温低的时候，目前一般采用电启动和气启动，前者一般用于小型发动机，后者则用于大型发动机；燃气系统要保障燃气和空气在所有工况下能按比例和数量进入气缸，主要由过滤器、涡轮增压器、压力调节器、汽化器、流量计等组成；空气进气系统主要为了保障进入气缸的气体温度、流量和清洁度满足发动机的要求，一般空气温度为 15～32℃，含尘量不超过 2.3～11.6mg/m³；涡轮增压器是为发动机提供比正常大气压力下更多的空气，以保证燃料有效燃烧；沼气的燃烧速度慢，对于原来使用汽油、柴油以及天然气的发动机的点火系统要进行一定程度的改造，以提高燃烧效率，减少后燃烧现象；排气系统用于将燃烧废气排出，一般包括连接管、柔性接头、消声器等（见图 11-31），且要求每台发动机的排气系统完全独立，不允许连接在一起；润滑系统主要包括油箱、油泵、粗滤器、滤油器、冷却装置、自动报警装置等，润滑油通过油管、喷嘴等分配到各润滑点；发动机工作时只有 30%～40% 的燃料转化为机械能，其余变为热能，为保障发动机在规定温度下工作，需要对其进行冷却，一般有发动机水套、油冷却器、中冷器 3 个热交换系统；控制系统一般有空燃比控制和启动停车顺序控制两种。

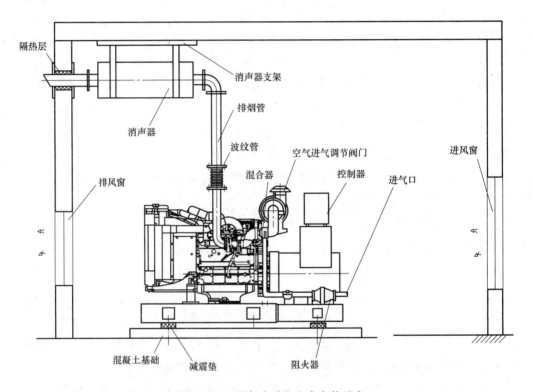

图 11-31　沼气发动机室内安装示意

（2）沼气脱硫及稳压、防爆装置。沼气要经过脱硫装置以减轻硫化氢对发动机的腐蚀；进气管路上安装稳压装置以便于对流量进行调节，达到最佳的空燃比；为防止进气管回火，应在沼气总管上安装防回火与防爆装置。

（3）调速系统。该系统是为了确保沼气发动机正常运行，避免沼气发动机与用电设备之间的负荷波动影响沼气发动机运行而设置。

（4）余热利用系统。对发动机冷却水和排气中的热量进行利用，提高沼气的能源利用效率。

（5）并网控制系统。主要包括沼气发动机调压电路、自动准同期并列控制电路、手动并列和解列控制电路、测量电路、沼气发动机及辅助设备控制电路等。并网控制系统仅在将多余电力并入公共电网时采用。

沼气发电系统的平常维护主要是更换机油和机油过滤器。每次更换机油时不能用手去触摸排油塞，避免烫伤，并确保放出全部用过的机油。添加的机油量不能超过量油尺的最高刻度线，但要在下刻度线之上，添加过量会对发动机造成损坏。添加完毕后，启动并让发动机低速运转，如果运行大约 10s 后油压没有增高，应立即关掉发动机，检查油压，看是否有泄漏。大约 20min 后，再检查油位，确保油位在量油尺的上下刻度线之间。机油过滤器要在每次更换机油时同时更换，更换时给新的机油过滤器的密封面（沿箭头所指方向）涂上一层机油，用手旋上机油过滤器油筒，直到两个面接触为止。继续用手转动油筒大约 3/4 周，直到拧紧为止。

11.7　沼气锅炉

沼气锅炉是以沼气为燃料的锅炉，属绿色环保产品，包括沼气热水锅炉、沼气开水锅炉、沼气蒸汽锅炉等，它和其他燃气锅炉一样都是室燃锅炉，只是燃料不同而已，因此锅炉的一些常见问题和处理方法也与普通锅炉基本类似，如超压现象及处理、缺水现象及处理、满水事故及处理、汽水共腾现象及处理、爆管现象及处理、过热器管爆破现象及处理、水锤现象及处理、受热面变形及处理等，但也有不同。主要差别体现在沼气锅炉无需炉排，也不需要排渣设施，因此炉膛较燃煤锅炉简单，但沼气锅炉喷入炉内的沼气，如果熄火或与空气在一定范围内混合，易形成爆炸，故沼气锅炉需采用自动化燃烧系统，包括火焰监测、熄火保护、防爆等安全设施。目前常用的沼气锅炉有卧式内燃沼气锅炉（见图 11-32）和立式水管沼气锅炉（见图 11-33）两种。

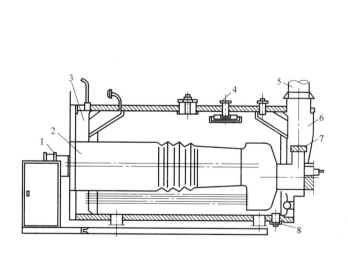

图 11-32　卧式内燃沼气锅炉结构示意

1—燃烧器；2—火筒；3—前烟箱；4—蒸汽出口；
5—烟囱；6—后烟箱；7—防爆门；8—排污管

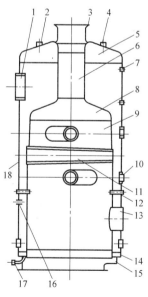

图 11-33　立式水管沼气锅炉结构示意

1—人孔；2—安全阀接口；3—烟囱法兰；4—主气
阀接口；5—封头；6—冲天管；7—水位表接口；
8—炉胆顶；9—炉胆；10—横水管手孔；11—大横
水管；12—短拉撑；13—炉门；14—U 型圈；
15—下脚圈；16—进水阀接口；17—排污管；18—锅筒

为了使锅炉内沼气燃烧良好，有效地利用热量，能使沼气与空气充分混合，需要借助燃烧器来实现，燃烧器的技术要求如下：

（1）在额定燃气压力下，应能通过额定燃气量并将其充分燃烧，以满足锅炉所需要的额定热负荷。

（2）火焰形状与尺寸应能适应炉膛的结构形式，即火焰对炉膛有良好的充满度，火焰温度与黑度均应符合锅炉的要求。

（3）具有较大的调节比，即在锅炉最低负荷至最高负荷时，燃烧器均能稳定工作——不回火、不脱火。

（4）燃烧完全，尽量减少烟气中的有害物质（CO、NO_x 等）。

（5）点火、着火、调节等操作方便，安全可靠，噪声小。

（6）制造、安装、检修方便，结构紧凑，体型轻巧，消耗金属少，造价低廉，轻量耐用。

（7）有利于实现燃烧自动化。

燃烧器目前主要分为扩散式（自然供风）、大气式、混合式及无焰式 4 种。扩散式燃烧器结构简单，即在直管或盘管上开孔，沼气在压力下进入管道，并从小孔中溢出。这种燃烧器燃烧稳定，可在低压下进行，但效率低。大气式燃烧器有类似射流器的结构，从而可以利用沼气所具有的流速吸入一定量的空气，达到燃烧目的。扩散式燃烧器和大气式燃烧器一般用于小型沼气锅炉。混合式燃烧器是将空气与沼气预先混合然后燃烧的一种燃烧器（见图 11-34），燃烧充分，适用于大型锅炉，但火焰较大，需要机械提供空气。无焰式燃烧器一般采用引射器吸入空气，与沼气充分预混，在高温火道中瞬间完成燃烧，燃烧过程中火焰很短甚至完全看不见火焰。该燃烧器燃烧强度大，过剩空气少，无化学不完全燃烧，但要求沼气热值和重度稳定，发生回火的可能性很大，要求中压或高压供气。

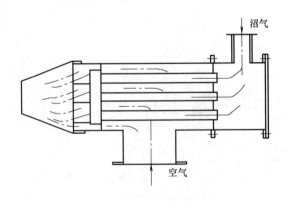

图 11-34　混合式燃烧器

第 12 章　污泥脱水装备

12.1　带式压滤机

1. 设备构成

带式压滤机由滚压轴及滤布组成。污泥先经过浓缩段（主要依靠重力过滤），使污泥失去流动性，以免在压榨段滤饼被挤出，浓缩段的停留时间为 $10 \sim 20s$，然后进入压榨段，压榨时间为 $1 \sim 5min$。滚压的方式有两种，一种是滚压轴上下相对，压榨时间几乎是瞬时的，但压力大，如图 12-1 (a) 所示；另一种是滚压轴上下错开，如图 12-1 (b) 所示，依靠滚压轴施加于

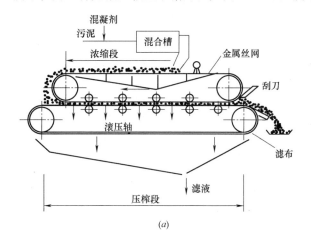

(a)

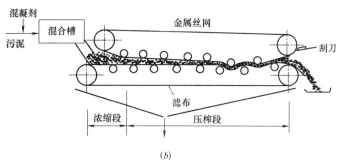

(b)

图 12-1　两种带式压滤机示意

(a) 滚压轴上下相对；(b) 滚压轴上下错开

滤布的张力压榨污泥，压榨的压力受张力的限制，压力较小，压榨时间较长，但在滚压的过程中对污泥有一种剪切力的作用，可促进泥饼脱水。带式压滤机的优点是动力消耗少，可以连续生产；缺点是必须正确选择高分子絮凝剂调理污泥，而且得到的脱水泥饼含水率较高。

2. 设计要求

带式压滤机的设计元素主要包括生产能力、加药调理系统、储存设施、进泥泵、冲洗水、进泥管、切割机、平面布置和脱水泥饼的运输等。必须考虑进泥的特性以及脱水泥饼的处置与回用要求。

（1）生产能力

生产能力是确定带式压滤机尺寸大小的首要考虑参数。通常认为由于进泥浓度的不同，生产能力受水力负荷和污泥负荷的限制。对大多数城市污水处理而言，污泥负荷是限制因素。

带式压滤机的流量限制因素是由于沉淀池或浓缩池及相关泵的回收容量等因素造成的。尽管速率很高，但仍能达到满意的处理效果。一般单位滤布宽度的进泥速率是 $10.8\sim14.4m^3/h$。

（2）加药调理系统

典型的加药调理系统由药品计量泵、储药罐、混合设备、混合池和控制设备等组成。对于小一些的设备，可以直接将药剂投加于滚筒内，不再需要混合池以及进料泵。在上流式进水管和混合装置中，应设有多个旋塞或线轴。药剂类型、注射点、溶解时间和混合力的大小都是影响脱水耗费成本的变量。

药品计量泵为可调节式，驱动装置应提供可变输出功率，通过控速或定位器来进行人工或自动调整，对于大的设备，药剂储存装置的大小应考虑批量投加。

混合设备可根据所选固态或液态高分子聚合物、黏度以及污泥特性而定。高分子聚合物在喷入之前被稀释到 $0.25\%\sim0.5\%$（质量比）。另外，在连接混合池出水口处能够进一步稀释聚合物溶液（质量比可降到 0.1%），并且把高分子聚合物彻底分散到污泥中去。

（3）储存设施

需要考虑的因素包括污泥类型、污泥浓度范围、产生污泥工艺单元等。污泥浓度波动较小时，带式压滤机运行较好。如不能保持污泥浓度的恒定，就有可能出现问题。从有混合作用的储存容器或浓缩池底部吸取污泥，并伴有连续的打碎装置，对保持污泥浓度的恒定是很有利的。

（4）进泥泵

进泥泵是常开、流量可调的泵，通常是螺杆泵，把污泥打入带式压滤机。离心泵有可能破坏形成的絮状物，并且如果采用变口混合器，很难保持恒定的进泥速率，因此一般不使用离心泵。对于多台带式压滤机，应将管道和阀门相互连接以保证进泥可靠。进泥控制一般与带式压滤机的主控制台相互结合。

（5）冲洗水

为充分清洗滤布，需设一套清水冲洗装置，尤其是对二次沉淀池的活性污泥和浮渣进行脱水时，这些污泥和浮渣会很快阻塞滤布，必须进行冲洗。冲洗水量占进泥量的 $50\%\sim100\%$，压力通常为 700kPa，有时需要用调压泵。滤布冲洗水可以是自来水、二次沉淀池出水或过滤后的水，但采用清洁的水效果较好。

（6）进泥管

与其他污泥处理方法一样，进泥管的材料可以多种多样。压力、流速以及堵塞都应考虑。同样与其他污泥处理方法相同的是，管壁应平滑，可以采用玻璃软管或钢管；为避免污泥沉积和阻塞，流速应保持在 1m/s 以上。在管子弯头和"T"形接头处应保持清洁与平滑。

（7）切割机

切割机被看作污泥泵和管道系统的一个组成部分，用来减小进入带式压滤机的污泥尺寸，并阻止拉长或锯齿状的污泥进入，使价格昂贵的滤布免遭损坏。即使在污水处理厂安装有其他的切割机，在带式压滤机进泥泵的吸入口处仍应安装切割机。虽然切割机自身维护要求较高，但它们能延长滤布寿命。

（8）平面布置

设计中应考虑的因素如下：

1）不应将仪表板安装在带式压滤机框架上，因为冲洗时可能会溅上水。控制面板应靠近带式压滤机，最好放在能观察到重力挤出区的地方。

2）为防止周围地面被溅湿，带式压滤机四周边缘应设置凸起的边以防喷溅。

3）为便于清洁，应在带式压滤机四周设大的斜坡和排水沟，另外一边需要大量的水龙带及龙带钩。

4）带式压滤机应架起来，以便操作者能对所有的轴承加以润滑。

5）带式压滤机之间应有足够大的空间，以方便拆卸单个的滚轴。

6）应提供操作平台或走道板，以使操作者能观察到带式压滤机的重力区。走道板的结构大小应允许从中取出滚轴和轴承。

7）上部设置起吊装置、起重机或者便携式提升装置，大小应能提升带式压滤机的最大滚轴。

8）有可能发生地震的地方，带式压滤机、溶药罐、储药池以及管道系统都应有防震锚固。

（9）脱水泥饼的运输

在选择从带式压滤机排泥处移走泥饼的设备时，应考虑带式压滤机的特殊结构及其安装布置和提升装置的不同。泥饼运输系统一般包括带式传送机、螺旋输送机及泥泵。

（10）带式脱水机房设计

图 12-2 是 3 台滤带宽度为 2500mm 的带式浓缩脱水一体化机房的布置。

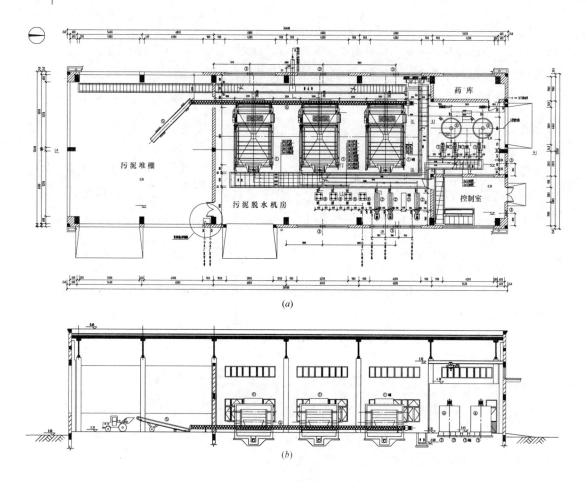

图 12-2　3 台滤带宽度为 2500mm 的带式浓缩脱水一体化机房布置

(*a*) 平面图；(*b*) 剖面图

12.2　卧式螺旋离心脱水机

1. 工作原理

卧式螺旋离心脱水机的工作原理如图 12-3 所示：要分离的悬浮液经进料口连续输送到离心脱水机内，经螺旋输送器的出料口，进入高速旋转的转鼓内，在离心力作用下，悬浮液在转鼓内形成环形液流，固相颗粒在离心力作用下快速沉降到转鼓内壁上，由差速器产生转鼓和螺旋输送器的差速，由螺旋输送器将沉渣推送到转鼓锥端的干燥区，经过螺旋输送器推力和沉渣离心分力的双向挤压，使沉渣得到进一步挤压脱水后，从转鼓小端排渣口排出。环形液流的液层深度，可通过转鼓大端的溢流板进行调节，以获得沉渣和清液相应的分离效果。分离后的清液经溢流口排出，沉渣和分离液分别被收集到罩壳内相应腔内，最后在重力作用下从固相出口和液相出口排出机外。

2. 设备构成

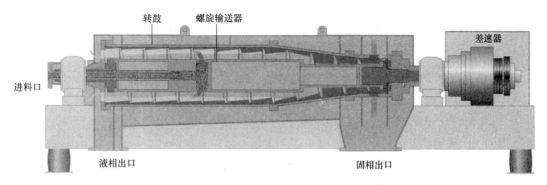

图 12-3 卧式螺旋离心脱水机工作原理示意

卧式螺旋离心脱水机主要由进料管、转鼓、螺旋、罩壳、电机、皮带罩、差速器和底架 8 个部件组成，见图 12-4。

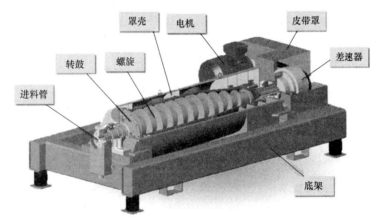

图 12-4 卧式螺旋离心脱水机构成示意

进料管：需分离的物料由管道输送至进料管，从进料管进入卧式螺旋离心脱水机内部进行分离（见图 12-5）。

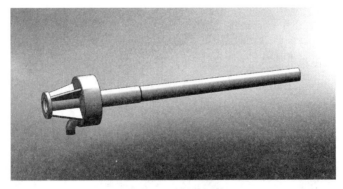

图 12-5 进料管示意

转鼓：是卧式螺旋离心脱水机的主要部件，目前普遍使用的卧式螺旋离心脱水机大多采用柱/锥形转鼓，即一个或多个圆柱形筒体、一个圆锥形筒体加上大小端轴颈就构成了柱/锥形转鼓（见图 12-6）。

物料分离是在卧式螺旋离心脱水机的转鼓内完成的。转鼓内的液池深度的调节是通过大端轴颈上的溢流板来实现的。液池深度深，则液相澄清效果好，处理量也大；但液池深度深，沉渣含水率就会高。

卧式螺旋离心脱水机的排渣口设在转鼓小端，并由径向排渣。排渣口的大小影响离心脱水机的排渣能力和排渣阻力。为避免出现固渣排出不畅，在满足转鼓机械强度要求的前提下，排渣口口径应尽可能开大。排渣口因直接受固渣排出时的高速磨损，通常需对排渣口进行耐磨处理，可以在排渣口内安装由耐磨材料制成的可更换耐磨套，也可以在排渣口喷焊耐磨硬质合金。除了排渣口外，转鼓内表面也是易磨损部位，通常的解决方法是在转鼓内壁上焊接筋条或拉槽，也有在内壁上粘贴人造草皮的。

转鼓大小端轴颈通过主轴承座固定在机架上，转鼓是高速回转部件，在加工组装完毕后要进行动平衡。

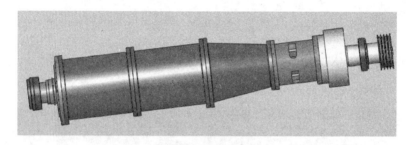

图 12-6　转鼓示意

螺旋：是卧式螺旋离心脱水机的重要部件之一，它能连续地把沉渣送至排渣口排出机外。其结构、材料和参数不仅关系到离心脱水机的生产能力、使用寿命，而且直接影响到排渣的效率和分离效果。螺旋与转鼓同心同轴装在转鼓内的轴承上，螺旋叶片外缘所形成的母线通常同转鼓的内部轮廓母线相同，但两者之间有一定间隙。为了输送沉降在转鼓内表面的沉渣，螺旋与转鼓虽然同向旋转，但转速不同形成转差（一般转差为转鼓转速的 0.3%～0.4%，并由差速器来实现）。

螺旋由螺旋叶片、螺旋筒身、进料腔、螺旋大小端轴颈零件等组成（见图 12-7）。螺旋叶片是直接与沉渣接触输送沉渣的部件，螺旋叶片形式主要分为连续整体螺旋叶片、连续带状螺旋叶片和间断式螺旋叶片；螺旋叶片的螺距有等螺距螺旋、渐变螺距螺旋、等-渐变螺距螺旋、

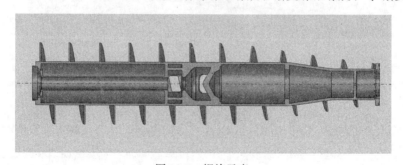

图 12-7　螺旋示意

等-渐变混合螺旋。由于等螺距螺旋可满足大多数分离要求，因此国内厂家大多采用此类螺旋形式。螺旋筒身是由焊接管材或铸造而成的空心筒体。螺旋筒身的形状一般有单锥式、柱锥式或阶梯直筒式。由于柱锥式制造简便，因此大多采用柱锥式。筒内用横隔板分隔成一个或两个以上有出料孔的进料腔。较适宜的出料位置在转鼓柱锥交界处，以避免螺旋出料对沉渣的冲击，提高分离效果。螺旋两端由大小端轴颈相连，轴颈支撑在转鼓两端端盖内腔体里的轴承上，一端通过花键轴与差速器连接。螺旋大小端轴颈与螺旋筒身的连接采用止口配合结构，以保证组合后的同心度要求。

螺旋与转鼓一样都是与物料接触的部件，其材料一般与转鼓材料相同。当物料中的固体粒子磨损性很大时，螺旋叶片推料面很容易被磨损，特别是锥段排渣部分的叶片更为严重。螺旋叶片磨损后，螺旋的输渣能力下降，沉渣会堆积在转鼓内。当沉渣与螺旋叶片的摩擦力大于沉渣与转鼓内表面的摩擦力时，沉渣就会黏附在螺旋叶片上并和螺旋一起旋转，于是沉渣就不能从转鼓中排出，并逐渐塞满在螺旋叶片内，使机器无法工作。同时螺旋叶片的不均匀磨损会造成螺旋动平衡失效，使机器振动超标。为防止这些现象发生，需要对螺旋叶片推料面进行耐磨处理，以提高螺旋叶片推料面的硬度和耐磨性，主要有 4 种方法：叶片表面堆焊硬质合金、可更换的耐磨瓦片、表面喷涂耐磨层、真空烧结瓦片技术。

罩壳：将转鼓、螺旋等高速旋转部件完全遮罩，避免暴露在外造成危险，同时腔体内部收集分离液和沉渣，从液相出口和固相出口排出。

电机：通过皮带传动使得离心脱水机旋转部件高速旋转。

皮带罩：遮罩电机带轮、皮带和差速器，避免高速旋转部件暴露在外。

差速器：是卧式螺旋离心脱水机中最复杂、最重要的部件之一，其性能高低、制造质量的优劣决定了卧式螺旋离心脱水机能否正常、可靠地运行。其类型主要分为机械式和液压式，其中机械式又分为摆线针轮差速器、行星齿轮差速器、谐波齿轮传动差速器等。

行星齿轮差速器：应用非常广泛，与其他类型的差速器相比，它具有承载能力高、结构紧凑、体积小、差速范围大、传动效率高等优点，适用于大、中、小各种扭矩和差速的卧式螺旋离心脱水机，尤其适用于高分离因数、大差转速、大推料扭矩的离心脱水机。

摆线针轮差速器：结构较为简单、紧凑，其一级传动比大，可达 97。但由于其传递效率较行星齿轮差速器低，且承载能力较小等原因，目前一般只用于转鼓直径较小的卧式螺旋离心脱水机。

液压差速器：具有推料扭矩大、差速小的特点，差速可以根据负载变化，差速自动反馈调节，推料功率自动补偿，使沉渣更干且不易堵料（见图 12-8）。随着液压差速器在卧式螺旋离心脱水机上的应用，液压差速器技术在国内逐步成熟和完善，尤其是在解决差速器液压油的泄漏和改善密封系统方面有较大进展。液压电机最大优点之一：其对螺旋扭矩的变化反应非常及时，当螺旋扭矩增加时，螺旋的差速与此成正比自动增加，以保持输料螺旋扭矩恒定以及转鼓中沉渣量恒定，这也意味着沉渣干度和排渣能力恒定，因此离心脱水机能够以最佳性能进行工作且不发生堵料情况。

图 12-8　液压差速器

3. 设备特点

（1）应用范围广，能广泛地用于化工、石油、食品、制药、环保等需要固液分离的领域。能够完成固相脱水、液相澄清、液-液-固及液-固-固三相分离、粒度分级等分离过程。

（2）对物料的适应范围较大，能分离固相粒径为 0.005～5mm、固相浓度为 0.5%～40% 的悬浮液。

（3）能自动、连续、长期运转，能够进行密闭操作，操作环境好，工人劳动强度低。

（4）单机生产能力大，结构紧凑，占地面积小，安装方便，运行维护费用较低。

（5）沉渣含湿量一般比过滤离心机高，沉渣洗涤效果差，一般接近于真空过滤机。

（6）由于没有过滤介质（滤网），不存在滤网堵塞问题，所以特别适用于塑性颗粒、菌体和油腻的物料。

4. 设计要求

离心脱水机的设计应考虑进料速率、泥饼排放、离心液、控制系统、气味控制等内容。

（1）进料速率

水力负荷和污泥负荷都是表征进料速率的参数，都是重要的控制变量。离心脱水机的水力负荷影响澄清能力，而污泥负荷则影响传送能力。增加水力负荷，离心液的澄清度降低，化学药剂的消耗量也会增加。污泥负荷改变时，应相应改变差速。一般情况下，若想得到的泥饼浓度最大，就必须使差速达到最小。

（2）泥饼排放

应考虑泥饼排放及传送系统的要求。从离心脱水机中运出泥饼通常采用带式传送机、螺旋输送机以及泵输送的方式。传送机可以运送大量的泥饼，但是，这同样意味着管理起来复杂琐碎以及需要特殊的空间。

（3）离心液

输送离心液的管道尺寸必须很准确，并且有一定的倾斜度以防止离心液回流，应避免使用90°弯管。若管径不够大，离心液就会回到离心脱水机中。对于厌氧消化污泥，会在离心液管路中形成鸟粪石，因此，设计中应考虑投加氯化铁的可能，氯化铁能与磷结合，从而避免鸟粪石的生成。

由于高分子聚合物会产生气泡或泡沫，因此有时需要泡沫喷射池。通常，可将污水处理厂出水通过喷射来消除泡沫。

（4）控制系统

电气控制设备以及连锁装置是整个系统的重要一环。在进泥控制开始工作之前，离心脱水机驱动电机应能全速运转。如果离心脱水机中出现错误动作，控制回路就会停止离心脱水机的工作，同时关闭进泥。超载延迟开关和运行回路中的电流计只能启动实心斗离心脱水机。定时器将动作从启动回路传到运行回路。

驱动电机中应包括热保护装置，并且与启动装置连在一起，如果电机变得太热或超负荷，就应马上关掉离心脱水机。离心脱水机上应设有转矩超载装置，并应与主驱动开关控制和进泥系统开关控制互为连锁。反向驱动系统也应连锁。若使用特殊的反向驱动，应从离心脱水机生产商那里得到有关建议。通常当离心脱水机负荷增大时，为排走更多污泥，反向驱动速度应增加。离心脱水机关掉之前，电机荷载达到高值时，应该停止进泥，并使机器能够自清洗。

若离心脱水机包括油循环系统，这个系统也应与主驱动电机连锁，以防止油量小或油压低所造成的电机损坏。其他一些控制包括主轴承温度、振动以及斗和卷轴速度等的探测和记录。确保化学调节和泥饼处理系统的连锁应引起足够的重视。

（5）气味控制

离心脱水机是密封的，因此与其他脱水系统相比有气味小的优势。设计时应考虑离心脱水机正确的通风形式，尤其是使用传送机时，因为传送机是气味的主要来源。

（6）需要的空间

对于一台大机器而言（760～2600 L/min），摆放空间、通行空间以及离心脱水机本身所需要的空间，加起来大约 40m²，这比同容量的其他类型机械脱水设备所需空间要小。以下这些方面也需要空间：

1）高分子聚合物调制及投料设备和管道；

2）冲洗水泵；

3）油润滑系统的水冷泵；

4）切割污泥泵、进泥泵和管道；

5）起重机和起吊设备；

6）脱水污泥的传送和控制；磨碎进泥的要求；控制离心脱水机物质平衡的电子手段；通风道和气味控制系统；泥管的清洗等；

7）有些设备的上部和端部应留有维修空间。

（7）预处理

设计应考虑设置粉碎装置，以使颗粒尺寸减小到 6～13mm。直径为 760～1800mm 的离心脱水机，一般都能毫无困难地处理大颗粒物质。

（8）离心脱水机房设计

图 12-9 是某个 60 万 m³/d 的大型污水处理厂的离心脱水机房的平面和剖面布置图。

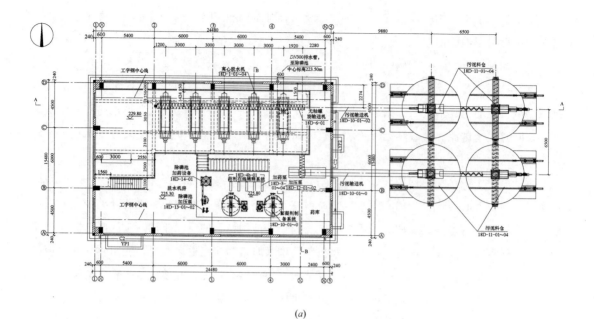

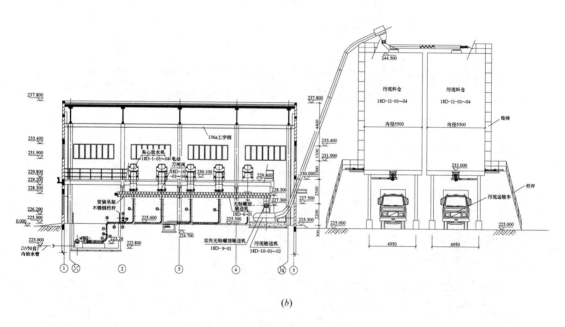

图 12-9 离心脱水机房布置

(a) 平面图；(b) 剖面图

5. 工程案例

工程名称：绍兴水处理发展有限公司污泥预处理工程（见图 12-10）

该项目主要处理绍兴市滨海工业区的印染污水，设计绝干污泥量达到 370t/d。2010 年，上海市离心机械研究所有限公司提供了 16 套 LW530NY 新型高干度离心脱水机用于污泥脱水，设备最大分离因数达到 3500g，单台处理量为 32m³/h，进料浓度为 3%，脱水后的污泥含固率达到 20% 以上，清液 SS 达到 1000mg/L 以下。

图 12-10 绍兴水处理发展有限公司污泥预处理工程

12.3 叠螺式污泥脱水机

1. 工作原理

叠螺式污泥脱水机在脱水机理上遵循了力水同向、薄层脱水、适当施压及延长脱水路径等原则，解决了前几代污泥脱水设备易堵塞、无法处理低浓度污泥及含油污泥、能耗高、操作复杂等技术难题，实现了高效节能的脱水目标。工作过程大致分为浓缩、脱水、自清洗 3 个阶段。

（1）浓缩：当螺旋推动轴转动时，设在螺旋推动轴外围的多重固、活叠片相对移动，在重力作用下，水从相对移动的叠片间隙中滤出，实现快速浓缩。

（2）脱水：经过浓缩的污泥随着螺旋推动轴的转动不断往前移动；沿泥饼出口方向，螺旋推动轴的螺距逐渐变小，环与环之间的间隙也逐渐变小，螺旋腔的体积不断收缩；在出口处背压板的作用下，内压逐渐增强，在螺旋推动轴依次连续运转推动下，污泥中的水分受挤压排出，滤饼含固率不断升高，最终实现污泥的连续脱水。

（3）自清洗：螺旋推动轴的旋转，推动游动环不断转动，设备依靠固定环和游动环之间的移动实现连续的自清洗过程，从而巧妙地避免了传统脱水机普遍存在的堵塞问题。

2. 设备构成

叠螺式污泥脱水机（见图 12-11）集全自动控制柜、絮凝调质槽、污泥浓缩脱水本体及集液槽于一体，可在全自动运行的条件下，实现高效絮凝，并连续完成污泥浓缩和压榨脱水工作，最终将收集的滤液回流或排放。

3. 设备特点

（1）降低基建投资成本，提升处理效果。

叠螺式污泥脱水机可直接处理曝气池或二次沉淀池内的污泥，无需再设置污泥浓缩池，从而节省污泥处理系统占地面积，减少基建投资费用。

图 12-11　叠螺式污泥脱水机

此外，直接处理曝气池或二次沉淀池内的污泥可使污泥在好氧条件下脱水，可避免传统污泥浓缩池或储存池中在缺氧或厌氧条件下的污泥磷释放，从而提升整个污水处理系统的脱磷功能。

另外，还可节省污泥浓缩池等构筑物土建设施投资和搅拌机、空压机、冲洗泵等配套设备费用，设备占地面积小，降低了脱水机房等土建投资。

（2）适用浓度范围广。

适用的进水 SS 范围为 5000～50000mg/L。

（3）动、定环取代滤布，自清洗、无堵塞。

叠螺式污泥脱水机在螺旋推动轴的旋转作用下，活动环相对于固定环不断错动，从而实现了连续的自清洗过程，避免了传统脱水机普遍存在的堵塞问题。因此抗含油污泥能力强，易分离、不堵塞。而且无需外加水进行高压冲洗，清洁环保，无臭气，无二次污染。

（4）全自动控制，运行管理简单。

叠螺式污泥脱水机内无滤布、滤孔等易堵塞元件，运行安全、简单，根据客户的运行时间段情况，结合自动控制系统，可进行程序设定，实现全自动无人值守。

（5）低速运转，无噪声，低能耗。

叠螺式污泥脱水机依靠容积内压进行脱水，无需滚筒等大型机体，而且运转速度低，仅为 2～4r/min，因此节水、节能，噪声小，平均能耗为带式压滤机的 1/10，离心脱水机的 1/20，其单位电耗仅为 0.01～0.1kWh/kg 干污泥。

4. 型号参数

TECH 型叠螺式污泥脱水机主要型号参数见表 12-1。

TECH 型叠螺式污泥脱水机主要型号参数　　　　　表 12-1

型号	绝干污泥处理量（kg/h）	尺寸(mm)			质量(kg)		电机功率总计（kW）
		长	宽	高	净重	运行	
TECH-101	3～5	2026	951	1170	200	300	0.44
TECH-102	6～10	2026	1052	1170	300	450	0.62
TECH-131	6～10	2715	822	1360	408	758	0.55

续表

型号	绝干污泥处理量 (kg/h)	尺寸(mm)			质量(kg)		电机功率总计 (kW)
		长	宽	高	净重	运行	
TECH-132	10～20	2715	1128	1360	608	891	0.73
TECH-133	18～30	2715	1251	1465	760	1210	0.91
TECH-201	9～15	2950	788	1507	400	750	0.70
TECH-202	18～30	950	1110	1507	600	900	0.95
TECH-301	30～50	3455	1050	1930	1000	1600	1.38
TECH-302	60～100	3580	1398	1930	1500	2300	2.13
TECH-303	90～150	3766	1636	1930	2000	3000	2.88
TECH-401	90～150	4830	1245	2264	2000	3500	1.93
TECH-402	180～300	5040	1606	2345	3000	4500	3.03
TECH-403	270～450	5532	2038	2345	4000	7000	4.13
TECH-404	360～600	5432	2636	2345	5000	7500	5.23

5. 工程案例

工程名称：六安东部新城污水处理厂项目（见图 12-12、图 12-13）

六安东部新城污水处理厂一期设计规模为 2 万 m^3/d，征地面积 85 亩，服务范围为北至规划金寨路，南至合武高速铁路，东至规划望江路，西至淠河，总面积约 26.13km^2。污水处理厂采用水解酸化＋A^2/O 微曝氧化沟生物处理＋混凝沉淀及连续流砂滤池＋紫外线消毒的工艺方案，污泥脱水采用叠螺式污泥脱水机 TECH-403 两台，运行参数见表 12-2。

叠螺式污泥脱水机运行参数　　　　　　　　　　　　表 12-2

项目	参数	项目	参数
设备型号	TECH-403	进泥浓度	98.5％～99.5％
设备数量	2 台	平均处理量	720kg 干污泥/h
工作时间	24h/d	出泥含水率	70％～80％

图 12-12　六安东部新城污水处理厂项目现场（一）　　图 12-13　六安东部新城污水处理厂项目现场（二）

12.4 厢式隔膜压滤机

1. 工作原理

工作时首先启动进料泵，当进料泵压力达到所设定的压力时，进料泵进入变频保压阶段，此时滤液明显减少，停泵，进料结束。

接着启动高压压榨泵，压榨泵将清水输送至各隔膜滤板腔体内。隔膜滤板受压榨水的压力不断膨胀，滤室内的滤饼受隔膜滤板膨胀压力的作用，滤饼中的水分穿透滤布溢出，滤饼含水率进一步降低。高压压榨泵持续工作，压榨压力持续升高，滤液不断排出，当压榨压力达到设定压力时，调频保压，保持压榨压力直至调频到设定频率停泵，压榨结束。

滤室内的滤饼受隔膜滤板的作用强制脱水，达到工艺脱水要求。高压压榨泵停止运转，泄压阀自动打开并卸压至常压；吹风阀打开，压缩空气进入隔膜滤板中心管道将中心孔没有压榨的污泥吹回到调理池；然后进行角吹，从隔膜滤板的上面两个暗流孔进气，下面两个暗流孔排气，进一步降低水分，同时可以使滤布和滤饼脱离，起到辅助卸料的作用。

压滤机开始卸料，泵站电机启动，液压缸逐渐卸压，活塞杆向后移动并把压紧板拉回至初始位置，油缸动作的同时接液翻板自动打开。拉板机械手由变频电机驱动至第一块滤板进行取板，滤饼在重力作用下自动脱落，拉板机械手重复动作（在拉板的同时拉板器具有振打功能，即在拉板的同时振打气缸启动对每块滤板振打自动卸泥，频率及幅度可调），滤板依次拉开，直到将所有滤饼卸完，拉板机械手回到初始位置，接液翻板自动闭合，卸料结束。在滤板卸料的同时分皮带机工作，将掉下来的滤饼输送至总皮带机，再输送入储料仓。滤饼卸完后，液压缸电机启动，油缸压紧滤板，同时接液翻板自动闭合，压滤机开始进料，进入下一个工作循环。

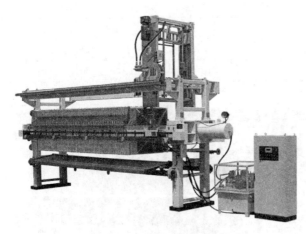

图 12-14 厢式隔膜压滤机

压紧板在液压缸活塞的驱动下，将隔膜滤板、配板及固定在滤板上的滤布密闭压紧并形成空腔，滤板四周边缘为密封面，一般保证油缸压紧力为滤板过滤压力的 1.3～1.5 倍，保证在进料脱水过程中料浆不会从密封面四周泄漏。

2. 设备构成

厢式隔膜压滤机主要由机架、液压系统、电气控制系统、自动拉板系统、滤板、接液液压翻板系统、自动清洗滤布装置等构成，如图 12-14 所示。

（1）机架

机架由机座、压紧板、止推板、主梁组成。其中机座、压紧板、止推板，材质选用 Q345B 中板（比普通的 Q235 中板增强了抗拉力和硬度），二氧化碳保护焊焊接成形，经回火定型处理后，用高速离心抛丸消除锈迹和氧化铁皮。采用环氧云铁底漆喷涂处理后，直接涂饰丙烯酸聚氨酯漆，使其拥有最佳的附着力。具有耐腐蚀、硬度高、抗拉强度大、抗冲击性好等优点。

（2）液压系统

液压系统的主要功能包括：油缸的自动压紧、自动保压、自动补压、自动松开、前进后退到位自动停止等，整个液压系统运行可靠，便于维修与保养。为提高液压系统的清洁度，减少故障率，可将加工后的液压阀件放入清洗机中经超声波及高压水清洗，以避免金属屑对液压系统的影响。

（3）电气控制系统

根据压滤机的实际工作情况，控制部分共有 3 个工作状态：在安装调试时的手动工作状态；在自动运行时的自动工作状态；在设备检修维护时的维护工作状态，便于操作者使用。为防止出现误动作，各动件部分在自动运行时都有动作互锁功能进行保护；通过系统的自动检测自诊断，系统始终自动检测执行元件是否处于正常工作状态，如果有异常，立即在显示屏上报警。保障整个压滤机的运行安全、可靠。

电气控制系统的功能包括：自动压紧和松开、自动高压卸荷、自动保压、自动补压、自动进料、自动压榨和卸压、自动吹气、自动卸滤饼、自动拉板、自动取板、暂停、翻板和泥斗自动打开和关闭等，可自动控制也可手动操作。根据要求还可加装光幕保护程序。

（4）自动拉板系统

拉板电机采用低能耗小功率变频电机，通过减速电机提高传动扭矩。变频电机的调速范围广，可在 10～150Hz 之间任意调节。

在运行过程中可自动检测电机的电流及运行速度，变频电机带动拉板器拉板时变频器自动检测变频电机的过载信号，该过载信号自动控制变频电机改变旋转方向，完成自动拉板过程。变频电机的运行转矩可根据滤板的运行阻力而自行设定。

拉板器及滑道均加有防护装置，上下链盒密闭，更保证了自动拉板系统的清洁性和灵活性。

（5）滤板

滤板（见图 12-15）是压滤机的核心过滤元件。滤板材质、形式及质量的不同，会对整机的过滤性能产生不同的影响。厢式滤板的材质通常为 TPE 弹性体及高强度聚丙烯，使滤板既有橡胶滤板的弹性，又有聚丙烯滤板的韧性、刚性，使滤板压紧时密封性能更好。隔膜滤板的制造分为隔膜滤板的主体与膜片，膜片的制造非常重要，关系到隔膜滤板的使用寿命，其关键是原材料的选型配方与加工工艺。

图 12-15　滤板

（6）接液液压翻板系统

接液液压翻板安装在滤板下方，由集液板、曲柄、连杆、驱动油缸、液压站等部件组成。压滤机过滤或清洗滤布时，集液板处于闭合集液状态，过滤漏液或滤布清洗液落在集液板上，汇入接液槽后经管道排出；过滤结束后，集液板在驱动油缸的驱动下向下翻转、打开。这时，滤板下方形成无阻挡空间，压滤机进入卸滤饼状态，滤饼卸除完毕后，集液板又在驱动油缸的作用下闭合，回到集液状态。以上动作，既可以人工手动操作控制，也可以在 PLC 作用下实现全自动控制。

（7）自动清洗滤布装置

自动清洗滤布装置安装在压滤机的上半部，由水洗道轨、水洗架、水洗架驱动行走装置、进水管、拖链、水洗管、喷嘴、水洗管升降装置、减速电机等组成，在 PLC 控制下与拉板器配合完成滤布清洗。不工作时，该装置停在压紧板后部，工作时，待滤饼全部卸除后，压紧板压紧滤板再松开退至要求位置。拉板器在程序控制下前移进入取板状态，取到第一块滤板时停止，自动清洗滤布装置在减速电机驱动下前移至拉板空间中间位置后停止，在喷水状态下，水洗管下移、上移，完成洗布动作，此时拉板器拉动第一块滤板至压紧板端，然后去取第二块滤板，周而复始，直至洗完最后一块滤板为止。

3. 设备特点

与板框压滤机、带式压滤机、离心脱水机等传统污泥脱水设备相比，厢式隔膜压滤机具有脱水泥饼含水率低、可扩容性好、维护费用低等特点，如表 12-3 所示。

厢式隔膜压滤机与传统脱水设备比较　　　　　　　　　　表 12-3

比较项目	传统脱水设备			厢式隔膜压滤机
	板框压滤机	带式压滤机	离心脱水机	
泥饼含水率（%）	75~80	75~83	75~80	60 以下
比能耗（kWh/t 干固体）	5~15	5~20	30~60	7~15
药剂费用比	1.0	1.0	0.7	0.7
冲洗水量	中等	大	小	小
现场环境	一般（卸泥饼时可能有异味）	差（全程接触空气，异味浓）	较好（密封工作）	较好（泥饼无异味）
可扩容性	可以	不可	不可	可以
自动化程度	一般	一般	好	好
安全性能	较好	差	较好	好
维护费用	中等	较低	较高	较低

4. 设计要求

设计应考虑的主要因素为备用能力、平面布置、防腐处理、污泥调节系统、预膜系统、进料系统、冲洗系统、滤饼处理系统等。

（1）备用能力

一个重要且常被忽视的问题是泥饼处理的备用问题，尽管很多设施对污泥调节、进料、压滤提供了充足的备用，但当泥饼输送出现故障时未考虑备用。

（2）平面布置

脱水机房的尺寸不仅取决于压滤机本身的尺寸，还取决于压滤机周围供泥饼外运、板框移动、日常维护所需的空间。一般来讲，压滤机两端至少需要 1~2m 的清扫空间，压滤机之间需要 2~2.5m 的空间，高度上应能满足使用桥式吊车吊运板框的需要，有些系统在压滤机一边装设有滑轨，这样可以使滤布的移动和更换更加容易。对于多单元系统，滤布的移动和更换是主要的维护工作，应给予更多考虑。

尽管大型板框压滤机的使用寿命超过 20 年，但仍应考虑压滤机在建筑物内的安装和移动问题。而且在进行脱水机房设计时，还应考虑增加设备的可能性。还要考虑诸如固定端、移动端、板框支撑杆等配件拆卸检修时所需的空间。应配备能提升最重配件所需的桥式吊车以供检修时使用，桥式吊车还用于移动替换板框。

压滤机一侧需有一个平台，供泥饼排除及检修时用，通常情况下如果压滤机不会提升至压滤机所在平台以上高度，那么压滤机本身所在平台就是一个很好的选择。该平台应具有足够的尺寸以供滤布及其他配件的储存。

还应为外运泥饼所需的运输工作及其情况考虑足够的空间，高度上至少应为 4m。还应满足卡车进出所需的空间。

（3）防腐处理

由于压滤机需要经常冲洗，因此压滤机周围应采用防腐材料，一般采用陶瓷地面及墙面来防止腐蚀且便于冲洗。然而更易腐蚀的是污泥及化学药剂储存设备，因而这些设备及管路系统应采取防腐措施。

污泥调节化学剂所需设备是极易腐蚀的，石灰水易于管道内形成 $CaCO_3$ 污垢，因此应采用快速接头的软管输送石灰水，且输送管道应尽量缩短。

由于 $FeCl_3$ 调节污泥时，pH 值为 3～5，此时具有腐蚀性，因而和这些物质相接触的设备及管道应考虑防腐，PVC 管材可较好地满足要求。还应特别注意调节池进口，这些地方往往没有保护措施而易受腐蚀。调节池本身由于石灰水产生的 $CaCO_3$ 会形成一层保护膜而不需要另外的防腐处理。

冲洗用乙酸同 $FeCl_3$ 一样具有腐蚀性，石灰水虽不具有腐蚀性，但对管道及设备也有很大的破坏性。

（4）污泥调节系统

大部分的压滤机采用石灰或 $FeCl_3$ 对污泥进行调节，所需装置包括石灰熟化器、石灰输送泵、$FeCl_3$ 设备和调节池等。当采用高分子聚合物对污泥进行调节时，污泥调节系统相对简单，因为高分子聚合物的添加是连续的而不是序批的。高分子聚合物的添加应和进泥相匹配，因此需要相应的计量控制仪表。

（5）预膜系统

预膜系统可促进泥饼脱落，保护滤布不堵塞。常用的预膜方法有两种：干法和湿法。干法预膜适用于连续运行的大型系统中。

预膜材料可以是飞灰、炉灰、硅藻土、石灰、煤、炭灰等。在每个压滤周期前，将上述物质薄薄地附在滤布表面，所需上述物质的量为 0.2～0.5kg/m²，通常设计时取 0.4kg/m²，预膜泵的预膜时间设计为 3～5min。

（6）进料系统

进料系统应能在不同的流量和运动下将调节后的污泥送入压滤机。进料方法有两种，每个系统均须具有这两种功能，第一种较为典型，通过设计使进料系统在 5～15min 内将系统压力提高至 70～140kPa，以完成初始进料过程，并且使滤饼形成的不均匀性降到最小。这可以通过单独的快速泵来完成，或者使用两台泵往一个压滤机中进料。

初始进料阶段完成后，泥饼形成，压滤阻力增加，这就要求进料具有更高的压力。在此阶段，进料系统需要在持续升高的压力下保持一个相对稳定的高的进料速率，直至达到系统最大设计压力。当系统压力达到设计值时，进料速率下降以维持稳定的系统压力。

第二种方法尽管慢一些，但可以达到同样的结果。进料泵开始以低流速运行，通常小于进料泵能力的一半，当压力达到操作压力的一半时，进料泵开始满负荷运行，此时由系统压力控制，类似第一种方法。这种方法使用粗滤布，以防止第一种方法在初始高流量时产生的滤布堵塞问题。设计者应选择上述工作性好的一种方法。

(7) 冲洗系统

过滤介质冲洗决定压滤机工作状况的好坏，冲洗用于去除下列物质：正常滤饼排放时的残留物、进入板框间未经脱水的原始污泥、滤布中残留的固体物质和乳状物以及滤布背面排水沟表面积累的污泥。

这些物质的去除对于防止滤布堵塞、保持滤布与滤液间的压力平衡有重要意义，如果有负压产生，则工作压力对压滤过程的影响会相应地下降。

板框压滤机的冲洗方法有两种：水洗和酸洗。通常两种冲洗设备均安装，水洗常用来冲洗滤布中残留的固体物质；酸洗间歇性地用来冲洗水洗无法去除的物质。

最常用的水洗方法为便携式冲洗设备，该设备由水箱、高压冲洗泵及冲洗管组成。高压水流由操作者控制，压力为 $13.8×10^3$ kPa。除了劳动强度较大外，该方法也可以用来冲洗较大的板框。酸洗系统可对滤布进行现场冲洗，当板框挤在一起时，将盐酸稀溶液泵入板框间进行冲洗。酸液可以在板框间循环或积于板框间，对滤布进行冲洗。该系统由下列部分组成：酸洗储池、酸泵、稀释设施、稀酸储存池、冲洗泵、阀门及管道等。

压滤机制造商还开发了一种自动水洗系统。该系统由板框移动装置及位于上部的冲洗装置组成，高压水泵将水加压，可对整个滤布表面进行冲洗。尽管该设施价格较高，却可以对滤布进行完全、高效、经常的冲洗，且劳动强度不大。

(8) 滤饼处理系统

该系统一般取决于污泥的最终处置方法。当用卡车外运时，最简单的方法是将滤饼直接卸入卡车中。当采用焚烧处置时，一种方法是在压滤机底部留有空间，储存泥饼并将其计量后输送至焚烧炉；另一种方法是在压滤机及焚烧炉之间设置泥饼储存设施。

(9) 取暖与通风

取暖很大程度上取决于压滤机现场条件，脱水机房应有防止冰冻的措施，有人活动的空间应有就地加热装置，控制室应满足办公环境要求。当采用橡胶衬里钢滤板时，压滤机及板框的存放场所必须保持在 4℃ 以上，以防止由于热力收缩对板框的橡胶膜造成危害。

脱水机房的通风对操作者的舒适、气味减少、防止臭气有重要意义。气味主要来自污泥调节池。特别是当污泥调节采用石灰和 $FeCl_3$ 时，一旦污泥调节池及压滤机的 pH 值上升，会产生相当数量的 NH_3。当泥饼排出系统是开放系统时，会产生臭气。污泥调节池及压滤机周围应封闭并应有通风设施。

新型压滤机配有可拆卸的罩子用来收集臭气。另外，当排水沟是封闭系统时应有排气系统。

（10）安全

压滤机首要的安全问题在于，当操作者在板框间协助排泥时，应防止板框不适当的移动等操作。大多数压滤机中常用的安全设施为电子光带，该光带由一组垂直安装的光电（或红外线）电池来监测压滤机的一侧。在压滤机运行时，如果操作者干扰了光电电池之间的光线，系统会停止运行直到干扰消失。另外，压滤机一侧还有手动装置供操作者手动对压滤机进行控制。

压滤机其他部分如进料泵、料池、高压管道及阀门、药剂池等机械及电子部件，也应注意安全问题。

（11）车间布置

图 12-16 是布置有 2 套处理能力为 6.5t 干污泥/d 的板框压滤机的脱水机房的平面和剖面布置图。

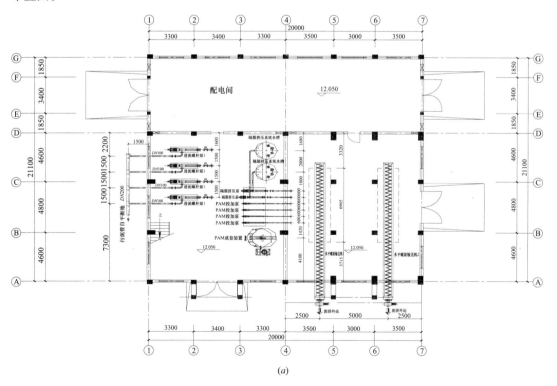

(a)

图 12-16　2 套处理能力为 6.5t 干污泥/d 的板框压滤脱水机房布置（一）

（a）底层平面图；

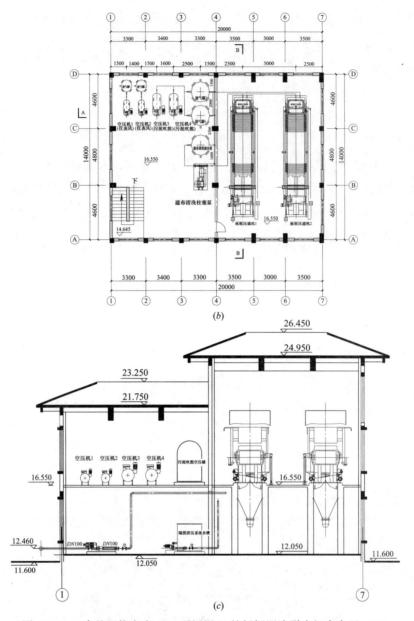

图 12-16 2 套处理能力为 6.5t 干污泥/d 的板框压滤脱水机房布置（二）

(b) 二层平面图；(c) 剖面图

图 12-17 污泥脱水车间

5. 工程案例

工程名称：北京小红门污泥消化改造项目（见图 12-17）

小红门污水处理厂规模为 60 万 t/d，污泥经过热水解、厌氧消化处理后进行压滤脱水，共使用 12 台厢式隔膜压滤机，压滤机型号为 XAZG-FQDP800/2000-U。

12.5　超高压弹性压榨机

1. 工作原理

超高压弹性压榨机整个工作过程主要分为进料过滤、弹性压榨、滤液排出、拉板卸料 4 个过程。超高压弹性压榨机在运行一段时间后，滤布会被堵塞，影响过滤效果，一般情况下每 7~15d 清洗一次即可，具体清洗周期需根据物料性质、项目情况确定。

（1）进料过滤：由进料泵将物料输送到滤室，进料的同时借助进料泵的压力进行固液分离，即一次过滤。

（2）弹性压榨：设备的一端固定，另一端通过液压油缸施加外界压力，通过弹性传力装置（弹簧）压缩滤室空间对物料进行压榨，即二次压榨。

（3）滤液排出：通过移动接液盘将进料过滤和弹性压榨过程中滤出的滤液排出，为下一步卸料让出空间。

（4）拉板卸料：自动拉板机通过传动及拉开装置上的传动链，进行取板、拉板，滤饼自动脱落，由下部的运输设备运走。

2. 设备构成

设备主要组成：机架及控制系统、滤板及滤布系统、自动拉板机构、接液机构、液压系统，设备外观见图 12-18。

图 12-18　超高压弹性压榨机

机架及控制系统：主要包括尾板、推板、主梁、电控柜等。其主要作用是支撑设备主体，对超高压滤板、配板及滤布进行整齐地排列及压紧，并控制设备的进料、压榨、卸料等运行操作。

滤板及滤布系统：主要包括超高压滤板、配板、弹簧介质、专用滤布。其主要作用是支撑滤布，完成进料、压榨、截留过滤及出滤液等操作。

自动拉板机构：主要包括变频减速电机、变频器、拉板机械手、驱动链条、取拉板轨道、链条保护罩等。由变频减速电机带动拉板机械手进行取板、拉板，以达到自动卸料的目的。

接液机构：由碳钢骨架、接液盘、驱动机构等组成，主要用于承接过滤及滤布清洗时的漏液。

液压系统：主要包括液压站、油缸、油缸支座、阀门仪表等。其主要作用是提供压力使弹簧收缩，以实现污泥进料过滤及二次压榨脱水。

3. 设备特点

(1) 压缩比大：本设备弹簧压缩行程大，其压缩比大于厢式隔膜压滤机，因此二次压榨压力大，降低了进料过滤负荷，工作周期短。

(2) 有效过滤面积大：本设备压榨方式为平行挤压，无死角，而厢式隔膜压滤机为半圆弧状挤压，受力不均，且具有凸点，占用了有效过滤面积。

(3) 二次压榨压力大：本设备压力直接来自液压油缸的压力，为直接压榨，压榨压力可达到 5～7MPa。

(4) 工作效率高：本设备单批次工作周期为 1.0～1.5h，工作效率为厢式隔膜压滤机的 3～4 倍。

(5) 附属设备少：本设备共用一台液压系统，不需要外加增压设备，而厢式隔膜压滤机必须配套水箱、空压泵、压榨水泵、空压机、储气罐等压榨辅助设施。

(6) 滤板寿命长：本设备滤板为钢制材质，不易受损，滤板的使用寿命长，可达 5～8 年以上，降低了滤板的更换成本。

(7) 滤布用量少：因过滤面积远远小于厢式隔膜压滤机，因此滤布用量也相应地少很多，可大幅度降低滤布更换维护成本。

4. 型号参数

超高压弹性压榨机主要型号参数见 12-4。

TYCZ 超高压弹性压榨机主要型号参数　　　　　　表 12-4

型号	原生污泥处理量(t/次,以含水率80%计)	运行周期 (h)	滤室容积 (m³)	滤饼厚度 (mm)	滤板数量 (块)	滤板尺寸 (mm)
TYCZ-20	0.55～0.70	1.0	0.55	35	11	1100×1100×146
TYCZ-40	1.1～1.4	1.0～1.2	1.10	35	22	1100×1100×146
TYCZ-60	1.65～2.15	1.0～1.3	1.70	35	19	1440×1440×146
TYCZ-100	2.80～3.65	1.2～1.5	2.70	35	30	1440×1440×146
TYCZ-150	4.20～5.45	1.2～1.5	4.13	35	30	1770×1770×146
TYCZ-200	5.6～7.3	1.2～1.5	5.50	35	40	1770×1770×146

主机质量 (t)	油泵功率 (kW)	过滤面积 (m²)	设备尺寸 (mm) (带自清洗)	设备尺寸 (mm) (不带自清洗)	油缸压力 (MPa)	滤板形式	进料压力 (MPa)
15	主:7.5 副:5.5	20	N/A	5297×2090×1765	<25	动静组合板	≤1.2
22	主:7.5 副:5.5	40	7367×2140×4140	7367×2090×1765	<25	动静组合板	≤1.2
26	主:7.5 副:7.5	60	7008×2460×4810	7008×2430×2200	<25	动静组合板	≤1.2
36	主:7.5 副:7.5	100	9248×2460×4810	9248×2430×2200	<25	动静组合板	≤1.2
42	主:11 副:7.5	150	10500×2858×5205	10500×2858×2450	<25	动静组合板	≤1.2
50	主:11 副:7.5	200	12050×2858×5205	12050×2858×2450	<25	动静组合板	≤1.2

注：N/A 是 "Not appltCable" 的缩写，表示"不适用"。

5. 工程案例

工程名称：深圳罗芳污水处理厂项目（见图 12-19、图 12-20）

图 12-19　罗芳污水处理厂项目现场（一）

图 12-20　罗芳污水处理厂项目现场（二）

（1）项目概况

污泥处理总规模为 80t/d（绝干污泥）。其中本厂污泥为含水率 98％的剩余污泥约 3000t/d（绝干污泥量为 60t/d），外接污泥为含水率 80％的污泥约 100t/d（绝干污泥量为 20t/d）。

（2）设备型号及数量

超高压弹性压榨机 TYCZ-200　4 台；

叠螺式污泥脱水机 TECH-404　3 台。

（3）工艺流程

污泥脱水工艺流程见图 12-21，外来污泥与部分含水率 98％的剩余污泥在污泥均质池内搅

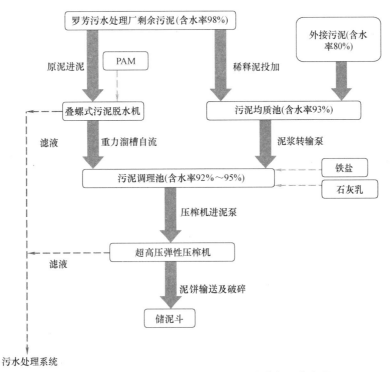
图 12-21　深圳罗芳污水处理厂项目污泥脱水工艺流程

拌混合，至含水率93%，通过泥浆转输泵（潜污泵）转输到污泥调理池内。另一部分含水率98%的剩余污泥经叠螺式污泥脱水机浓缩，过程中添加PAM药剂，到含水率92%~95%，自重流入污泥调理池内。调理后的污泥经柱塞泵泵入超高压弹性压榨机脱水。经脱水后的泥饼送至储泥斗中储存，等待外运。脱水后的成品污泥能够达到50%及以下的含水率，便于后续资源化利用。

整个工艺主要由污泥浓缩系统、污泥调理系统、污泥压榨系统、污泥反吹系统、泥饼卸料收集系统组成。

污泥浓缩系统：污泥储存池中的待处理污泥经脱水机进泥泵输送到叠螺式污泥脱水机的絮凝混合槽，同时，PAM投加泵将制备好的PAM溶液（浓度1‰~1.5‰）输送到叠螺式污泥脱水机的絮凝混合槽，污泥和PAM溶液在絮凝混合槽中充分反应形成矾花，溢流进入脱水机本体。絮凝污泥在脱水机本体中经浓缩、脱水后形成泥饼，而滤液经脱水机絮凝槽收集后排回到污水处理系统进行处理。

污泥调理系统：污泥经叠螺式污泥脱水机浓缩后含水率为92%~95%，自重流入污泥调理池内；外接污泥经过稀释后，污泥含水率为93%，转输到污泥调理池内。在污泥调理池内，投加少量的生态调理剂，并在污泥体中形成骨架结构，同时促进胞内水释放及污泥微颗粒团聚，彻底改变污泥高持水性的性质，促进泥水分离并提高强度，使出料污泥达到改性要求。

污泥压榨系统：改性后的污泥用压榨机进泥泵（柱塞泵）送至超高压弹性压榨机，由高压油泵提供强压挤压弹性介质，压缩滤板之间空隙内的污泥，使滤板之间空隙内的污泥获得再次压榨，得到含水率50%以下的块状泥饼。

污泥反吹系统：污泥压榨完成后，超高压弹性压榨机进泥管路中仍残留有部分泥水，采用压缩空气将这部分泥水回吹到污泥调理池内。开板时泥饼将排除这部分泥水的干扰。

泥饼卸料收集系统：卸料泥饼经由接泥斗接收，并经过泥饼输送机送入储泥斗中储存，等待外运，完成污泥深度脱水全过程。

12.6 低温真空脱水干化设备

低温真空脱水干化设备可广泛用于城镇、工业等领域污水处理厂污泥的脱水干化减量。例如，在市政污泥处理领域，由于不需要钙铁等添加剂，污泥干基量不会增加，减少了污泥处置出路的限制和环境风险，脱水干化后的污泥可选择性地作为低质燃料、建材原料以及园林绿化用土。此外，由于污泥从源头得到了大幅度减量，大大降低了污泥的后续处置规模和成本，并可充分利用余热、废热、热水等低品位热源，从而实现了节能减排、循环经济。

1. 工作原理

低温真空脱水干化设备主要针对污泥处置过程中的脱水干化减量难题进行了创新，通过低温真空脱水干化技术以及特殊的滤板过滤技术，改变了传统工艺流程，将物料的脱水与干化工序合成一体，在同一设备上连续完成，可将污泥的含水率一次性由99%降低到20%以下，有效地提高了污泥过滤、脱水干化效率，并延长了设备使用寿命，大幅度降低了运行成本。

热力学第一定律的表达式为 $\Delta U = Q + W$，其中 Q 表示系统从外界吸收的热量，W 表示外界对系统做的功。对于相同的始末状态，ΔU 相同。水分在常压下等温等压可逆蒸发时，$W_1 < 0$（体系对外做功为负值），$Q_1 > 0$（体系吸热）；而在真空状态下蒸发时，$W_2 = 0$（真空不做功），$Q_2 > 0$。由于 $W_1 + Q_1 = \Delta U = W_2 + Q_2$，所以 $Q_1 > Q_2$，表示水在真空状态下蒸发时所需的热量比常压下要少。

低温真空脱水干化设备利用环境压强减小可使水沸点降低的原理，通过真空系统将腔室内的气压降低，使滤饼中水的沸点降低，同时通过隔膜板和加热板对滤饼加热，使水分蒸发的速度加快，比在常压下加热干化的效率更高。

2. 设备构成

低温真空脱水干化设备采用机、电、液一体化设计制造，主要由机体系统、液压系统、压滤系统、加热循环系统、真空系统、卸料系统、滤布自动清洗装置、除臭系统、电控系统等组成，见图 12-22。

图 12-22　低温真空脱水干化设备

（1）机体系统

在机架部分，采用等强厢式结构的主梁与固定压板组件和后支架相连接，构成矩形框架。在处理腐蚀介质时，机架通过表面喷涂金属或聚氨酯进行防腐处理。

在滤板压紧机构中，采用活动压紧板推动滤板靠拢，油缸同步运动，实现滤板的稳定闭合、均匀施压。密闭可靠，不喷料，且密封性能好，有利于真空度的形成。

（2）液压系统

液压系统采用高性能、高精度一体化设计制造，工作时，启动电机，油泵工作，滤板压紧后，油缸压力同时升高，当油缸压力达到设定的上限值时，控制系统停止油泵工作，油缸处于保压过程。当油缸压力下降至设定的下限值时，控制系统启动油泵，油泵重新工作，直到油缸压力重新升至设定的上限值时停止。进料、压滤、真空干化结束后，油缸活塞杆回缩。滤板拉开卸料完成后，活动压板前进将滤板合拢到位并压紧，完成一个工作周期。液压油缸和液压站如图 12-23 和图 12-24 所示。

（3）压滤系统

交替排列的滤板组件与针对物料选定的滤布，形成多个滤室，过滤过程短、卸料效果好。

过滤时，污泥在泵压的作用下，经进料口均匀进入各滤室内，借助泵压进行固液分离。过滤结束后，高压水进入隔膜空腔内，挤压滤饼，进行二次压滤脱水；再切换压缩空气，进行强气流穿流以及反向吹扫进料管路中的残余污泥和水。压滤系统和空压系统如图 12-25 和图 12-26 所示。

图 12-23　液压油缸

图 12-24　液压站

图 12-25　压滤系统

图 12-26　空压系统

（4）加热循环系统

加热循环系统包括热水锅炉（见图 12-27）、循环泵、余热回收水箱、阀组等，将冷水加热并保持在 90℃左右，由热水泵将热水注入滤板，使滤板的加热面迅速升温，进而加热滤饼，为后续的真空干化提供热源。加热后的水回流至余热回收水箱（见图 12-28）后进入锅炉，再次加热实现闭路循环，既节省了能源，又很有效地实现了加热。在可以利用废热作为热源的情况下，利用热交换器对滤板加热介质进行加热。

（5）真空系统

真空系统包括真空泵、冷凝阀组、管道等。真空泵用于抽取密闭腔室中的汽水混合物，使腔室内形成一定的真空度，进而将水的沸点降低。从密闭腔室中抽出的汽水混合物经冷凝后排放。

图 12-27 常压燃气热水锅炉

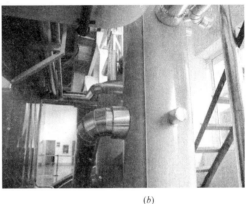

(a) (b)

图 12-28 换热水箱和余热回收水箱

(a) 换热水箱；(b) 余热回收水箱

（6）卸料和滤布自动清洗装置

滤板开板时，污泥自行脱落至双轴螺杆输送机上，经双轴螺杆输送机输送至卡车上。同时，可根据客户需求为系统选配滤布自动清洗装置。

（7）电控系统

电控系统由运行集中控制、传感器、液压控制、管路阀门控制、液位控制、输送控制等组成，完成对低温真空脱水干化工作周期的控制。电控系统可手动与自动相互切换，以实现压紧、进料、压榨、真空干化、卸料等设备的自动或手动运行功能。

电控系统可现场调整脱水干化设备的工艺参数，方便工艺控制过程，并具有自动报警、显示故障和运行、操作等功能，并配置有紧急停止装置和安全光幕保护，可以有效地保护工作人员安全。

3. 设备特点

低温真空脱水干化设备在消化吸收国内外先进污泥深度脱水技术工艺的基础上，分析总结已有科研成果及工程实践经验，进行技术优化及系统集成，因地制宜，开发具有自主知识产权、适合我国国情、运行管理简便的污泥处理成套技术与设备，整个脱水干化过程达到了安全、卫生、清洁的要求，相比其他污泥脱水干化设备而言，在适用性、安全性、经济性、便利性、可操作性等方面均具有更大优势，主要特点如下：

（1）设计先进性：低温真空脱水干化系统集成了脱水与干化工艺，实现了污泥连续性脱水和干化，可以将含水率从99％左右降低至20％以下，具有滤饼含水率低、占地面积小等特点。

（2）干化能耗低：低温真空脱水干化设备创造性地引入了负压理念，利用真空环境下水的沸点降低的原理，实现了低温环境下对污泥的高效干化，较大幅度地降低了运行能耗。

（3）运行效率高：污泥浓缩、脱水及干化在同一系统中连续完成，省去了传统脱水设备的占地，避免了脱水设备与干化设备之间转换消耗的时间和劳动力。

（4）减容减量化高：较大程度地降低了滤饼体积和质量，而且无需额外添加石灰等无机添加剂，实现了污泥减量化。

（5）运行安全：系统属于静态脱水干化，全封闭负压运行，进入加热干化环节后，不产生粉尘和磨损现象，无爆炸危险。

（6）环保效果好：系统在密闭状态下运行，臭气量极少，便于臭气收集与治理。

（7）劳动强度低：设备的运行和操作可实现全自动控制，大幅度改善了工作环境，大大降低了劳动强度。

低温真空脱水干化成套技术与其他污泥干化技术的对比见表12-5。

4. 型号参数

低温真空脱水干化设备主要型号参数见表12-6。

5. 工程案例

工程名称：上海嘉定新城污水处理有限公司污泥处理技改工程

（1）项目概况

本工程设计污水处理规模为10万 m^3/d，现阶段日均污泥量约100t/d（含水率80％），远期可达150t/d。该工程选用低温真空脱水干化设备对污泥进行处理，将含水率96％～98％左右的污泥一次性脱水干化至含水率30％以下，处理后的污泥总量为28.6t/d，比技改前减量70％以上。

本工程主要包含：新建污泥脱水干化车间、污泥泵房、污泥脱水干化设备、电气、仪表自控等。

本工程于2015年5月底以EPC形式进行招标投标，2015年9月开工建设，2016年5月底竣工，并于2016年6月21日投入试运行。经单机调试、联动调试表明，系统运行安全、稳定、可靠，自动化程度高，各项运行指标均达到或优于设计及合同要求。

（2）主要工艺技术指标

处理规模：100t/d（含水率80％）；

进泥含水率：约97％；

出泥含水率：≤30％；

规格型号：DZG-2000/600×3（预留1套安装位）；

占地面积：900㎡。

表 12-5

低温真空脱水干化成套技术与其他污泥干化技术对比

比较项目	低温真空脱水干化成套技术	圆盘干燥机	倾斜桨叶干燥机	二段式污泥干化	流化床干燥机
设备投资	一般	一般	高	较高	较高
占地面积	一般	一般	一般	较大	较大
干化后污泥含水率	全干化/半干化 10%~50%	全干化/半干化 10%~50%	全干化/半干化 10%~50%	全干化 10%~20%	全干化 10%~20%
设备寿命	长	短（磨损）	一般（磨损）	一般	短（磨损）
能耗	低	较高	较高	较高	高
维护费用	一般	偏高	偏高	较高	较高
现场环境	环境良好。无粉尘污染、噪声一般	环境一般。无粉尘污染、噪声大	环境良好。无粉尘污染、噪声一般	环境良好。无粉尘污染、噪声一般	环境差。粉尘多，噪声大
设备故障	磨损小，维修简单	污泥易黏结，磨损大，转动部件多，维修难度高	污泥易黏结，磨损大，转动部件多，维修难度高	污泥易黏结，转动部件多	污泥易黏结，运转部件多
安全性能	系统负压运行，无粉尘、无任何安全隐患	气体中有大量粉尘，在氧含量适宜的情况下，易使干燥机内部产生爆燃的可能	气体中有大量粉尘，在氧含量适宜的情况下，易使干燥机内部产生爆燃的可能	气体中有大量粉尘，在氧含量适宜的情况下，易使干燥机内部产生爆燃的可能	气体中有大量粉尘，在氧含量适宜的情况下，易使干燥机内部产生爆燃的可能
环保性能	水、气、噪声得到全面控制，无二次污染	间接换热，密封，蒸发气体负压回收冷凝，少量不可冷凝气体进行除臭或送焚烧系统	间接换热，密封，蒸发气体回收冷凝，少量不可冷凝气体进行除臭或送焚烧系统	水、气、噪声得到全面控制，无二次污染	干化过程温度高，废气组分复杂，处理难度大

低温真空脱水干化设备主要型号参数 表 12-6

型号	过滤面积（m²）	滤板尺寸（mm）	主机外形尺寸（m）	主机总质量（t）	批次产量（t干污泥/批）	系统装机容量（kW）
DZG-1300/50	50		5.7×1.8×2.0	16	0.12～0.15	80～120
DZG-1300/75	75	1300×1360	6.6×1.8×2.0	20	0.18～0.22	80～120
DZG-1300/100	100		7.5×1.8×2.0	25	0.25～0.30	100～150
DZG-1500/100	100		7.0×2.0×2.5	25	0.25～0.30	100～150
DZG-1500/150	150	1500×1560	8.2×2.0×2.5	30	0.35～0.40	120～180
DZG-1500/200	200		9.5×2.0×2.5	35	0.50～0.60	120～180
DZG-2000/300	300		9.5×2.5×3.0	45	0.70～0.80	120～180
DZG-2000/400	400		11.0×2.5×3.0	60	0.90～1.10	150～220
DZG-2000/500	500	2000×2060	12.5×2.5×3.0	70	1.20～1.30	150～220
DZG-2000/600	600		14.2×2.5×3.0	80	1.40～1.60	150～220
DZG-2000/800	800		17.8×2.5×3.0	110	1.70～2.00	200～250

注：本表仅作为选型参考，针对具体项目需根据实际要求进行详细设计。

（3）工艺流程

本工程采用低温真空脱水干化成套技术，包括：污泥泵房、污泥干化车间内所有干化系统工艺设备与系统集成的全套连接管路。主要分为：污泥调质系统、低温真空脱水干化主机系统、污泥进料系统、压滤系统、加热系统、真空系统、冷却循环系统、空气压缩系统、卸料系统、除臭系统、滤布清洗系统、自控系统等，工艺流程见图 12-29。

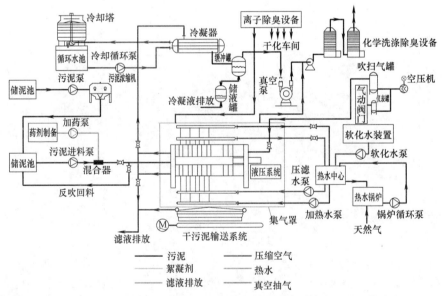

图 12-29　上海嘉定新城污水处理有限公司污泥处理技改工程工艺流程

（4）运行成本分析

1）配套条件

电：总配电功率为 850kW，最大运行功率为 350kW。

水：约 10m³/d（配药）。

天然气：150m³/h（管道最大供气量）。

其他：车间、构筑物（池体），项目总占地面积约 900m²。

2）物耗能耗（污泥脱水干化后的出泥含水率<30%）

包含脱水与干化过程中的水、电、药剂、天然气消耗，具体如表 12-7 和表 12-8 所示。

按消耗类别的运行成本 表 12-7

成本名称	药剂费	水费	电费	热源(天然气)	合计
折算为绝干污泥费用(元/t)	33.00	12.50	187.20	533.75	766.45
折算为80%含水率污泥费用(元/t)	6.60	2.50	37.44	106.75	153.29

按工艺阶段的运行成本 表 12-8

成本名称	脱水成本	干化成本	合计
折算为绝干污泥费用(元/t)	135.60	630.85	766.45
折算为80%含水率污泥费用(元/t)	27.12	126.17	153.29

其中：絮凝剂（PAM）单价按 33.00 元/kg 计算；水费按 3.0 元/t 计算；电费按 0.78 元/kWh 计算；天然气按 4.27 元/m³ 计算。

工程现场照片见图 12-30。

图 12-30 上海嘉定新城污水处理有限公司污泥处理技改工程现场

12.7 螺旋压榨式脱水机

1. 工作原理

螺旋压榨式脱水机的工作原理是：圆锥状螺旋轴与圆筒形的外筒共同形成了滤室，污泥利用螺旋轴上的螺旋齿轮从入泥侧向排泥侧传送，在容积逐渐变小的滤室内，污泥受到的压力会逐渐增大，从而完成压榨脱水。

2. 设备构成

螺旋压榨式脱水机由筒屏外套及螺旋等组成，其结构如图 12-31 所示。

（1）筒屏外套

筒屏外套由筒屏（耐高压金属）和外壳（用于支撑筒屏）组成。筒屏的圆孔尺寸从入口到出口由小变大。

（2）螺旋轴及螺旋叶片

螺旋叶片附在螺旋轴周围，其直径从入口到出口逐渐增大。螺旋叶片推动污泥，使污泥在筒屏与螺旋间压榨过滤。

（3）压榨机

压榨机是一个可移动的挤压板。由气缸控制，通过控制空气压力可根据泥饼情况自动调节压榨机周围的空间，运行平稳。

（4）清洗装置

清洗装置为一排含喷嘴的冲洗管，用于冲洗筒屏外套。由于筒屏外套可旋转，因此只需少量喷嘴即可。在无负荷情况下可完全冲洗。

（5）螺旋驱动装置

螺旋驱动装置使用一个变速分级电机，通过手动杆，螺旋旋转速度可在 $0.5 \sim 2r/min$ 间切换。

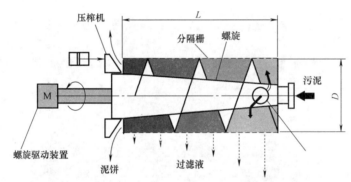

图 12-31　螺旋压榨式脱水机结构示意

3. 设备特点

螺旋压榨式脱水机具有以下特点：

（1）通过螺杆的旋转操作可随意调节泥饼含水率和处理量；

（2）动力小，可节省能源；

（3）结构简单，质量轻；

（4）旋转速度低，噪声小、振动少；

（5）过滤面由金属制成，因此不易堵塞，而且通过清洗容易恢复；

（6）由于为密封结构，臭气防范容易；

（7）清洗用水量小。

然而，目前螺旋压榨式脱水机工程应用还较少，设备较贵。

4. 设计要求

（1）设计顺序

螺旋压榨式脱水机的脱水设备按照下述顺序设计。

1) 确认下述设计条件

水处理方式、设施计划污泥量、污泥种类、脱水机运转条件、污泥性状（污泥浓度、VTS、粗纤维）、脱水泥饼含水率等。

2) 研讨安装脱水机的适当数量

关于脱水机的预备机，由于螺旋压榨式脱水机结构简单，并不需要长时间的维修和整备检验工作，平日白天运转时，对发生的问题，以运转时间的延长对应，不设预备机。24h 运转时，考虑处理厂全体的滞留等后，研讨预备机的设置。

3) 选定脱水机的容量

选定脱水机的容量时，按下述顺序实施：

根据设施计划污泥量、脱水机运转条件以及脱水机设置数量，算出来每台脱水机所需处理量。

根据设计对象的水处理方式、污泥种类、污泥性状以及适应泥饼含水率的脱水性能表，选定具有所需处理量以上处理能力的外屏直径的脱水机。

4) 计算辅机容量

根据选定的脱水机的处理能力，决定能够对应的辅机的容量。

（2）系统构成

螺旋压榨式脱水系统由螺旋压榨式脱水机、污泥供给设备、加药设备、泥饼搬运/储存设备、压缩空气供给设备和清洗水设备等构成。

凝聚装置是对污泥注入高分子调理剂进行凝聚调理，是螺旋压榨式脱水机的附属设备。

污泥供给设备是向螺旋压榨式脱水机供给污泥的装备，由污泥储存槽和污泥供给泵构成。

加药设备由接收药品仓斗、供给机、药品溶解槽和药品供给泵构成。

泥饼搬运/储存设备由泥饼传送带、泥饼搬运泵和泥饼储存仓斗构成。

压缩空气供给设备由空气压滤机和除湿机构成，如果加药设备使用压缩空气时可共同使用。

清洗水设备是向螺旋压榨式脱水机供给清洗水，由清洗水泵构成。

（3）性能参数

1) 污泥调质方式

螺旋压榨式脱水机一般采用高分子调理剂进行化学调质。

2) 脱水性能

螺旋压榨式脱水机的脱水性能以每小时处理的固体物量（kg 干污泥/h）和泥饼含水率（%）来表示。

3) 泥饼含水率

螺旋压榨式脱水机通过操作螺旋回转数能够很容易地调整泥饼含水率。

4) 加药率

螺旋压榨式脱水机的加药率与离心脱水机和带式压滤机等高分子系脱水机同程度。

5）固体物回收率

螺旋压榨式脱水机对混合生污泥和厌氧消化污泥的固体物回收率以95％作为标准。另外，氧化沟工艺浓缩剩余污泥的固体物回收率以90％作为标准。

（4）运转操作

1）运转控制系统

螺旋压榨式脱水机的自动运转控制以压入压力固定控制和加药比率控制两个系统的配合作为标准。

2）絮凝不良查出控制

螺旋压榨式脱水机的絮凝不良根据压滤机位置异常来检出，并具有使脱水运转正常停止的自动运转控制功能。

第 13 章　污泥堆肥装备

13.1　污泥翻抛机

翻抛机是污泥堆肥工艺中的主要设备之一，在好氧堆肥过程中具有翻堆、曝气、搅拌、混合以及协助通风系统控制水分、温度等重要功能。通过翻抛，仓内堆肥物料整体推移，并被打散、抛撒，与空气充分接触，提高充氧率，促进有机物分解，起到调节系统水分与温度的作用。

德国、美国等西方发达国家自 20 世纪 50 年代以来开发出了各种各样的现代堆肥系统，这些系统具有机械化程度高、处理量大、堆肥速度快、无害化程度高等诸多优点，因此得到了广泛的应用。目前国外生产工艺和技术装备均已比较成熟，生产设备正向大型化、专业化、智能化方向发展。

20 世纪末，随着我国对翻抛机械的政策支持，市场上出现了一些结构较简单的翻抛设备。近年来，工业控制技术和智能控制技术的发展为翻抛机械的自动化提供了很好的基础，设备自动化水平有所提高。目前，国内也有不同型号的翻抛设备。

根据翻抛机的应用形式，可分为条垛式翻抛机和槽式翻抛机。其中，条垛式翻抛机包括后翻式和侧翻式，槽式翻抛机包括链板式、滚筒式、桨叶式、螺旋式等。

13.1.1　条垛式翻抛机

1. 后翻式

后翻式条垛翻抛机（轮胎式、履带式）工作时整机骑跨在预先堆置的长条形堆体上，由机架下挂装的旋转刀轴对原料实施翻抛，其特点是整机结构紧凑、受力平衡、翻抛效率高及翻抛后条垛均匀整齐，是好氧堆肥中应用最广泛的机型，如图 13-1 和图 13-2 所示。

后翻式条垛翻抛机分自行式和牵引式，自行式依靠自身动力翻抛；牵引式以拖拉机为动力，由拖拉机牵引，骑跨在长条形堆体上工作。作为拖拉机的配套装置，该

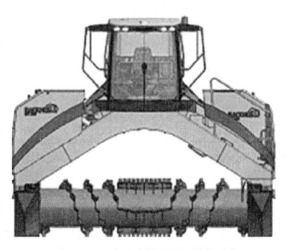

图 13-1　后翻式条垛翻抛机结构示意

形式的翻抛机结构简单、造价低，适用于中小规模堆肥工程。目前，国外的 BACKHUS、SCARAB 等主流翻抛机均以自行式条垛翻抛机为主，且已实现大型化和智能化，如图 13-3 所示。国内大多数翻抛机生产企业都有自行后翻式条垛翻抛机，广泛应用于中小型养殖场畜禽粪便和农业废弃物堆肥处理。

图 13-2　后翻式条垛翻抛机

图 13-3　大型自行式条垛翻抛机

2. 侧翻式

侧翻式条垛翻抛机的工作流程是从梯形堆体的一侧将物料卷进，通过一个无级变速的传送带将物料翻动传送到翻抛机的另一侧，形成一个新的条垛。该类翻抛机可适应复杂的工作环境，主要用于二次发酵。德国 BACKHUS 公司生产的侧翻式条垛翻抛机是典型代表，如图 13-4 所示。

13.1.2　槽式翻抛机

1. 链板式

链板式翻抛机采用移动式履带旋转输送原理，通过翻抛履带快速旋转来带动物料翻抛，将物料从翻抛履带的前上方运送到后上方，当物料脱离翻抛履带时，呈散状被抛出。此过程物料

图 13-4 BACKHUS 侧翻式条垛翻抛机

与空气得到充分接触，达到了良好的发酵效果。链板式翻抛机在我国有机肥生产企业应用比较普遍，国内很多科研机构和企业研发有不同型号的链板式翻抛机。如图 13-5 所示为链板式翻抛机，其采用高强度链式传动、滚动支撑的托板结构及可拆换耐磨曲面齿刀，对物料破碎能力强，翻抛阻力小，充氧效果好。通过纵向和横向移位可实现槽内任意位置翻抛作业，单槽宽度可达 20m，配备移行机换槽可以实现一台翻抛机多槽作业，节省投资。该翻抛机可远距离遥控其前进、横移、翻抛和快速后退等作业，改善了操作环境。

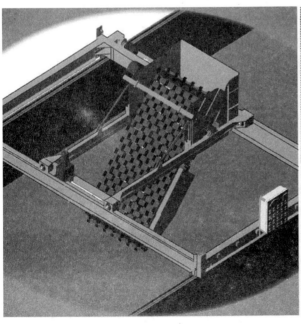

图 13-5 链板式翻抛机结构示意

2. 滚筒式

滚筒式翻抛机是通过一个与发酵槽同宽的滚筒来翻动物料，滚筒周边安装若干刀片，用于搅拌破碎物料。智能化槽式翻抛机是一种适合于发酵槽上行走的翻抛搅拌设备。在发酵槽的墙体上铺有轨道，翻抛机通过行走机构可以沿着轨道在发酵槽上前后行走。在行走机构的运送下，翻抛机高速运转的翻抛轮将发酵物料打碎、抛起，物料散落并实现混合搅拌。通过控制减速机的旋转方向，可实现翻抛机双向翻抛搅拌。发酵槽的敞口处设有换槽车，换槽车可使智能化槽式翻抛机从一个发酵槽移动到另一个发酵槽，实现一机多槽工作。

履带式匀翻机属于滚筒式翻抛机，主要由滚筒、提升机构、行走机构、控制系统4部分组成（见图13-6）。滚筒通过高速旋转翻动和抛撒物料，实现物料与空气的充分接触；提升机构采用独立大臂实现滚筒的升降；行走机构采用履带底盘行走；控制系统可采用手动控制和自动控制两种方式，通过遥控器、控制面板和人机界面进行操作，同时能实时监控设备运行的关键参数，辅助操作者正确操控设备。

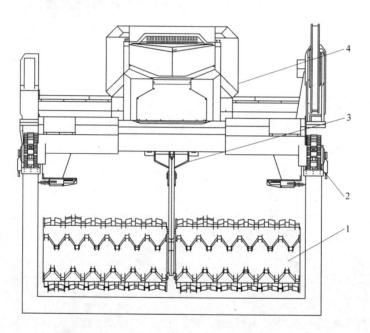

图 13-6　履带式匀翻机结构示意（BLYF-Z530）
1—滚筒；2—行走机构；3—提升机构；4—控制系统

履带式匀翻机可应用于槽壁高度 2.2m，行走槽宽 300mm，行走跨距 5300mm 的发酵槽；匀翻能力≥800m³/h；匀翻深度 0～2m；翻抛速度 2.5m/min。匀翻机具有智能控制（远程遥控）和手动控制两种操作方式。智能系统可通过人机界面实时显示整机工作状态，进行设备故障诊断和报警提示，翻抛工艺运行无人值守。

根据行走机构和控制方式的不同，还有其他产品，见表 13-1。

履带式匀翻机应用于汉西污水处理厂改扩建工程污泥处置项目，规模 435t/d（含水率80%），如图 13-7 所示。

匀翻机系列　　　　　　　　　　　　　表 13-1

型　　号	翻抛能力(m³/h)	轨距(mm)
轨道式 BLYF-P530	800～3000	5300
轨道式 BLYF-Z300	800～3000	3000
履带式 BLYF-Z530	800～3000	5300
链板式 BLLB-P530	800～3000	5300

图 13-7　履带式匀翻机工作照片

3. 桨叶式

桨叶式翻抛机通过安装在转动轴上的桨叶对物料进行拨动、搅拌来翻抛物料，能同时起到翻动和破碎的功能，如图 13-8 所示。桨叶配有液压升降系统，可根据物料的高度进行调节，利用控制柜集中控制，可实现全自动运行。

4. 螺旋式

螺旋式翻抛机由双螺旋翻堆装置、纵向行走装置、横向行走装置、液压系统和电气控制系统等组成，其中双螺旋翻堆装置包括固定于机架上的减速机、与减速机通过联接件相连并固定有螺旋叶片的螺旋轴，如图 13-9 所示。通过双螺旋翻堆装置的翻抛，不断地将底部的物料向上升运并向后移动，起到搅匀、粉碎、散水、充氧等作用，为物料的发酵创造良好条件，目前主要适用于养殖场粪便发酵、有机肥原料发酵、粉碎后的垃圾发酵等。

图 13-8　桨叶式翻抛机

图 13-9　螺旋式翻抛机结构示意

13.2 进料混合装备

污水处理厂的污泥由皮带机或翻斗车输送至进料混合装备，与返混料、辅料一同进行破碎、混合、搅拌，最终经均质处理形成含水率和 C/N 适宜的松散小颗粒，完成污泥混料的前处理。进料混合装备主要包括料仓、混料机和输送设备等，如图 13-10 所示。

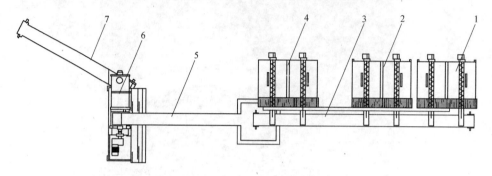

图 13-10 进料混合装备示意

1—辅料仓；2—熟料仓；3—混料皮带；4—污泥料仓；5—上料皮带；6—混料机；7—出料皮带

13.2.1 料仓

料仓是污泥堆肥处理过程中必不可少的设备，选用合理的料仓形式至关重要，直接影响物料混合的均匀性和生产效率。污泥堆肥原料是由脱水污泥、返混料、辅料按一定的配比混合而成，其含水率各不相同，一般粉体辅料的含水率低于返混料，因此在选择料仓形式时需一并考虑。

料仓可设计为圆形或方形，但不论何种形式的料仓，均要求在连续生产中物料储存和排料不产生结块（由于吸湿、压实或化学反应所致）、偏析。同时，不论是连续排料还是间断排料，均要求物料及时排出，而散料的架桥、起拱现象可使生产中断或造成更大的危害。滑架料仓和推架料仓是用于污泥料仓卸料的两种优化形式。目前国内自主研发的污泥专用料仓，如图 13-11 所示。

滑架料仓卸料设备一般由液压包、液压油缸驱动的滑架单元、卸料螺旋以及液压驱动的闸板阀组成，如图 13-12 所示。液压油缸驱动的椭圆形滑架在料仓底部前后缓慢运动，把物料推拉到料仓底部的卸料口，同时破坏架桥作用。物料进入可计量的卸料螺旋输送机后，可被卸至其他的接料螺旋输送机、卡车或泵送系统。滑架料仓的特点是：（1）统一卸料，允许最大限度地利用储存空间；（2）料仓的仓壁竖直，和滑架一同消除了起拱或架桥现象；（3）料仓的底面是平的，降低了同等体积下的料仓高度，并且可以精确计量污泥排泄量。

SAXLUND 圆柱形料仓滑架通过梁管与液压缸相连，穿过料仓壁，壁上装有一个可以调节的填料套，对驱动联接件进行密封。其特点是所有需维护的部件都安置在料仓外部，便于维护管理。根据卸料功率的不同，圆柱形料仓滑架的行程周期介于 2～3min，由于滑架运行缓慢，所以磨损较小。对于直径 6m 以上的料仓，滑架装有两个相对应的液压缸，用以分担所需的推力。对于 500m³ 以上的大型料仓，SAXLUND 的专利产品分体滑架可在其中一半出现故障时，另一半继续运行，使卸料过程不致中断，运行可靠性大大提高。

图 13-11　污泥料仓

推架料仓卸料设备包括一系列由液压驱动的推架（或梯架），每个推架前端设置横向推条，末端采用交叉式推条与液压缸相连。液压缸驱动的推架在料仓底部前后滑动，物料被推拉到卸料口。推架料仓通常采用卡车接料，同传统活底料仓相比，滑架/推架料仓的设计简洁，去除了许多轴承和驱动，极大地减少了维护要求。推架卸料系统的特点是：（1）可以安装在地面上用于卡车接料；（2）可以处理多种形状各异、性质不同的散料；（3）可以按工程要求设计成不同容积的料仓。

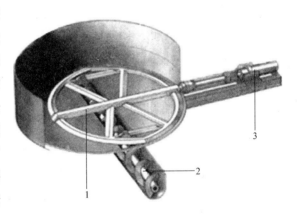

图 13-12　SAXLUND 圆柱形料仓滑架示意
1—滑架；2—卸料螺旋；3—液压油缸

13.2.2　混料机

混料工序可调节物料的孔隙率，优化物料的营养配比，是控制供氧效率和发酵速率的关键因素之一。物料粒径在适宜范围内，提高物料间的孔隙率，可使氧气易于到达颗粒内部，有利于好氧发酵的进行。实验证明当混合破碎后的污泥混合料颗粒直径小于20mm时，可确保混合料在发酵过程中处于良好的好氧状态。对于黏性污泥的混合与破碎，一般采用固定容器式混料机，主要包括立式螺旋混料机、卧式螺带混料机、双轴桨叶混料机以及在此基础上的改进型污泥混料机。

1. 立式螺旋混料机

立式螺旋混料机由螺旋搅龙、混合仓、驱动装置组成。混合仓一般设计为圆锥形。螺旋搅龙分为单螺旋搅龙、行星式搅龙和双螺旋搅龙，如图13-13所示。

单螺旋搅龙是立式螺旋混料机的基本形式，螺旋位于仓体的中心轴线上，对于黏性较大的污泥混料存在混合不均、效率较低的问题。行星式搅龙采用单螺旋自转的同时，由连接在仓体顶部的中心悬臂驱动形成公转，提升了混料效率。

立式双螺旋混料机，在中心悬臂上安装两根非对称的螺旋搅龙，两根螺旋在绕自身轴线自转的同时，由中心悬臂驱动，绕仓体中心轴旋转形成公转。双螺旋锥形混料机能够形成4种方向的作用力：（1）两根非对称螺旋自转，将物料向上提升；（2）悬臂慢速公转，带动物料做圆周循环运动；（3）螺旋公转与自转相互配合，物料受螺旋旋转吸收，同时向圆周方向排散；（4）被提升至上部的两股物料流再向中心汇合，形成在中心向下的流向，填补底部的空缺带，从而形成了整体的循环作用流。

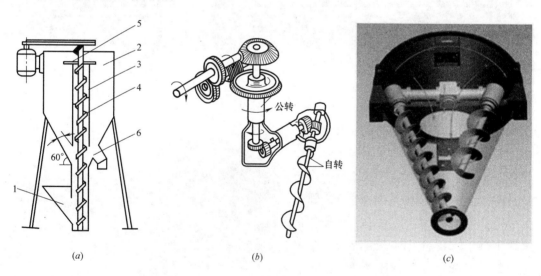

(a)   *(b)*   *(c)*

图13-13　立式螺旋混料机结构示意

(a) 单螺旋搅龙；(b) 行星式搅龙；(c) 双螺旋搅龙

1—料斗；2—混合仓；3—内套筒；4—螺旋搅龙；5—甩料板；6—出料口

2. 卧式螺带混料机

卧式螺带混料机由搅拌器、混合仓、驱动机构等组成。U型管状混合仓内安装双层异向螺带盘绕的搅拌器轴，螺带状叶片为双层内外结构，外层螺旋将物料从两侧向中央汇集，内层螺旋将物料从中央向两侧输送，在机体内产生横向交错对流、掺混、扩散等复合运动，使物料在短时间内达到最佳混合效果。

卧式螺带混料机的外观和结构如图 13-14 和图 13-15 所示，驱动机由电机、减速机等组成，通过联轴器带动主轴转动。混料机卧式仓体底部中央开设出料口，外层螺旋的蜗旋结构配合主轴旋转方向驱赶筒壁内侧物料至出料口出料，确保筒体内物料出料无死角。混料机的仓盖上可设置不同形式的开口，以满足不同工况使用。依照开口作用可设置人孔、清理门、投料口、排气口、除尘口等，开口形式有法兰式标准开口、快开式带盖门口。混料机可设置成仓盖全开式，便于清理设备内部。

图 13-14 卧式螺带混料机外观

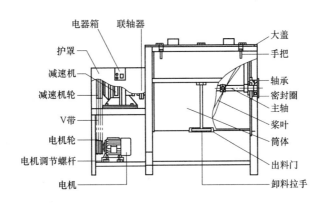

图 13-15 卧式螺带混料机结构示意

混料机内部主轴上盘绕两层不同方向的螺带，在动力的驱动下，快速搅拌物料，如图 13-16所示。混料机根据不同的物料性质可配置不同的搅拌器，改装的搅拌器可分为：内外双螺旋式、桨叶螺带式、内外断螺带式、剃刀式等。

卧式螺带混料机具有混合时间短、不破坏混合物料、易于清理清扫等优点，混合均匀性较好、生产效率较高、故障率极低、适应性广，对粗料、细料的混合也有良好的适应性。该设备为批次式混合机，根据每批次处理物料多少来选择合适的设备型号。

3. 双轴桨叶混料机

国外在 20 世纪 80 年代末已经开始研制双轴桨叶混料机，挪威 FORBERG 公司在 20 世纪

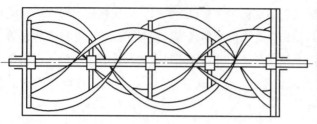

图 13-16 螺带搅拌器结构示意

90 年代初推出了双轴桨叶系列混料机。目前国外流行的翻转双轴桨叶混料机是在普通双轴桨叶混料机的基础之上研制而成的，但需要增加一系列的液体喷涂和真空管道以及一套机体翻转及传动机构，结构较为复杂。目前国内双轴桨叶卧式混料机的发展非常迅速，向着混合精度高、速度快、残留量小、低耗高效、系列化和适用范围广等方向发展。

双轴桨叶混料机主要由两根以一定相位排列的桨叶轴、混合仓及驱动装置构成。根据该混料机两根桨叶轴的特点，仓体一般设计为独特的 W 型结构，如图 13-17 所示。在电机的驱动下，一侧轴上的桨叶将物料甩起随其一同旋转，另一侧轴上的桨叶利用相位差将一侧甩起的物料反向旋转甩起。这样，两侧的物料便相互落入两轴间的腔内，在混料机的中央部位形成一个流态化的失重区，且以低圆周速度旋转。物料被提升后形成了旋转涡流，使物料快速、充分、均匀地混合。

双轴桨叶混料机具有混合能力强、速度快、混合均匀度高、残留量小、能耗较低、适用范围广等特点。双轴桨叶混料机混合过程柔和，不破坏物料的原始物理特性，其吨料能耗比螺带混料机低 64％左右，其混合均匀度变异系数 $CV<5\%$，最佳可达 3％以下。

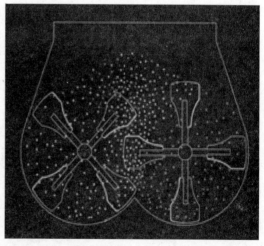

图 13-17 双轴桨叶混料机结构示意

混料机主要由混料机构、传动机构和混料筒组成。混料筒固定在支架上方，筒内设置两个横向混料轴，混料轴上焊接了绕轴线螺旋状均布的混料叶片。传动机构为链传动，由与电动机相连的双排链轮带动两个与混料轴连接的单排链轮完成动力传输，实现两个混料轴同向同步转动。双轴混料机（BLHL-S90）混料能力≥90m³/h；混料后最大粒径≤60mm；主轴转速48r/min；外形尺寸4090mm×1712mm×2600mm；设备装机功率≤32.2kW。依据混料轴的数量和混料能力，还有其他产品，见表13-2。

混料机主要型号参数　　　　　　　　　　　　　　　　　表13-2

型　　号	种　　类	混料能力（m³/h）
BLHL-W30	无轴	30
BLHL-D30	单轴	30
BLHL-S30	双轴	30
BLHL-S60	双轴	60
BLHL-S90	双轴	90

4. 两段螺旋混料机

两段螺旋混料机结构上分为强制传输段和混合破碎段，强制传输段采用螺旋叶片，混合破碎段采用螺旋式布置弯刀，如图13-18和图13-19所示。弯刀有较长的刃口，末端向一侧翘起，工作时刀片以一定的速度旋转，形成对物料的切割、破碎和抛掷，被抛掷的物料一部分碰到罩壳后被进一步破碎。

该混料机的弯刀采用螺旋式离散布置，在传输物料的同时对物料进行切割与抛掷，提高了混合破碎效果，避免了污泥的黏结、结块，可实现污泥和辅料的混合、破碎及输送三重功能，并能连续作业。

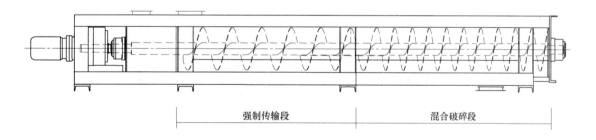

强制传输段　　　　　　　　　混合破碎段

图13-18　两段螺旋混料机结构示意

13.2.3　布料机

混合均匀的小颗粒污泥由带式输送机或装载机送至发酵仓上的均匀布料机，经均匀布料至仓内，也可用装载机进行输送堆料。均匀布料机适用于槽式发酵，利用发酵槽墙体上架设的轨道前后运动，如图13-20所示。

自动进出料机（见图13-21）可定点布料或出料，避免汽车铲车进入发酵槽，减少曝气孔堵塞，实现布料和出料全过程机械化、自动化。自动进出料机主要由取料机构、行走机构、机架仓体、控制系统4部分组成。通过取料机构拾取物料，物料在最上方靠自重掉落在仓体内；仓体下侧有卸料门，可以实现上料和出料的运输；行走机构采用履带底盘行走；控制系统可采用手动控制和自动控制两种方式，通过遥控器、控制面板和人机界面进行操作，同时能实时监控设备运行的关键参数，辅助操作者正确操控设备。自动进出料机型号为 BLJC-Z-5300，行走槽宽 300mm；行走跨距 5300mm；布料能力 ≥120m³/h；出料能力 ≥150m³/h；取料速度 1.5m/min；布料速度 20m/min；控制方式可采用手动控制和自动控制。

图 13-19 　两段螺旋混料机

图 13-20 　均匀布料机

图 13-21 　自动进出料机工作照片

13.3 　一体化智能好氧发酵设备

1. 工作原理

一体化智能好氧发酵设备可独立运行。发酵过程开始后，在鼓风机提供氧气的条件下，好氧微生物迅速增殖，堆体温度迅速升高，2～3d 后堆体进入高温期。设备自动监测和控制系统使物料在 50℃以上的高温阶段维持 5～7d 以上，以达到充分杀灭病原菌和杂草种子，实现物料的无害化和稳定化的目的。高温期结束后，内部匀翻装置对物料进行匀翻，使不同部位的物料进一步混匀，提高产品质量。设备中设置有温度监测探头，探头采集的数据经信号采集器输入计算机控制系统，实时反馈控制鼓风曝气的强度和时间。监测到有害气体浓度达到预设危害浓度时，系统报警并启动除臭装置，使产生的臭气及时得到处理，保证厂区周边的环境质量。

2. 设备构成

一体化智能好氧发酵设备主要由发酵仓体、进料布料系统、物料输送系统、匀翻系统、曝气系统、除臭系统、出料系统和智能控制系统组成，可实现全过程智能化控制，集输送、发酵、供氧、匀翻、监测、控制、除臭等于一体。

3. 设备特点

（1）智能控制：全过程智能控制，人工操作量小，管理方便。

（2）供氧高效均匀：独特的内部结构和供氧系统，保证发酵过程中充足均匀地供给氧气，保证曝气系统的高效运行。

（3）功能高度集成：实现输送、发酵、供氧、匀翻、监测、控制、除臭等功能的高度集成。

（4）施工周期短：可取消传统厂房，减少大量基础设施建设，缩短施工周期。

（5）无二次污染：内设通风除臭设施，保证厂区环境质量。

4. 型号参数

不同规格型号的一体化智能好氧发酵设备主要参数如表 13-3 所示。

一体化智能好氧发酵设备主要型号参数 　　　　　　　表 13-3

型　号	处理规模(t/d)	设备尺寸(mm)
BLYT-Z5	5	30000×3000×3700
BLYT-Z10	10	48000×3000×3700

5. 工程案例

工程名称：贵州习水县污泥处理工程

项目规模 10t/d，工艺流程见图 13-22，通过输送装置将市政污泥、返混料、辅料按比例输送至混料机中充分混合，经输送设备送至一体化智能好氧发酵设备进行发酵（见图 13-23）。混合物料输入发酵设备后，设备自动进行布料。发酵设备中设有温度、氧气在线监测探头，探头采集的数据经信号采集器输入计算机控制系统，实时反馈控制鼓风曝气的强度和时间。发酵过程中，鼓风机进行智能曝气，好氧微生物迅速增殖，堆体温度迅速升高，1～2d 后堆体进入高温期。通过自动监控系统使堆体在 55℃以上的高温阶段维持 5d 以上，以达到充分杀灭病原菌和杂草种子，实现物料的无害化和稳定化的目的。高温期结束后，内置匀翻机翻动物料，使物料进一步混匀，提高产品质量。发酵过程中，底部的链板将物料向前推移。发酵结束后，将物料输出发酵设备外，主要工艺参数见表 13-4。

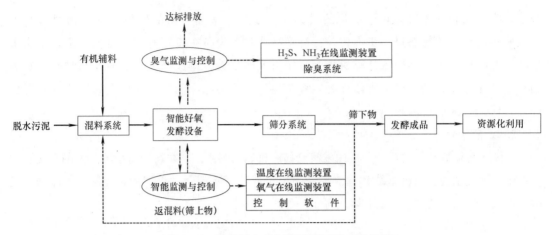

图 13-22 贵州习水县污泥处理工程工艺流程

图 13-23 一体化智能好氧发酵设备

一体化智能好氧发酵设备主要工艺参数 表 13-4

主 要 指 标	设 计 参 数
处理脱水污泥能力	10t/d(含水率 60%～82%)
发酵产物含水率	不高于 45%
发酵温度	55～70℃,持续时间不少于 5d
发酵周期	12d
堆体氧浓度	不低于 5%
有机物降解率	大于 50%
粪大肠菌群菌值	大于 0.01
蛔虫卵死亡率	大于 95%
除臭系统去除效率	大于 90%
用电量	运行负荷小于 180kW
发酵产物达标情况	《城镇污水处理厂污泥处置　园林绿化用泥质》GB/T 23486—2009、《城镇污水处理厂污泥处置　林地用泥质》CJ/T 362—2011、《城镇污水处理厂污泥处置　土地改良用泥质》GB/T 24600—2009

13.4　滚筒动态好氧发酵装备

1. 工作原理

滚筒反应器系统是采用圆柱形滚筒，包括通风装置和尾气处理装置等的反应器系统。圆柱形滚筒是滚筒反应器系统的主体，滚筒的轴线一般呈水平或稍有倾角。物料通过倾斜的进料装置（如螺旋进料器、传送带等）输送到滚筒的进料口。滚筒在驱动装置的带动下以设定速度绕轴线转动物料，在滚筒转动和筒内抄动装置的作用下物料被反复抄起、升高、跌落，有助于物料获得充足的氧气，提高物料温度和水分均匀度，可更加有效地完成好氧堆肥反应。物料随着滚筒的转动由进料端移动到出料端，物料的移动速度通常由进料速度和滚筒反应器的转动速度共同决定。

2. 设备构成

20 世纪 80 年代，国外发明了滚筒式生物反应器（Rotational Drum Reactor）。目前德国的专业污泥处理设备制造商开发有污泥堆肥滚筒反应器，如图 13-24 所示。

近年来，国内对污泥堆肥滚筒反应器的研究较多。滚筒反应器的通风和排水系统是保证好氧发酵顺利进行的关键。如图 13-25 所示，堆肥进行过程中，通过进气与出气管路系统向滚筒内通风供氧，产生的冷凝水与渗滤液通过内衬层中的排水系统排出反应器。装置利用外接空压机提供正压强制通风。进气与出气阀门通过行程开关控制，转至正下方±30°区域的进气阀与转至正上方±30°区域的出气阀开启。进气经过布气

图 13-24　污泥堆肥滚筒反应器

转轴进入彼此隔断的内衬层隔间后，通过设有曝气孔的布气板均匀进入储料仓进行通风，随后经滚筒上侧的布气板进入上方的气水分离室后，经由背面的出气管汇总至后方的布气转轴后排出。堆肥产生的冷凝水及渗滤液通过布气板流入气水分离室，布气孔经过特殊设计，能够保证水分在气水分离室转至上侧时不会倒灌回储料仓。排水阀受行程开关控制，在旋转至正上方±30°区域时开启，分离的水分从排水口排出反应器。滚筒前侧沿 1/2 半径的圆周上设有 3 个采样口，后侧沿 1/2 半径的圆周上设有 6 个温度检测探头，在排气总管末端设有气体冷凝除水装置和气体检测装置用于检测滚筒内氧气与二氧化碳含量。

如图 13-26 所示为一种梨形筒式好氧堆肥反应器，反应器由梨形筒体、动力系统、传动系统、通风系统、尾气回收装置、机架等组成。新型堆肥反应器筒体设计参考混凝土搅拌车，呈锥筒形，具有一定的倾角和导流叶片，方便自动进/出料。梨形筒体由前锥、中间圆柱体和后

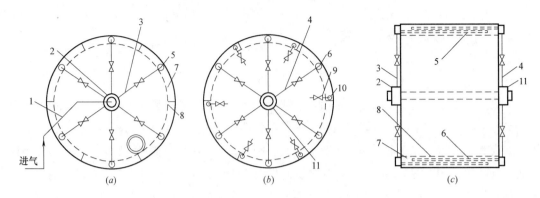

图 13-25 滚筒反应器通风排水系统示意

(a) 左立面图；(b) 右立面图；(c) 正立面图

1—进气总管；2—进气布气转轴；3—进气支管；4—出气支管；5—进气管；6—出气管；

7—内衬层隔间；8—带有通风/排水孔的内衬层内侧壁；9—排水口；10—排水阀与排水管；11—出气布气转轴

锥三部分组成，前、中、后三部分水平尺寸比例约为 1∶2∶1.25，前、后锥角度分别为 25.5°和 15.5°，筒体规模可随处理量的不同按比例进行缩放。梨形筒体内部为中空无轴结构，中心轴线处设有进出气管，通过双层筛网与筒体外风机连通，筒体内壁上均匀分布有螺旋导叶，筒体四周设有渗滤液接槽和观察取样口，筒体内不同区域装有温度计。整个筒体置于拖轮之上，由动力系统及传动系统带动。

反应器的动力系统由动力装置、齿轮传动组组成，梨形筒体中部圆柱体筒周设置有传动齿轮（大），筒体外部有电机齿轮（小）与动力装置直接连接，大、小齿轮相互啮合，外部驱动系统通过齿轮组的传动带动筒体转动；搅拌系统由筒体内壁螺旋导叶和动力系统组成，螺旋导叶共有 4 条，平行盘绕在筒体内壁，由动力系统带动导流混合；通风系统由鼓风机、进出气管、双层筛网等部件组成，进气管位于筒体正中心的轴线上，为穿孔管，管周分布有大量气孔，为防止气体短流，进气管一端堵塞，鼓风机鼓入的空气经由穿孔管均匀散布至筒内各处，使物料能与空气进行充分的接触，反应后的尾气由尾侧双层筛网收集通过出气管排放。

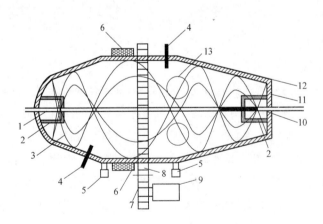

图 13-26 梨形筒式好氧堆肥反应器结构示意

1—进气管；2—双层筛网；3—叶片；4—温度计；5—拖轮；

6—渗滤液接槽；7—传动齿轮；8—电机齿轮；9—电动机；

10—出气管；11—筒体；12—进/料口；13—取样口

滚筒动态好氧高温发酵装置（见图 13-27）主要设备包括：动态好氧高温发酵滚筒及配套进出料设备，配套供风机及控制、监测系统。

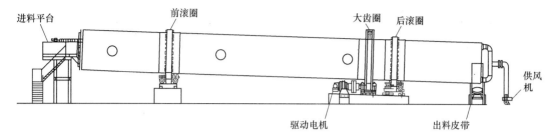

图 13-27　滚筒动态好氧高温发酵装置外形示意

3. 设备特点

(1) 广泛适用于污水处理厂脱水污泥的稳定化、无害化、减量化、资源化处理，特别适合周边区域环境敏感、占地受限等污水处理厂项目；

(2) 滚筒的连续运转增强了物料混合和翻抛效果，提高了传质及反应效率，可快速进入 55～70℃ 的高温期，可缩短主发酵时间至 5～7d；

(3) 发酵滚筒全密闭，筒内废气全收集处理，系统无臭气释放，环境友好，操作条件安全；

(4) 发酵滚筒全保温，系统散热量较小，发酵温度易保持，杀菌效果明显，运行效果受地域和四季影响较小；

(5) 系统占地面积小，设备布置灵活，可于污水处理厂内建设；

(6) 分区按需智能通风技术，可实现发酵各阶段根据堆体温度和氧气浓度进行按需供风，既保证了好氧环境又减少了通风量和废气处理量；

(7) 系统机械化、自动化程度高，运行及维护简单，劳动强度较小。

与其他常见的污泥好氧发酵技术的比较如表 13-5 所示。

3 种污泥好氧发酵技术综合比较　表 13-5

比较项目	发酵槽式	条垛式堆肥	滚筒好氧发酵
占地面积	中	大	小
发酵周期	中,20d 左右	长,>30d	短,5～7d
臭味控制	较难,处理风量较多,车间环境较差	无,一般不收集处理	优,臭气处理量较小,车间内无明显气味
受气候条件影响大小	大	较大	小,设备设有保温层
工作环境	较差	差	较好
二次污染	臭气、废液	臭气、废液	无
运行费用	较低	低	一般
能耗	一般	低	一般
维护管理难度	较复杂	简单	一般
操作人员数量	一般	多	较少
自控水平	一般	低	较高
堆肥产品质量	良	一般	良
适用范围	大型污水处理厂	—	中、小型污水处理厂

4. 型号参数

目前滚筒反应器系统在实际生产中已得到较多应用，可根据不同规模的物料处理量选择反应器尺寸、通风方式和系统控制措施等。滚筒动态好氧高温发酵装置主要型号参数见表13-6。

SG-DACT®滚筒动态好氧高温发酵装置主要型号参数　　　　表 13-6

型　号	处理能力(t/d)	设备规格(m)	系统装机功率/(kW)
DACT-1	5	Φ2.5×25	60
DACT-2	10	Φ3.0×30	70
DACT-3	15	Φ3.5×35	80
DACT-4	20	Φ3.8×40	95
DACT-5	25	Φ4.0×40	110

注：非标设备需特殊设计。

5. 工程案例

工程名称：任丘市城东污水处理厂污泥滚筒好氧发酵处理工程

（1）应用规模

该项目建于污水处理厂污泥脱水单元旁空地上，日处理15t含水率80％的脱水污泥，核心设备为1套15t/d的SG-DACT®滚筒动态好氧高温发酵装置，工程总占地面积1030m²，为传统工艺的1/3，实现了厂内建设。

（2）工艺流程

工艺流程见图13-28，污水处理厂含水率约为80％的脱水污泥运输至污泥料仓，外购调理物料堆放在辅料存放区，再通过装载机送至辅料料仓；污泥返混料也由铲车送回辅料料仓。污泥料仓、辅料料仓均设有计量螺旋输送机，按比例将污泥和辅料及返混料输送至双螺旋混料机进行混合，混合好的物料送进SG-DACT®滚筒发酵装置进行高温好氧发酵。发酵过程中产生的臭气和水蒸气由引风机抽至除臭装置进行处理，同时后端鼓风机为滚筒发酵装置补充新鲜空气，保证好氧环境；物料经5～7d高温好氧发酵后出料，出料可进行二次堆置进一步降低含水率，堆置完成后，将物料进行筛分，筛分后的部分物料返回使用，其余则运送至厂区储存或外运利用，主要工艺参数见表13-7。

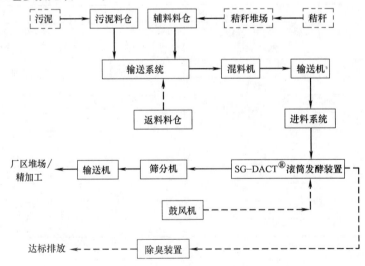

图 13-28　任丘市城东污水处理厂污泥滚筒好氧发酵处理工程工艺流程

任丘市城东污水处理厂污泥滚筒好氧发酵处理工程主要工艺参数　　表 13-7

项　目	参　数
进泥要求	污泥含水率 75%～85%，有机物含量＞40%
调理物料	玉米秸秆、玉米芯(含水率＜10%)
调理剂使用比例	7.5%～15%
发酵温度	55～70℃
停留时间	5～7d
总装机功率	80kW(部分设备变频运行、间歇运行)
吨泥电耗	17～20kWh(含水率 80%的脱水污泥)

(3) 处理效果

污泥经滚筒动态好氧高温发酵后，出料可以达到以下效果：含水率降至 40%以下（经二次堆置腐熟后），粪大肠杆菌值＞0.01，蛔虫卵死亡率＞95%，种子发芽率＞70%，污泥腐熟度良好，实现了污泥的无害化、稳定化和资源化。

工程实际照片见图 13-29～图 13-32。

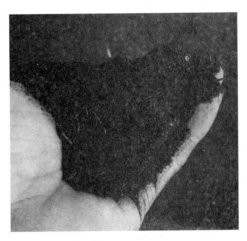

图 13-29　污泥滚筒动态好氧高温发酵产品

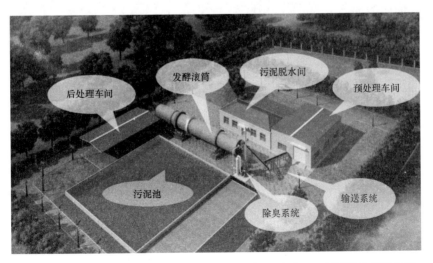

图 13-30　任丘市城东污水处理厂污泥滚筒好氧发酵处理工程污泥处理区鸟瞰

图 13-31 任丘市城东污水处理厂污泥滚筒好氧发酵处理工程污泥处理区全景

图 13-32 SG-DACT®滚筒动态好氧高温发酵装置

第 14 章 污泥热干化装备

14.1 超圆盘干化机

1. 工作原理

超圆盘干化机的主体由一个圆筒形的外壳和一组中心贯穿的圆盘组成（一条中空轴连通的中空转盘），如图 14-1 所示，干化介质采用蒸汽或者导热油，圆盘内部是中空的，干化介质从其中流过，把热量通过圆盘间接传输给污泥。污泥从圆盘与外壳之间通过，接收圆盘传递的热量，蒸发水分。盘片组垂直于中空轴，污泥的推进和搅拌是通过转子来实现的。污泥水分形成的水蒸气聚集在圆盘上方的穹顶里，被少量的载气风带出干化机。

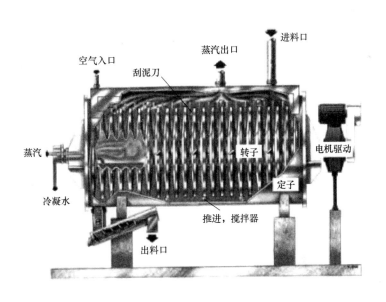

图 14-1 超圆盘干化机

2. 设备构成

超圆盘干化机主要由本体、中空轴、驱动、物料出口装置、电气控制等部分及其他各功能组件组成（见图 14-2 和表 14-1）。

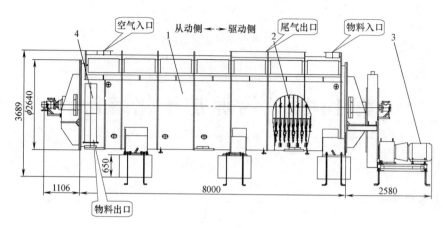

图 14-2 超圆盘干化机结构示意

1—本体；2—中空轴；3—驱动；4—物料出口装置

超圆盘干化机结构说明 表 14-1

名　称	功　能
本体	整体密闭,物料填充在本体内,C型环内通饱和蒸汽,干燥时起辅助作用; 大型结构件,安置在基础上,支承中空轴
中空轴	整体密闭,内腔通饱和蒸汽,干燥时起主导作用; 大型结构件,安置在本体上,起搅拌与推进物料作用
驱动	向中空轴传递动力; 方式:主电机→减速机→双排滚子链→中空轴
物料出口装置	干燥物料出口; 可手动调控物料出口门的开、闭

3. 设备特点

超圆盘干化机的优点是系统简单、占地面积小，热量利用效率较高，能够输出不同干度的污泥产品，用可装卸式羽根和固定式叶片送料，可提高设备的适应性。

4. 型号参数

主要型号有：SDK-370D、SDK-210D、SDK-130D、SDK-085D。

（1）SDK-370D 技术参数

主电机功率：约 90kW；

减速比：1:55；

中空轴转速：0～8.9r/min；

中空轴直径：$\phi750$；

盘片直径：$\phi2100$；

传热面积：约 411m²；

双向旋转接头：饱和蒸汽入口 $\phi100$/冷凝水出口 $\phi50$；

单向旋转接头：饱和蒸汽入口 $\phi100$；

机内容积：27m³；

热源：饱和蒸汽；

工作压力：0.5MPa；

工作温度：<170℃。

（2）SDK-210D 技术参数

主电机功率：约 55kW；

减速比：1∶55.473；

中空轴转速：0～7r/min；

中空轴直径：ϕ650；

盘片直径：ϕ1900；

传热面积：约 240m²；

双向旋转接头：饱和蒸汽入口 ϕ100/冷凝水出口 ϕ50；

单向旋转接头：饱和蒸汽入口 ϕ100；

机内容积：15m³；

热源：饱和蒸汽；

工作压力：0.5MPa；

工作温度：<170℃。

（3）SDK-130D 技术参数

主电机功率：约 45kW；

减速比：1∶45；

中空轴转速：0～10.9r/min；

中空轴直径：ϕ620；

盘片直径：ϕ1700；

传热面积：约 150m²；

双向旋转接头：饱和蒸汽入口 ϕ80/冷凝水出口 ϕ40；

单向旋转接头：饱和蒸汽入口 ϕ80；

机内容积：9.5m³；

热源：饱和蒸汽；

工作压力：0.5MPa；

工作温度：<170℃。

（4）SDK-085D 技术参数

主电机功率：约 22kW；

减速比：1∶50；

中空轴转速：0～10r/min；

中空轴直径：ϕ500；

盘片直径：$\phi1400$；

传热面积：约$103m^2$；

双向旋转接头：饱和蒸汽入口$\phi65$/冷凝水出口$\phi25$；

单向旋转接头：饱和蒸汽入口$\phi80$；

机内容积：$6m^3$；

热源：饱和蒸汽；

工作压力：0.5MPa；

工作温度：<170℃。

5. 工程案例

超圆盘干化机在污水污泥干化工程中的主要应用案例见表14-2。

超圆盘干化机在污水污泥干化工程中的主要应用案例   表 14-2

序号	应 用 项 目	设 备 型 号	单台设备处理量(kg/h)	原料含水率(%)	干化后含水率(%)
1	嘉兴新嘉爱斯热电	SDK-370D(14 台)	4167	80	40
2	国电北仑发电厂	SDK-370D(2 台)	4167	80	40
3	嘉兴电厂	SDK-370D(2 台)	4167	80	40
4	中石油宁夏项目	SDK-210D(1 台)	2500	85	40
5	浙江八达金华热电	SDK-370D(2 台)	4167	80	40
6	苏州江远热电	SDK-370D(3 台)	4167	80	40
7	合肥东方热电	SDK-370D(3 台)	4167	80	40
8	浙江清园生态热电	SDK-370D(2 台)	4167	80	40
9	靖江城市污水处理厂	SDK-130D(1 台)	1250	80	40
10	唐山鑫丰热电	SDK-370D(3 台)	4167	80	40
11	上海金山污泥干化	SDK-370D(2 台)	4167	80	40
12	上海松江污泥干化	SDK-370D(2 台)	4167	80	40
13	上海奉贤污泥干化	SDK-210D(2 台)	4167	60	30

处理工艺流程如图 14-3 所示，污泥由进料口送入干化机，干化介质在外壳和空心轴之间流动，通过夹套、空心轴和轴上焊接的空心盘片传输热量，污泥被间接加热干化，产生的水蒸气聚集在干化机的穹顶，由载气带出干化机。空心盘片与轴基本垂直，对污泥没有切割，通过盘片边缘的推进/搅拌器的作用，对污泥进行搅拌，不断更新干化面，从而实现干化的目的。污泥干化后采用热电厂协同处置污泥，既可以利用热电厂发电做功后的蒸汽作为干化热源（根据参数找到最合适的热源），又可以利用已有的焚烧和尾气处理设备，节省投资和运行成本。在具备条件的情况下，污泥在热电厂锅炉中与煤混合后焚烧，入炉污泥的掺入量建议不宜超过

燃烧量的 8%；而对于考虑污泥掺烧的新建锅炉，污泥掺烧量不受限制。干化后的污泥输送到煤场与煤均匀混合后，通过电厂输煤系统进入锅炉焚烧。

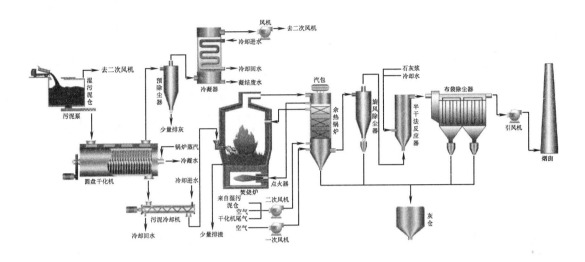

图 14-3　污泥干化焚烧典型工艺流程

运行成本分析：

（1）直接运行成本的 80%以上为蒸汽成本。

（2）由于设备所需的蒸汽为 0.5MPa 的低品质蒸汽，一般价格在 100 元/t 以内。电厂自用蒸汽成本更低。煤炭价格较低地区成本更低。电费在 10 元/t 左右。

（3）系统运行自动化程度高，操控简便。所需的运行人员较少，一般一个项目一个班只需要 1～2 人，人员成本低。

以苏州江远热电项目为例，汽耗 0.78t/t 污泥，电耗 8.5kWh/t 污泥。

某些污泥干化项目现场照片如图 14-4～图 14-7 所示。

图 14-4　嘉兴新嘉爱斯热电污泥干化项目

图 14-5　苏州江远热电污泥干化项目

图 14-6　唐山鑫丰热电污泥干化项目

图 14-7　合肥东方热电污泥处置项目

14.2　桨叶干化机

1. 工作原理

桨叶干化机的干化原理如下：由工厂提供的低压饱和蒸汽进入桨叶干化机的空心叶片、热轴及夹套中，饱和蒸汽与湿污泥进行间接换热后，冷凝液通过蒸汽疏水阀流入工厂冷凝水系统；湿污泥由污泥泵加入桨叶干化机内，通过桨叶的搅拌，一边干化，一边向前移动，达到干化要求的污泥呈粉状，从干化机尾部排出，由产品输送系统送入产品料仓；干化过程中蒸发出的水蒸气通过引风机引到旋风湿式除尘器进行除湿、除尘后送入污水处理厂脱臭系统。

桨叶干化机工艺流程见图 14-8。

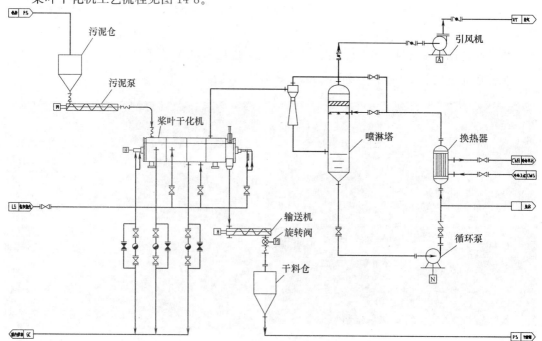

图 14-8　桨叶干化机工艺流程

2. 设备构成

桨叶干化机由热轴、机身、端板、上盖及传动系统等组成。桨叶干化机在工作中两根热轴不仅是主要加热面，而且不停地转动，使物料得到最大限度的混合，如图 14-9 所示。

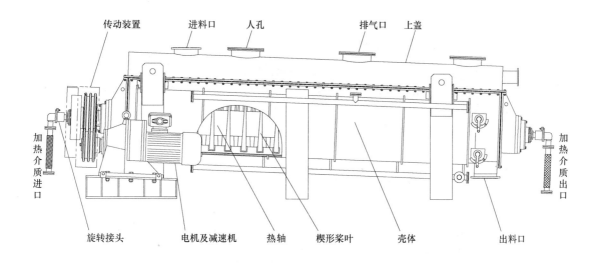

图 14-9　桨叶干化机结构示意

3. 设备特点

桨叶干化机具有以下特点：

（1）桨叶干化机的热源可以采用低压（0.3～0.5MPa）饱和蒸汽，电厂汽轮机作为功后排出的低压蒸汽就可以作为干化机的热源，干化过程中，蒸汽与污泥没有直接接触，换热后的蒸汽冷凝液可以回收利用，充分节约能源。

（2）设备结构紧凑，干化机占地面积小，减少基建投资。

（3）桨叶干化机的辅助装置很少，主要包括尾气处理装置及进、出料装置，总体设备投资比较低，运行故障率低。

（4）楔形桨叶具有自清理功能，可以防止污泥在叶片上的黏结，保证设备能够平稳、长周期运行，不需要定期清理设备。

（5）桨叶干化机的尾气主要是污泥中蒸发出的水汽和少量载气，因此尾气量很小，相应的尾气处理比较简单。

（6）桨叶干化机内设有溢流板，同时可以根据加料量、热轴转速、热源温度等手段调节污泥的停留时间，因此可以根据污泥的进口含水率和出口含水率的要求自由调节，既适合污泥的半干化工艺，又适合污泥的全干化工艺。

（7）桨叶干化机通过叶片的强制搅拌，使干化后的产品很均匀，同时，由于其操作弹性大，设备的长周期运行平稳、可靠，因此运行成本低。

（8）由于桨叶干化机干化过程中没有粉尘飞扬，尾气中夹带粉尘很少，热源温度也较低（＜200℃），因此不存在粉尘自燃或爆炸等安全隐患。

4. 型号参数

桨叶干化（冷却）机已形成系列化产品，主要有 2.5m²、10m²、15m²、25m²、30m²、40m²、50m²、60m²、85m²、105m²、115m²、125m²、140m²、160m²、185m² 等多种规格，还可根据用户要求，进行特殊规格的设计。主要的桨叶干化机产品见图 14-10～图 14-12。

图 14-10　真空连续桨叶干化机

图 14-11　双轴桨叶干化机

图 14-12　四轴桨叶干化机

此外，由于桨叶干化机结构的限制，其单台处理能力有一定限制，对于全干化或污泥处理量大的项目，可以采用两级串联或多台干化机并联操作的方式。对于大产量（＞500t/d）的污泥全干化工艺，采用桨叶干化机与其他间接加热干化机配合使用，会使整套装置的综合成本更低。

14.3　流化床干化机

1. 工作原理

通过流化床下部的风箱，将循环气体送入流化床内。物料在床内流态化并混合，通过循环气体不断地流过物料层进行热交换，达到干化的目的（见图 14-13）。

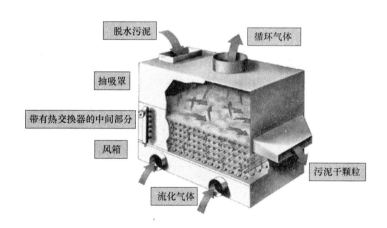

图 14-13　流化床干化原理

流化床内充满污泥干颗粒且处于流态化状态。通过泵送，脱水污泥直接进入流化床内，无需任何返混系统。湿污泥和干污泥在此充分混合。由于良好的热量和物料传送条件，湿污泥中的水分很快被蒸发使其含固率超过 90％。通过后混系统，最终产品的含固率可以灵活调整。颗粒在流化床内成型，其颗粒直径的分布范围在 1～4mm。

一定的流化层保证了稳定的干化温度和干化曲线。由于床内一定的物料停留时间和足够的热容量，保证了干化的均匀性，即使进料的质量和/或含水率有一定的变化也无碍。

2. 设备构成

流化床干化机从底部到顶部基本上由3部分组成：

风箱：位于干化机的最下面，用于将循环气体分送到流化床装置的不同区域，其底部的气体分布板用来分送惰性流化气体，保证循环气体能适量均匀地导向整个干化机。

中间部分：热交换器内置于此，使脱水污泥中水分蒸发的所有能量均通过此热交换器送入。可以采用多种介质作为热媒，如蒸汽、热油或其他废热。

抽吸罩：作为分离的第一步，用来使流化的污泥干颗粒脱离循环气体，而循环气体带着污泥细粒和蒸发的水分离开干化机。

3. 设备特点

流化床干化机的特点主要包括以下方面：

(1) 对进料湿污泥的特性变化不敏感。无论湿污泥的含水率还是特性发生了变化，系统本身能自动调节，保持系统的全自动运行，无需任何人工干涉。

(2) 湿污泥采用直接进料方式，无需返混。

(3) 合适的干化温度（85℃），远离安全临界温度。

(4) 系统的密闭性好，有较高的环境等级。

(5) 系统尾气排放量少，除了对环境影响小之外，尾气处理的投资和运行成本低。

(6) 没有大型的转动部件，保证了较高的运行效率，且运行维护成本较低。

4. 型号参数

鉴于流化床热介质的多样性，既可以采用热油（通过后接污泥焚烧系统加热，或通过其他如天然气加热等方式），也可以采用不同压力的蒸汽，或者其他废热，通常干化机及其系统的设计需因地制宜，为每个工程量身定制最合适和最合理的技术和经济方案。

流化床干化机的主要设计参数为：水蒸发量、热介质温度或压力、干化机面积等，常用的工艺参数见表14-3。流化床的惰性材料可以是石英砂或者矿渣，工艺的精确设计参数由每个部分的经验值范围决定。

流化床干化机工艺参数　　　　　　　　　　表14-3

参　　数		范　　围
温度(℃)	载热体	500～600
	干化污泥	300～900
	燃烧室气体	800～1100
	废气	120～250
干化时间(min)		10～15
单位体积水分蒸发量(kg/h)		80～140
蒸发1kg水分的比消耗	空气(kg)	10～25
	热量(J)	3770～5870
干化机入口的载热体速度(m/s)		15～25

5. 工程案例

工程名称：上海白龙港污水处理厂污泥干化项目

污泥处理采用污泥厌氧消化加干化的技术路线。污泥厌氧消化产生的沼气经锅炉加热导热油，用于污泥干化。天然气作为备用能源。经干化处理后的污泥含水率降至 10% 以下，通过后混处理后含固率大于 70% 的污泥外运送往上海老港垃圾填埋场填埋。

流化床污泥干化处理的主要工艺参数见表 14-4，工艺流程见图 14-14。

<table>
<tr><td colspan="2">流化床污泥干化处理主要工艺参数　　　　　表 14-4</td></tr>
<tr><td>主　要　指　标</td><td>设　计　参　数</td></tr>
<tr><td>干化污泥量</td><td>60.4t/d</td></tr>
<tr><td>干化生产线数</td><td>3 条</td></tr>
<tr><td>脱水污泥含水率</td><td>75% 左右</td></tr>
<tr><td>干化后污泥含固率</td><td>70%（可调范围 70%～90% 以上）</td></tr>
</table>

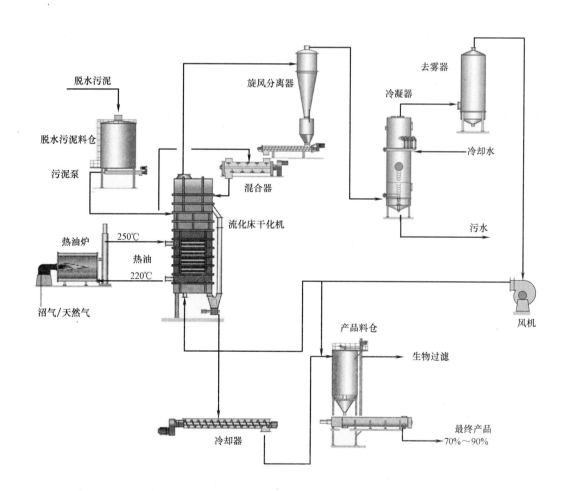

图 14-14　流化床污泥干化处理工艺流程

含固率为 25% 左右的脱水污泥被送入两个湿污泥料仓，每个料仓的储存能力为 250m³。5 台螺杆泵直接安装在每个料仓底部，将污泥送入 3 条干化生产线的流化床干化机中。5 台螺杆泵中的 1 台泵用于向后混系统的双轴混合器送泥。在这里，干湿污泥混合达到最终污泥含固率在 70%～90%。

料仓均与排气系统相连。排气按照每小时空料仓体积的 7 倍的量来设计，以避免料仓中易爆气体的积累。

在流化床干化机内，通过流化床下部的风箱，将循环气体送入流化床内，颗粒在床内流态化并充分混合，通过循环气体不断地流过物料层，达到干化的目的。热量由燃烧沼气或天然气加热热油提供，热油被加热到 250℃ 作为进口温度，通过干燥后的出口温度为 220℃。

循环气体将污泥细粒和水分带离干化机。采用旋风分离器使污泥细粒与流化气体分离。旋风分离器后安装带有料位控制的灰仓，这样将污泥细粒循环至流化床干化器不需要连续运行。螺旋输送机将污泥细粒从灰仓中投加到斗提机进而到混合器。在那里，污泥细粒与脱水污泥进行混合，并通过螺旋输送机再送回到流化床干化机中。

污泥细粒在旋风分离器内进行分离，而蒸发的水分在一个冷凝器内采用直接逆流喷水的方式进行冷凝。

通过 2 台风机将干净而冷却的流化气体再循环到干化机内。

流化气体在冷却回路内的循环以同样的方式进行处理，但无旋风分离器，因为无污泥细粒。此外，冷却器气体回路中的小型冷凝器用于冷却。汽水分离器之后的回路气体通过一台风机进行压缩，供应给冷却器。

通过 2 台气锁阀排放干化产品，干化产品具有以下特性：

(1) 温度：＜50℃；

(2) 含固率：90%，通过后混，含固率在 70%～90% 之间可调；

(3) 颗粒直径：1～4mm。

污泥干颗粒储存在惰性环境中，惰性气体来自于流化床干化机，然后进入冷却器和产品料仓。产品料仓和排气系统连接。

干化机系统和冷却器系统的流化气体均保持一个封闭气体回路。

工厂的尾气来自于：

(1) 湿污泥料仓；

(2) 卸载装置；

(3) 少量的干化机尾气。

这些气体被收集，通过风机送出，进入生物过滤系统进行尾气处理。

流化床干化机的操作很简单，全自动化运行。

2011 年工厂开始运行至今，工厂运行良好，年平均运行时间＞7500h。

工程现场照片如图 14-15、图 14-16 所示。

图 14-15 上海白龙港污泥流化床干化工程（一）　图 14-16 上海白龙港污泥流化床干化工程（二）

14.4 薄层干化机

1. 工作原理

薄层干化机（见图 14-17）主要由外壳、转子和叶片、驱动装置三大部分组成，外壳为压力容器，其壳体夹套间可注入蒸汽或导热油作为污泥干化工艺的热媒，蒸汽推荐使用 1.0MPa 饱和蒸汽，也可使用其他压力的饱和蒸汽，如果蒸汽为过热蒸汽，则需要设置减温减压器。如果厂区没有蒸汽，可以使用导热油作为热源。

转子为一根整体的空心轴，其特殊的加工工艺可以确保转子在受热的同时高速转动时不产生挠度，始终使叶片与内筒壁的距离保持在 5～10mm。在转子的转动及叶片的涂布下，进入干化机的污泥会均匀地在内壁上形成一个动态的薄层，内壁温度高于水的沸点，污泥中的水分被迅速蒸发，在内壁表面立即形成一层蒸汽层，由于莱顿弗罗斯特效应，污泥不会黏附在热壁表面，而是从内壁表面脱落，薄层不断地被更新，在向出料口推进的过程中不断地被干化。

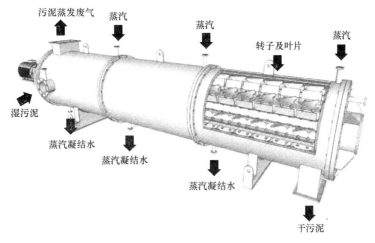

图 14-17 薄层干化机结构示意

薄层干化工艺流程分为 4 部分：湿污泥储存及输送、污泥干化、干污泥输送及储存、蒸发尾气处理。

（1）湿污泥储存及输送

机械脱水后的湿污泥由运输车辆倾倒至地下接收料仓。接收料仓顶部设有液压门，当需要接收外来污泥时打开，接收完毕后关闭，尽量减少臭气外泄。接收料仓下部设有滑架和卸料螺旋，滑架受液压装置驱动，在料仓的平底上往复运动，将污泥推向卸料螺旋，卸料螺旋再将污泥送至污泥输送泵。根据输送距离、输送高度及湿污泥性质，污泥输送泵可采用螺杆泵或柱塞泵，当湿污泥含水率低于 65％时，将采用螺旋输送器进行输送。

为了减少湿污泥中臭气对环境的影响，在接收料仓顶部设有风机，将接收料仓内的臭气引至除臭设施，以改善操作环境。

（2）污泥干化

螺杆泵/柱塞泵/螺旋输送器将湿污泥送至薄层干化机入口端，进入薄层干化机的污泥被转子分布于热壁表面，转子上的叶片在对热壁表面的污泥反复翻混的同时，还将其向前推送到出泥口。在此过程中，污泥中的水分被加热蒸发为水蒸气，水蒸气在干化机内部与污泥逆向运动，最终由污泥进料口上方的乏气箱排出。

薄层干化工艺可通过污泥中的蒸发水实现系统内自惰性化的要求。在开机及紧急情况下采用低压蒸汽、新鲜水/氮气作为干化系统的惰性化介质。在乏气箱出口设有氧含量分析仪，通过对干化系统内氧含量的控制，使本污泥干化工艺设计达到本质安全。如图 14-18所示。

（3）干污泥输送及储存

薄层干化机产出的干污泥首先进入干泥冷却器进行冷却，温度由 90℃降低到 50℃。干泥冷却器为带有夹套的螺旋输送器，兼具冷却与输送干污泥的作用。冷却后的干污泥由链板提升机送至干污泥储仓。

干污泥储仓的作用是对干污泥进行中转和暂存，储仓中的干污泥可根据需要送至下游焚烧装置，也可装车或装袋外运。干污泥的后续输送或装运需要结合具体项目要求进行针对性设计。

（4）蒸发尾气处理

干化过程中产生的蒸发尾气在干化机内部与污泥逆向运动，由污泥进料口上方的乏气箱排出，进入喷淋冷凝器。在喷淋冷凝器中，蒸发尾气通过水洗，水分从中冷凝下来。少量不凝气体（空气和污泥中的挥发物）及水蒸气经过除雾器，由尾气风机排出干化系统。自干化系统排出的废气约为系统水蒸发量的 10％，尾气风机使整个干化系统处于负压状态，避免臭气及粉尘的溢出。如图 14-19 所示。

对蒸发尾气进行喷淋冷凝的方式有两种，一种是直接喷淋，另一种是循环喷淋。直接喷淋即采用污水处理厂出水（二次沉淀池出水）对蒸发尾气进行冷凝降温，冷凝排水送污水处理厂生化池进行处理。直接喷淋的优点是系统简单、设备数量少、冷凝效果好、不需要设置循环冷却水塔，缺点是污水量大、对污水处理厂生化池有水量及水温冲击。采用循环喷淋方式时，需增加循环水泵、板式换热器两种设备，同时要求提供循环冷却水，或增加循环冷却水塔及循环水泵自备循环冷却水。循环喷淋方式是通过板式换热器对喷淋水进行降温后再次喷淋，循环使用，只排出少量废水（与蒸发水量相同），循环喷淋最大的优点就是排放的废水量小。两种方式的选择由现场条件及项目需求决定。

薄层干化工艺的废气外排量很小，如果与污水处理厂共建，可并入污水处理厂臭气处理装置；如果与焚烧装置共建，可将废气焚烧处理。

薄层干化系统设备布置如图 14-20 所示。

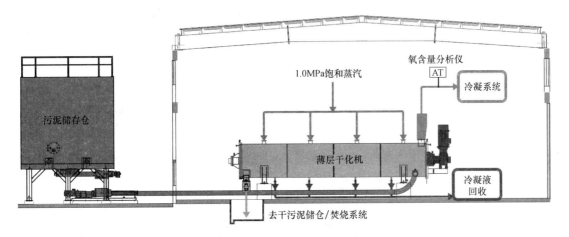

图 14-18　薄层干化工艺流程示意（污泥干化系统）

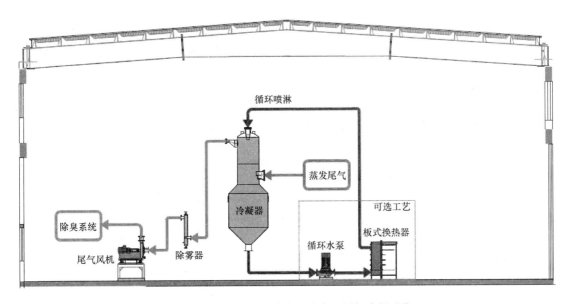

图 14-19　薄层干化工艺流程示意（尾气冷凝系统）

2. 设备构成

薄层干化机主要由外壳、转子和叶片、驱动装置三大部分组成。薄层干化机随机附带检修

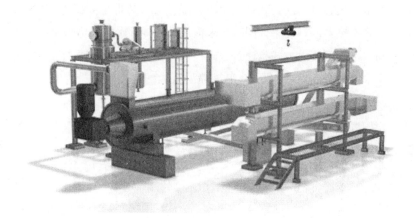

图 14-20 薄层干化系统设备布置示意

小车,用于设备的检修,通常在干化机电机端设置与转子等长的轨道。

薄层干化机壳体材质为欧洲标准的耐高温锅炉钢;内筒壁作为与污泥接触的传热部分,提供主要的换热面积以及形成污泥薄层的载体,其材质有多种材料可选,其中 Naxtra-700 高强度结构钢覆层材料广泛适用于市政/化工行业污泥,防腐、耐磨性优于其他材料;转子和叶片(见图 14-21)材质通常为不锈钢 SS316L。

图 14-21 叶片结构示意

叶片具有多种不同形式,不同的形式具备不同的功能,如涂布、搅拌、混合与推进等。叶片由螺栓固定在转子的轨道结构上,每一个叶片均可以调节和更换。

薄层干化机电机端设置检修轨道,轨道长度与转子长度相当,随机配置两个检修小车,驱动端检修小车(见图 14-22)与设备连接,拆卸端盖后,非驱动端检修小车(见图 14-23)与转子中轴连接,转子可沿轨道抽出,进行叶片的更换和内壁的检测。

薄层干化系统主要设备有:湿污泥接收仓、湿污泥储存仓、卸料螺旋、螺杆泵、薄层干化机、冷却器、卸料阀、刮板输送机、干污泥料仓、冷凝器、除雾器、风机、循环水泵、板式换热器等,薄层干化机外观见图 14-24。

图 14-22　驱动端检修小车

图 14-23　非驱动端检修小车

图 14-24　薄层干化机

3. 设备特点

（1）安全性高

1）系统全密闭，可实现干化系统内氧含量控制在 5% 以内，杜绝爆炸和燃烧风险。

2）正常运行时系统依靠污泥中的水分蒸发达到自惰性化的效果，即干化系统内部都是水蒸气的高湿润无氧气环境；系统内部安装在线氧含量分析仪，当氧含量分析仪报警（市政项目氧含量超过 5%）时，连锁保护程序启动，向干化系统内部自动喷入低压蒸汽或新鲜水等惰性介质（惰性介质一般为两种，当一种介质失灵时，会切换使用另外一种保护介质）。

3）负压运行，避免粉尘、可燃气体及臭气外溢；杜绝车间内危险气体的产生，保证人身安全。

4）干污泥经过冷却后输送入料仓，避免人员烫伤及高温情况下堆积的自燃、闷燃风险。

5）连锁保护措施完善，超温、超载、超氧含量均有报警及对应的自动控制措施，保证系统安全。

（2）稳定可靠

1）年运行时间可达到 8000h 以上。

2）污泥无需预处理，对进泥含水率无苛刻要求，干化机内部固体负荷低，可以直接跨越污泥"塑性阶段"，无需污泥外部反混。

3）进入干化机的污泥被转子刮刀刮到热表面，并不断地扰动、更新污泥层，在干化机内部使污泥层形成类似湍流的效果达到充分换热的目的，充分利用泡核沸腾的原理，污泥与热表面接触时，会形成一层将污泥与热壁分隔开来的气垫层，使污泥不会在热表面结疤，起到通过污泥间的力量传递将刮刀的刮擦力传递到热表面，达到对换热面进行自清洁的效果。

4）系统简单、附属设备少、故障点少、运行可靠性高。

5）系统启停机迅速，1.5h 可实现冷态开机，关机只需 15～30min，工况调节速度快。

6）突发紧急状况停机时，无需人工清理干化机内部污泥，条件恢复后可立即恢复使用。

7）检修、维护简单，工作环境友好，检修耗时少，检修过程不需要动用焊接设备。

（3）经济性好

1）干化过程中无任何药剂消耗。

2）热效率高，SMS 卧式薄层干化机为间接热传导干化，蒸发效率高达 35～40kgH_2O/（$m^2 \cdot h$）。

3）热耗低：根据英国《Characterization of Sludges-Good Practice for Sludges Drying》（《污泥特征-污泥干化的良好实践》）（CEN/TR 15473—2007）的介绍，卧式薄层干化机蒸发吨水的热能消耗为 800～900kWh（单位消耗约为 1.14～1.29t 蒸汽/t 水）。

4）热损失少，无气路循环，避免了载气循环系统的热量浪费，也减少了载气循环系统的处理设备，减少了热耗和电耗，系统热辐射损失低于 3%。

5）可进行废热回收，从系统排放的尾气中可以以热水的形式回收 80% 以上的干化阶段热能消耗。

6）全自动化控制，避免过多人力资源浪费，每班 2 人即可完成系统正常操控，可实现周末、夜间无人值守。

7）排气量少，只有蒸发水量的 5%～10%，节约臭气处理成本。

8）单台处理量大，综合占地面积小，安装工作量小，节约工程总投资。

4. 型号参数

薄层干化机主要型号参数见表 14-5。

薄层干化机主要型号参数　　　　　　　　　表 14-5

型号	功率(kW)	传热面积(m²)	容积(m³)	污泥处理量(kg/h)	水分蒸发量(kg/h)	空载质量(kg)	满载质量(kg)	外形尺寸 L×W×H(mm)
NDS-0350	55	3.5	0.325	150	107	2000	2400	4650×850×950
NDS-0500	55	5	0.49	225	161	2700	3300	5180×1000×1000
NDS-0800	75	8	1.01	350	250	4500	5750	6835×1180×1350
NDS-1400	75	14	2.13	650	464	9000	11500	8080×1300×1490
NDS-2000	90	20	3.65	950	679	13100	17250	9695×1500×1650
NDS-2500	110	25	4.7	1200	857	17000	22300	9965×1700×1850
NDS-3000	132	30	5.65	1400	1000	21000	27400	11755×1700×1850
NDS-3500	132	35	6.4	1650	1179	26300	33300	11473×2000×2000
NDS-4000	132	40	7.9	1900	1357	30000	38850	13680×2000×2000
NDS-5000	160	50	9.9	2400	1714	40000	51600	13820×2400×2300
NDS-6000	200	60	11.78	2850	2036	45800	53800	15730×2400×2300
NDS-7000	220	70	13.6	3350	2393	56600	72600	15850×2650×2600
NDS-8000	250	80	15.85	3850	2750	64000	82600	18080×2650×2600
NDS-9000	315	90	22.3	4300	3071	85000	110400	19000×2750×2900
NDS-10000	355	100	24.5	4800	3429	92600	120500	19000×2950×3100
NDS-11000	355	110	27	5300	3786	99500	130100	20755×2950×3100
NDS-12000	400	120	30	5750	4107	108000	142000	22230×2950×3100
NDS-13000	450	130	32.3	6250	4464	121300	158000	22230×3150×3300
NDS-14000	560	140	34.85	6750	4821	145000	185000	22130×3400×3600
NDS-15000	630	150	37.17	7250	5179	158000	200000	23310×3400×3800

注：表中污泥处理量和水分蒸发量按照进泥含固率 20%、出泥含固率 70% 来计算，实际蒸发水量应根据设计工况进行核算。

5. 工程案例

(1) 成都市第一城市污水污泥处理厂工程污泥干化系统

建设单位：成都市排水有限责任公司。

工程规模：400t/d（以含固率 20% 计）。

厂址：四川省成都市成华区，高洪村五组，成都市龙潭污水处理厂二期预留用地范围内。

处理工艺：薄层干化＋流化床焚烧。工艺流程见图 14-25。

该项目于 2013 年正式投入运营，现处于正常运行阶段。相关参数，配套设备见表 14-6～表 14-8；污泥厂效果图见图 14-26，所用薄层干化机见图 14-27。

成都市第一城市污水污泥处理厂工程污泥干化系统设计参数 表 14-6

主 要 指 标	设 计 参 数
污泥干化系统设计处理量	400t/d
进泥含水率	80%
薄层干化机出泥含水率	65%
薄层干化机单机蒸发水量	3571kg/h
设计选型	NDS-7000
薄层干化机数量	2台
热媒	饱和蒸汽(1MPa,180℃)
操作温度	165℃

成都市第一城市污水污泥处理厂工程所用薄层干化机参数 表 14-7

主要指标	参数	主要指标	参数
总质量(空载)(kg)	56600	内壁材质	NAXTRA-700
总质量(满载)(kg)	72600	转子材质	SS316L
转速(r/min)	100	换热面积(m²)	70
轴端密封(从动)	填料	轴端密封(驱动)	填料

成都市第一城市污水污泥处理厂工程污泥干化系统配套设备 表 14-8

设 备 名 称	数 量	备 注
湿污泥接收仓系统	2座	40m³/座,碳钢防腐
湿污泥储存仓系统	2座	400m³/座,碳钢防腐
干污泥暂存料仓	2座	4m³/座,碳钢防腐
螺杆泵	2台	变频控制
冷凝器	2台	SS 304,φ900×4000mm
除雾器	2台	SS 304,φ350×1000mm
风机	2台	SS 304,风量 400m³,风压 4000Pa

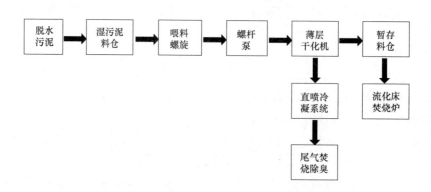

图 14-25　成都市第一城市污水污泥处理厂工程污泥干化工艺流程

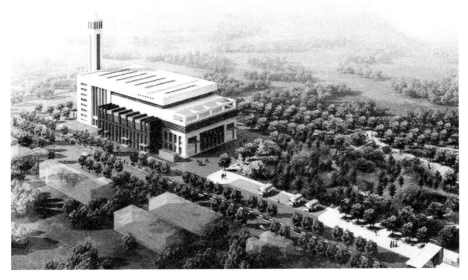

图 14-26　成都市第一城市污水污泥处理厂工程污泥厂效果

图 14-27　城都市第一城市污水污泥处理厂工程所用薄层干化机

（2）宁波华清环保技术有限公司污泥干化系统

1）项目简介

工程规模：总计 3 万 m³/d 工业废水处理产生的污泥，兼顾宁波石化经济技术开发区内各工业企业污水处理厂产生的危废污泥。本工程一期建设规模确定为 12t 干污泥/d，折合脱水污泥 60t/d（含水率 80%）。

厂址：石化经济技术开发区主干道与甬舟高速公路交叉口北部。

处理工艺：薄层干化＋回转窑焚烧。工艺流程见图 14-28。

污泥出路：焚烧。

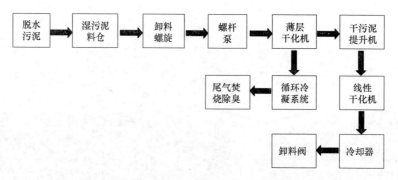

图 14-28 宁波华清环保技术有限公司污泥干化工艺流程

该项目目前已经通过环保验收和性能测试,处于正常运行阶段。

2)污泥干化系统设计选型

污泥干化系统设计参数见表 14-9。

宁波华清环保技术有限公司污泥干化系统设计参数　　　　　　表 14-9

主 要 指 标	设 计 参 数
污泥干化系统设计处理量	12t 干污泥/d
进泥含水率	80%
薄层干化机出泥含水率	35%
线性干化机出泥含水率	10%
薄层干化机单机蒸发水量	1713kg/h
设计选型	薄层 NDS-5000/线性 LD-800
薄层干化机数量	2 台(1 用 1 备)
线性干化机数量	1 台
热媒	饱和蒸汽(1MPa、180℃)
操作温度	180℃

3)设备参数

设备参数见表 14-10~表 14-13。

宁波华清环保技术有限公司污泥干化系统所用薄层干化机参数　　　　表 14-10

主 要 指 标	参 数	主 要 指 标	参 数
总质量(空载)(kg)	32200	内壁材质	NAXTRA-700
总质量(满载)(kg)	42850	转子材质	SS316L
转子质量(kg)	8300	换热面积(m²)	55
主体质量(kg)	17200	轴端密封(驱动)	填料
转速(r/min)	136	轴端密封(从动)	填料

宁波华清环保技术有限公司污泥干化系统所用线性干化机参数　　　　表 14-11

主 要 指 标	参 数	主 要 指 标	参 数
总质量(空载)(kg)	12400	内壁材质	NAXTRA-700
总质量(满载)(kg)	16900	转子材质	SS316L
转子质量(kg)	4400	型号	LD-800
主体质量(kg)	5100	轴端密封(驱动)	填料
转速(r/min)	30	轴端密封(从动)	填料

宁波华清环保技术有限公司污泥干化系统配套设备　　　　表 14-12

设 备 名 称	数 量	备 注
湿污泥缓存料仓	1 座	30m³/座,碳钢防腐,双滑架
湿污泥进料螺旋	2 台	输送量 3m³/h,变频控制
污泥冷却器	1 台	材质 SS304,换热面积 25m²,双轴
干污泥提升机	2 台	材质 SS304,链板提升机,输送量 2m³/h
卸料阀	1 台	材质 SS304,输送量 2m³/h

宁波华清环保技术有限公司污泥干化项目实测干化机运行消耗　　　　表 14-13

项 目	消 耗 量
热耗(kcal/kg 蒸发水)	≤660
电耗(kW/kg 蒸发水)	≤0.065

污水厂效果图见图 14-29;污泥干化系统见图 14-30,图 14-31。

图 14-29　宁波华清环保技术有限公司污泥干化项目污泥厂效果

(3) 天津津南污水处理厂污泥干化系统

天津津南污泥厂是原天津市纪庄子污水处理厂的搬迁配套工程,该工程基本情况:

工程规模:厌氧消化含水率 80% 的污泥 800t/d,污泥干化 122t/d(干基),含水率 70%,干化出泥含水率 30%;

厂址:津南区大孙庄,津南污水处理厂厂址北侧,总占地面积 6.0hm²;

处理工艺:高效污泥厌氧消化＋板框脱水＋干化工艺;

图 14-30 宁波华清环保技术有限公司
污泥干化系统（一）

图 14-31 宁波华清环保技术有限公司
污泥干化系统（二）

污泥出路：绿化用土（或土地改良用土）等。

该项目目前已经通过环保验收，处于正常运行阶段。相关参数、配套设备见表 14-14～表 14-16；污泥干化系统见图 14-32、图 14-33。

天津津南污水处理厂污泥干化系统设计参数　　　　表 14-14

主要指标	设计参数	主要指标	设计参数
污泥干化系统设计处理量	122t 干污泥/d	设计选型	NDS-12500
进泥含水率	70%	数量	2台
出泥含水率	30%	热媒	导热油
总蒸发水量	9t/h	操作温度	180℃

天津津南污水处理厂污泥干化系统所用设备参数　　　　表 14-15

主要指标	参　数	主要指标	参　数
总质量（空载）(kg)	111000	内壁材质	NAXTRA-700
总质量（满载）(kg)	144900	转子材质	SS316L
转子质量(kg)	51500	换热面积(m²)	125
叶片质量(kg)	250	轴端密封（驱动）	填料
转速(r/min)	80	轴端密封（从动）	填料

天津津南污水处理厂污泥干化系统配套设备　　　　表 14-16

设备名称	数　量	备　注
缓存料仓系统	2座	40m³/座，碳钢防腐，双滑架
湿污泥进料螺旋	2台	10m³/h，变频控制
热回收系统	2套	冷却废蒸汽，回收热能
污泥冷却器	2台	材质 SS304，换热面积 50m²，双轴
干污泥输送螺旋	6台	输送量 10m³/h，无轴螺旋
斗式提升机	2台	输送量 10m³/h
干污泥料仓	2座	50m³/座

图 14-32 天津津南污水处理厂污泥
干化系统（一）

图 14-33 天津津南污水处理厂污泥
干化系统（二）

14.5 带式干化机

1. 工作原理

在干化污泥时，根据烘干温度的不同可将带式干化机分为低温烘干机和中温烘干机。其中低温烘干温度为室温到 65℃，中温烘干温度为 110~130℃。低温烘干过程主要利用自然风的风干能力对污泥进行烘干处理，若自然风的风干能力不足，则必须额外加入热能，通过提高自然风的温度对脱水污泥进行烘干处理，带式干化机见图 14-34。

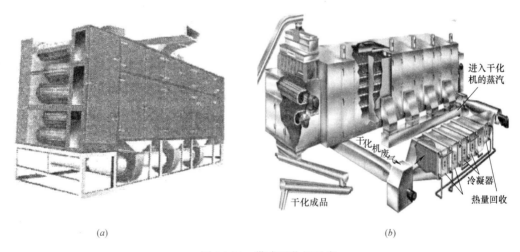

图 14-34 带式干化机示意
（a）外观；（b）构造

最初设计的带式干化装置几乎都是低温带式干化装置（干化空气温度低于 50℃），运转时需要吸入大量环境空气，这些环境空气有时无需加热（例如晴天时），或者采用低温废热进行加热。低温带式干化装置的优点是结构简单，但占地面积很大，需要大量环境空气，从而使鼓风机的耗电量也相应较大。尽管是低温干化，并且干化风量也较大，但是仍然发现产生的尾气中会产生一些臭味，如果补充安装除臭系统则必须支付较高的费用。因此，目前市场上新推出的带式干化装置几乎都以中温形式运转，干化空气温度在 80～130℃之间。与低温带式干化装置相比，中温带式干化装置具有以下优点：结构紧凑、占地面积小；大多数环境空气在干化装置内循环流动；排气量很少，除臭简单；在干化过程中污泥已被消毒至等级为 A 的产品。为了降低能耗费用，中温带式干化装置一般都安装在拥有低温废热的地方，例如采用来自热电联产装置的冷却热水。

带式干化设备在国内应用较多，例如深圳南山热电厂 400t/d 污泥干化项目，采用低温带式干化工艺，干化污泥含水率在 10%～40%范围内可调，满足污泥后续利用的不同需求。该技术对污泥粒度有要求，在进料前需整形调理，热气流自上或自下穿过水平移动网带上的污泥，接触传热干化。

烘干污泥以颗粒状态出料，当部分烘干时，如果出泥颗粒的含固率在 60%～85%之间，则出泥颗粒中灰尘含量很少。当全部烘干时，如果出泥颗粒的含固率大于 85%，那么污泥经粉碎后颗粒粒径范围在 3～5mm，粉尘含量（粒径 0.3mm 以下）最大不超过 1%（质量比）。

2. 设备特点

带式干化机具有如下特点：

（1）操作简单，安全装置启动和停机时间短，不需要额外注入惰性气体；

（2）连续性操作，控制过程简单，整个烘干操作过程可实现全自动控制；

（3）热源可以自由穿过污泥"黏糊区域"，无论是污泥烘干过程，还是污泥换带过程都不会受污泥"黏糊区域"的影响；

（4）可利用废热进行低温烘干处理，在带式干化机中，可利用热水循环利用低温废热；

（5）出泥含固率可自由设置，可将市政污泥烘干至含水率低于 10%；

（6）装置磨损部件少，运转费用低，烘干带的输送速度很慢，污泥只是铺设在烘干带上，不产生任何机械能。

14.6 两段式污泥干化机

1. 工作原理

加热干化是为了减少污泥体积、达到一定含固率的目的采用的处理方法。

两段式污泥干化技术的独创性在于结合了直接干化技术和间接干化技术的优势以及其无可比拟的专利能量回收系统。

利用两级干化，第一级为间接干化（薄层蒸发器），第二级为直接干化（带式干化机）。

工艺流程如图 14-35 所示。

第一级：薄层蒸发器

连续泵入水平薄层蒸发器（见图 14-36）的脱水污泥，被蒸发器的旋转叶片均匀地分布在圆筒的内壁形成薄层，在中空壳体之间循环流动的热流体对附着的污泥薄层进行加热干化。

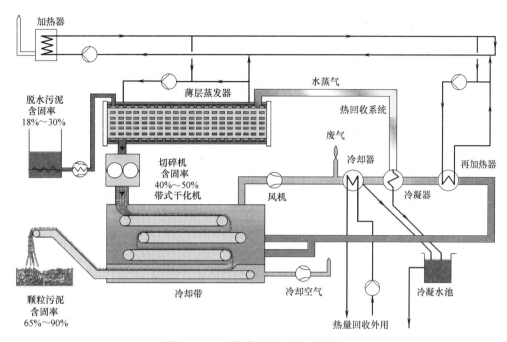

图 14-35　两段式污泥干化工艺流程

薄层蒸发器出口的可塑状态污泥落入切碎机被挤成面条状长条，然后被均匀分布在缓慢移动的带式干化机（见图 14-37）的传输带上。

第二级：带式干化机

切碎机预成型的污泥在传输带上形成颗粒层，热空气逆向扫过并穿透颗粒层对污泥进行加热干化，使污泥含固率从 40%～50% 逐渐达到所要求的 65%～90% 水平。

在干化过程中污泥温度保持在 90℃，最终阶段经风冷后干化污泥的温度将迅速降至 40～50℃。带式干化机为微负压运行，以防止臭气外溢。

一级干燥器出口的具有一定延展性的污泥落入切碎机的孔格网上，污泥经挤压形成面条状的污泥串，污泥串的长度取决于污泥内纤维的含量（见图 14-38）。

图 14-36　薄层蒸发器

图 14-37　带式干化机

2. 设备构成

两段式污泥干化机（见图 14-39）主要由以下 4 个部分组成：

图 14-38　污泥切碎机

（1）第一级干化（薄层蒸发器）；

（2）污泥成型：切碎机；

（3）第二级干化（带式干化机）；

（4）热量回收装置。

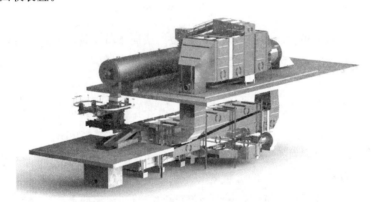

图 14-39　两段式污泥干化机

3. 设备特点

两段式污泥干化机主要有以下 4 个特点：

（1）系统节能降耗

1）可回收能量的两段式工艺；

2）节省能量 30%～40%；

3）吨水蒸发热耗约 650～750kWh。

（2）运行安全可靠

1）工作温度低；

2）无尘工艺；

3）废气排放量少。

（3）操作维护简便

1）系统简单、易于操作；

2）全自动化控制；

3）磨损件少、维护量低。

（4）产品优质稳定

1）无需造粒机就能达到最佳粒径；

2）可调节成品污泥含固率：65％～90％；

3）可调节污泥颗粒尺寸：1～10mm。

4. 工程案例

工程名称：苏州工业园区污泥处置与资源化项目（见图 14-40）

采用苏伊士旗下专有的 Innodry® 2E 技术，将园区污水处理厂的所有污泥经过干化转变成生物质燃料，送入毗邻的东吴热电厂发电，而干化所需的能源则来源于热电厂的废热蒸汽。

项目设计污泥处理能力 300t/d（以含水率80％计），设有 3 条独立的生产线，将

图 14-40　苏州工业园区污泥处置与资源化项目

污泥含水率由80％降低至10％～30％。截至 2017 年，苏州工业园区污泥干化厂已经连续安全运行 6 年以上，累积处理污泥 485000 多 t。

14.7　转鼓式干化机

转鼓式干化机的运转温度一般在 400℃以上，并且总是采用化石燃料进行直接加热。在拥有低温或高温废热的情况下，只能用于输入空气的预加热处理。由于高温运转，转鼓式干化机能够十分容易地产生消毒等级为 A 的干化污泥。干化后的污泥部分返回装置进料口，与进料湿污泥相混合产生一定形状的污泥颗粒。考虑到在干化机内会产生一定量的粉尘，所以干化后的污泥必须进行筛分处理：粉尘和筛下物颗粒返回装置进料口，筛上物污泥颗粒被额外粉碎处理，然后返回装置循环处理，只有粒径在 2～4mm 之间的污泥颗粒作为最终产品输出污泥干化系统。转鼓式干化机比较适合大型污泥处理厂，出料干污泥的质量优良，形状美观。干化机本身结构紧凑，但是辅助设备相当复杂，需要精细复杂的安全保护设备，且转鼓式干化机只能高温运转，消耗优质化石燃料，无法采用来自热电联产装置的中温废热进行污泥干化处理。

最初所有转鼓式干化机都使用一次性通过空气系统，能量利用效率低，且产生大量需要除臭的气体。后来大部分供应商采用密闭循环式转鼓干化机，节省了能源，减少了剩余空气排放量。

在目前众多的干化工艺中，转鼓式直接干化工艺具有干化效率高、设备构造简单、运行操作简单、干化后污泥颗粒较规则且大小可调等优点。自20世纪40年代以来，日本、欧洲和美国就采用直接加热式转鼓干化机进行污泥干化。目前主要有4家设备供应商：澳大利亚的Andritz AG、美国的BioGro、英国的SwissCombi和日本的Okawara。除了Okawara工艺之外，其余各厂家的工艺在干化前，均需用干物料与污泥混合形成含固率达60%～70%的小球状物，这样可产生在转筒里随意转动的小球颗粒；Okawara公司生产的转鼓式干化机，则用转筒里的高速刮削刀刮泥饼，以形成随意移动的产物。图14-41为直接转鼓式干化机和间接转鼓式干化机的示意图。

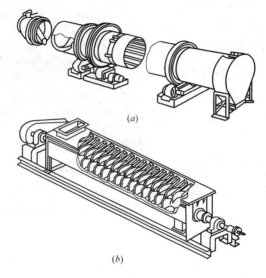

(a)

(b)

图 14-41 转鼓式干化机示意
(a) 直接式；(b) 间接式

14.8 太阳能干化装备

太阳能干化污泥的工艺要点在于太阳能干化装置，主要包括太阳能集热装置、温室、翻泥机、通风设备和电控设备等。太阳能干化装置的主要目的是通过太阳辐射能量和空气非饱和程度将污泥水蒸发出来，从而达到污泥干化的目的。在操作过程中应：(1) 尽可能多地让太阳能直接辐射到污泥表面，通过污泥吸附转化成热能；(2) 尽可能多地通风，使大量非饱和空气在污泥表面上流动，带走污泥中的水分。基于上述工艺要点形成了在集热、翻泥、进料、收料等方面不断改进发展的干化工艺。太阳能污泥干化实际商业化应用最早见于1994年德国南部的ISTAnlagen-bauGmbH污水处理厂。近几年，随着污泥产量的不断攀升以及相关环境卫生政策的出台制约了传统污泥处置途径（如填埋、农用等），在欧洲尤其在法国和德国，该技术得到了应用和推广，如威立雅公司的Solia工艺，得利满公司的Helantis工艺等，国内近年来也开展了基于太阳能-热泵技术的研究与应用。

　　德国厂商（THERMOR-SYSTEM）采用遥控小型移动"鼹鼠"在整个暖房内随机翻泥，以序批式进行污泥干化处理，其他厂商都采用桥架型翻抛机沿整个暖房宽度对污泥进行翻抛干化处理。其中值得一提的是由德国 HUBER 公司提供的翻抛机同时还具有干污泥运输功能，可将出料端的干化污泥直接返送回进料湿污泥端。通过干污泥和湿污泥之间的混合和相互切割，在进料区域立即产生颗粒性的、具有空隙的污泥层。太阳能干化装置占地面积较大，具体污泥干化能力与当地全年太阳辐射强度、环境空气温度及湿度有关。如果能够额外向暖房内输入辅助热能，例如采用热泵技术，就可以降低污泥停留时间和干化室面积。此外，为了避免暖房内粉尘飞扬，一般污泥被干化至含固率大约为 70%。如果污泥进出料采用铲车进行运送，则应该考虑驾驶员的工作条件，因为理论上暖房内的空气中有可能含有病毒细菌。基于此原因，同时也为了节省人工费用，可以安装运输螺杆进行自动进料和出料。

第 15 章 污泥焚烧装备

15.1 流化床焚烧炉

1. 工作原理

流化床焚烧炉外观见图 15-1，由前端工序过来的污泥通过污泥给料机输送到流化床焚烧炉的炉膛中。经过预热的燃烧空气通过布风板，带动石英砂的流化。污泥在石英砂和燃烧空气的作用下，依靠自身的热值，达到自持燃烧的目的。燃烧产生的烟气由流化床焚烧炉顶部的烟道排出，进入后续的余热锅炉进行热能回收，以及后续的烟气处理工序。

图 15-1 流化床焚烧炉

2. 设备构成

世界上第一台焚烧污水污泥的流化床锅炉在 1962 年建于美国华盛顿 Lynnword。20 世纪 90 年代，美国共有 343 座活性污泥焚烧炉，其中 66 座为流化床焚烧炉，目前新建的焚烧装置大都采用流化床。欧洲第一台流化床焚烧炉于 1964 年在德国建成，用于焚烧精炼污泥。德国境内已有 40 多个污水处理厂拥有多年的污泥焚烧工艺实际运行经验，污泥焚烧炉首先始于多段竖炉，而后流化床炉逐渐取代了多段竖炉。目前，流化床焚烧炉的市场占有率超过了 90%。在丹麦，每年约有 25% 的污泥在 32 座焚烧厂中处理。

污泥焚烧处置在日本发展迅速，且应用广泛，现在日本规模较大的污水处理厂大都采用焚烧法处理污泥。1992 年，日本 75% 的市政污泥采用焚烧法处理，焚烧炉数量达 1892 座。近几年来，污泥焚烧炉增加速度较快，炉种的类别以流化床焚烧炉最为普遍，焚烧炉的燃料均采用重油或厌氧消化产生的沼气。目前国外的流化床焚烧炉主要有美国的 Riley Stoker、Foster Wheeler，德国的 EISENMANN，法国的 Veolia，日本的 TSK（Tsukishma Kikai）、三菱重工等。

流化床焚烧炉主要有两种形式：鼓泡流化床焚烧炉和循环流化床焚烧炉。

（1）鼓泡流化床焚烧炉

鼓泡流化床焚烧炉主要由炉本体、尾部受热面、床面补燃系统、喷水降温装置、螺旋输送机、排渣阀、燃油启动燃烧室、烟气处理系统和鼓/引风机等组成,如图 15-2 所示。鼓泡流化床焚烧炉的主体设备为圆柱形炉体,炉膛由密相焚烧区和稀相焚烧区组成,在稀相焚烧区布置有受热面。

鼓泡流化床焚烧炉的流化速度一般控制在 0.6～2.0m/s 之间,密相焚烧区高度一般控制在 0.8～1.2m 之间,以保证污泥完全燃烧所需的炉内停留时间和密相焚烧区内床料和流化介质的充分接触及稳定流化等。稀相焚烧区高度的选取主要取决于扬析颗粒的夹带分离高度 TDH、烟气的炉内停留时间和受热面的布置等。

炉体内壁衬耐火材料,并装有一定量的耐热床料。鼓泡流化床焚烧炉采用一定粒度范围的石灰石/石英砂作为床料,污泥和石灰石/石英砂由螺旋给料装置送入炉内,污泥入炉后即与炽热的床料迅速混合,受到充分加热、干化并完全燃烧。

一次风从炉体下部的风箱通入,并以一定的速度通过气体分配板进入焚烧炉,使炉内的床料处于正常流化状态。气体分配板有的由多孔板做成,有的是在平板上穿有一定形状和数量的专业喷嘴,如

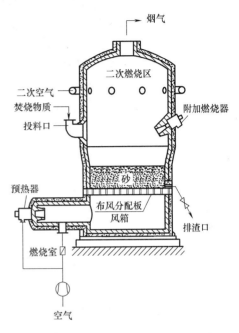

图 15-2　典型鼓泡流化床焚烧炉示意

图 15-3 和图 15-4 所示。脱水污泥经半干化后从塔侧或塔顶加入,在流化床层内进行干化、粉碎、气化等过程后,通常在 850～950℃下迅速燃烧。燃烧产生的烟气从塔顶排出,尾气中夹带

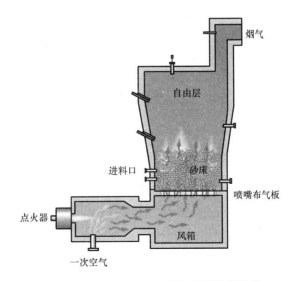

图 15-3　EISENMANN 流化床焚烧炉示意

图 15-4　布风板

的载体粒子和灰渣一般用除尘器捕集，载体可返回流化床内。尾气经热交换回收热量后进一步处理，回收的热能可用于污泥半干化。

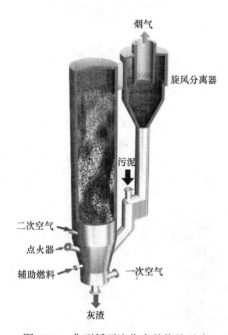

图 15-5　典型循环流化床焚烧炉示意

（2）循环流化床焚烧炉

循环流化床焚烧炉出现于 20 世纪 60 年代，是新一代沸腾炉。典型的循环流化床焚烧炉如图 15-5 所示。循环流化床焚烧炉的流化速度一般在 3.6～6.0m/s 之间，约为鼓泡流化床焚烧炉的 2～10 倍。在此流化速度下，烟气夹带大量的细颗粒飞离炉膛，进入气固分离装置。分离下来的固体颗粒经物料回送装置送入炉膛下部，形成物料的循环。该运行方式保证了污泥和脱硫剂等固体物料在炉膛内有充分的停留时间，使污泥的燃尽率和脱硫剂的利用率有较大的提高。

流化床床温控制在 850～900℃ 之间，污泥呈颗粒状在流化床内燃烧，其所占床料质量比很小。循环流化床焚烧炉特殊的流体力学特性使得气固（气态和固态）和固固（固态和固态）混合非常好，各段之间较大的流化倍率差形成床料颗粒的大尺度内旋流，加剧了污泥和床料颗粒之间的碰撞混合。污泥进入流化床内即被大量处于流化状态的高温惰性床料冲散，因此，污泥在流化床内焚烧时不会发生黏结。污泥颗粒进入炉膛后很快与大量床料混合，并被迅速加热至着火温度，同时床层温度也没有明显降低。粗颗粒在燃烧室底层焚烧，细颗粒在燃烧室顶层焚烧，被吹出的细颗粒经分离器分离后进行收集，然后经返料器送回床内进行循环燃烧。

针对污泥中含有的 S 及 Cl 等成分，在污泥中混入一定比例的石灰石等脱硫剂，石灰石分解后生成的 CaO 与上述物质反应，实现炉内固硫和固氯，可大大减少 SO_2 和 HCl 的生成，并可减轻烟气净化设备的负荷。脱硫剂在床内多次循环，利用率高。由于烟气与脱硫剂接触时间长，脱硫率可达到 80% 以上。氮氧化物的生成主要与燃烧温度有关，循环流化床焚烧炉燃烧温度仅 850℃ 左右，可有效地抑制氮氧化物的生成。

循环流化床焚烧炉是火力发电厂的常用设备，德国 Berrenroth 电厂和 Weisweiler 电厂将含水率为 70% 的脱水污泥放在循环流化床焚烧炉中与煤混合焚烧，煤与污泥比为 3:1，燃烧后的烟气指标符合德国允许排放值。国内常州也将污泥放在循环流化床焚烧炉内焚烧，从 2005 年 9 月开始试运行，运行情况良好。

法国 Veolia 公司开发的 Pyrofluid™ 流化床焚烧炉，通过采用两级热交换器进行能量回收，有效地减少了能耗并降低了运行成本，其结构如图 15-6 所示。能量回收系统包括两个主要部件：一个是烟气/流化空气热交换器，为助燃气体提供预热；一个是冷却器，即烟气/热媒流体热交换器，冷却废气，回收热量。第一级热交换器称为气体预热型热交换器，在助燃空气/流化空气进入风室前，用部分烟气的热量对其进行加热，使需要注入的补充燃料量最小化。在 Pyrofluid™ 设计中，在给定的污泥热值和挥发性物质含量下，可以根据湿污泥量和热负荷设计出不需要添

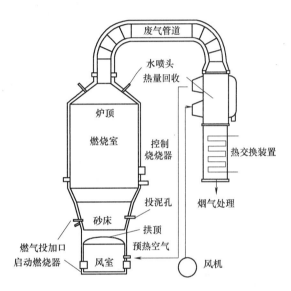

图 15-6　Pyrofluid™ 流化床焚烧炉结构示意

加任何辅助燃料或不需要喷淋降温水的运行工况，最大限度地减少能耗和降低运行成本。第二级热交换器称为冷却型热交换器，能冷却废气达到适宜温度。冷却液可为过热水或导热油。回收的热量将用于预干化部分，因此干化设备的能耗将得到最大限度地节约。Pyrofluid™ 流化床焚烧炉烟气处理系统包括：（1）干式静电除尘器去除固体状态的灰分和重金属；（2）袋式除尘器去除粉尘和由于投加化学药剂产生的副产物。

3. 设备特点

流化床焚烧炉的特点包括：

（1）给料机的设计可以优化污泥在炉膛的分布，以确保均一的焚烧，同时避免烟气中氮氧化物、一氧化碳等组分的波动；

（2）布风板采用气密式的结构设计，石英砂的流化速度取决于布风板上端喷嘴的分布，该设计可以最大限度地保证流化的均匀性；

（3）耐火砖的设计考虑了污泥热值波动和故障停车等情况下炉膛温度的变化；

（4）采用选择性非催化还原系统，满足氮氧化物的排放标准；

（5）可以适应不同干化系统的匹配。

流化床焚烧炉需结合整个污泥焚烧厂的设计而量身定制，根据不同泥质成分、热值、含水率、处理量等采用不同床层截面和不同高度的流化床进行灵活设计，以达到物料和热量的合理利用。

4. 工程案例

（1）瑞士苏黎世污泥焚烧项目（见图 15-7、图 15-8）

瑞士苏黎世污泥焚烧项目采用奥图泰最新改进型的流化床工艺，对工厂热量平衡进行深度优化，在自持焚烧的基础上，可以产生电用于污水处理厂和额外的热源用于区域供暖。该工厂于 2015 年 6 月投入运行。

主要工艺包括：污泥接收和储存、污泥除杂和输送、污泥干化、流化床焚烧、余热锅炉（及燃烧空气预热和发电）、静电除尘、半干法反应器、布袋除尘、湿式洗涤、烟气再热、达标排放。

主要工艺参数如下：

处理量：10 万 t 脱水污泥/年；

脱水污泥含固率：30%；

干化机进泥含固率：22%～30%；

干化机出泥含固率：35%～45%；

蒸发量：5t/h；

焚烧炉温度：870～950℃；

流化空气量：16000m³/h；

烟气流量：26500m³/h；

锅炉蒸汽温度：450℃；

蒸汽压力：6MPa；

蒸汽产量：9t/h；

额外发电量：900kW；

烟气排放标准：满足欧盟 2000 标准。

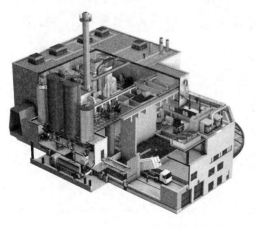

图 15-7　瑞士苏黎世污泥焚烧项目系统图

图 15-8　瑞士苏黎世污泥焚烧项目现场

（2）深圳上洋污泥焚烧厂（见图 15-9）

深圳上洋污泥焚烧厂采用 Thermylis™高温流化床焚烧技术，包括污泥接收和储存系统、半干化系统、焚烧系统（见图 15-10）、热回收系统和烟气处理系统 5 个部分。

处理规模：800t/d，远期预留 400～800t/d 规模用地。

工艺路线：采用半干化＋焚烧的污泥处理技术路线。工艺流程见图 15-11。

烟气处理系统：按《生活垃圾焚烧污染控制标准》GB 18485—2014 二级标准控制。

图 15-9　深圳上洋污泥焚烧厂

图 15-10　深圳上洋污泥
焚烧厂流化床焚烧炉

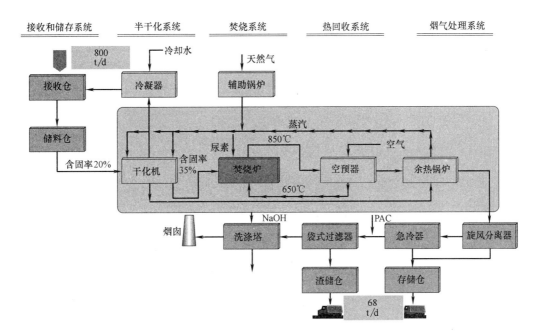

图 15-11　深圳上洋污泥焚烧厂工艺流程

15.2 回转窑式焚烧炉

1. 工作原理

回转窑式焚烧炉，就是从窑头吹入热风炉产生的高温烟气，使干化污泥温度快速提升并继续干化，在窑内 900~1000℃的高温下完全燃烧，燃烧产生的高温烟气被引入二燃室（竖向布置），后经冷空气配风，进入干化塔作为湿污泥的干化热源，最后废烟气进入尾气处理系统。

焚烧后灰渣由于重力作用落至窑尾出渣机，最后到大型储渣仓后由汽车外运。热风炉点火用辅助燃料采用烟煤。

2. 设备构成

回转窑式焚烧炉在工业上应用比较广泛，原用于水泥和石灰的烧制工艺。回转窑式焚烧炉的燃烧设备主要是一个缓慢旋转的圆筒，筒体与水平线平行或略呈倾斜，其内壁可采用耐火砖砌筑，也可采用管式水冷壁，用以保护转筒，其结构如图 15-12 所示。回转窑直径约为 4~

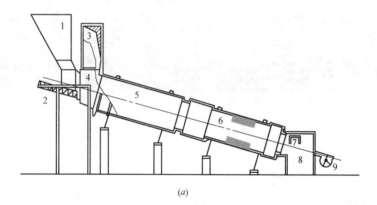

(a)

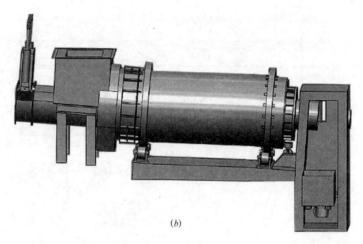

(b)

图 15-12　回转窑式焚烧炉结构示意

(a) 结构组成；(b) 外观

1—进料斗；2—液压推料机；3—烟气出口；4—前封斗；5—干燥段；6—燃烧段；7—灰渣筛；8—后封斗；9—点火器

6m，长度约为 10～20m，可根据焚烧量确定。运行过程中转筒低速旋转，污泥经供料装置从回转式转筒的上端送入，通过转筒连续、缓慢转动，利用内壁耐高温抄板带动污泥翻滚、下滑，并与热烟气充分接触混合，一直到筒体出口排出灰渣。在回转窑旋转过程中，污泥依次经过干化、热解、燃烧和灰冷却过程。

回转窑式焚烧炉的进料速率通常控制在炉内污泥量约占炉体体积的 30% 以下。污泥在回转窑式焚烧炉内的停留时间通常约为一至数小时，停留时间取决于窑体转速（约 0.5～8r/min）、炉膛长度与直径的比值及炉体的倾斜角。操作温度通常为 800～1000℃。污泥在回转窑式焚烧炉中焚烧所产生的气体可能含有部分未完全燃烧的有害气体产物，因此，回转窑式焚烧炉须配备二次燃烧室。污泥在回转窑式焚烧炉内分解气化产生可燃气体，其中未燃烧的可燃气体在二次燃烧室内达到完全燃烧。二次燃烧室一般需加辅助燃料才能正常运行，故运行成本较高。二次燃烧室的燃烧温度为 800～1000℃。

按气流与污泥流动方向，回转窑式焚烧炉可分为并流式与逆流式两种。污泥在回转窑内与高温气流逆向流动时高温气流可以预热进入的污泥，热量利用充分，热传效率高。

回转窑式焚烧炉的优点是操作弹性大，可以耐废物性状（黏度、水分）、发热量等条件变化的冲击。另外，由于回转窑式焚烧炉机械结构简单很少发生事故，因此能长期连续运转。回转窑式焚烧炉的缺点是热效率较低，只有 35%～40% 左右，主要原因是污泥在回转过程中形成球团，外部被烧结而内部没有燃烧。因此在处理较低热值的固体废物时，必须加入辅助燃料。其次，高黏度污泥在干燥区容易在炉内黏附结块，也会影响传热效率。由于从回转炉体排出的尾气经常带有恶臭味，因此应加设高温二次燃烧室，或者导入脱臭装置进行脱臭。

德国 EISENMANN 公司开发了 Pyrobustor® 两级回转窑式焚烧炉，污泥的热解和燃烧过程分别在两个连续的独立炉腔内进行，如图 15-13 所示。污泥首先进入热解段炉腔发生热解反应，生成的焦炭转移至燃烧段炉腔充分燃烧，生成的高热量热解气则可作为燃料使用，如用于烟气的二次燃烧处理。焦炭在燃烧段炉腔燃烧产生的废烟气经过盘管通入热解段炉腔，为热解反应提供间接热量。产生的不可燃灰渣通过热交换装置，将部分热量返回至燃烧段炉腔，同时灰渣得到冷却。Pyrobustor® 两级回转窑式焚烧炉通过废热回收利用系统，大大提高了热效率，

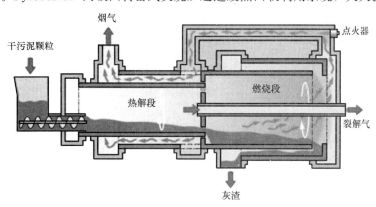

图 15-13　Pyrobustor® 两级回转窑式焚烧炉

最大处理量可达1000kg干污泥/h。但相比普通的回转窑式焚烧炉，Pyrobustor®两级回转窑式焚烧炉结构相对复杂，管理要求较高。

3. 工程案例

工程名称：绍兴市环兴污泥处理有限公司污泥干化焚烧处理项目（见图15-14、图15-15）

图15-14 绍兴市环兴污泥处理有限公司污泥干化焚烧处理项目

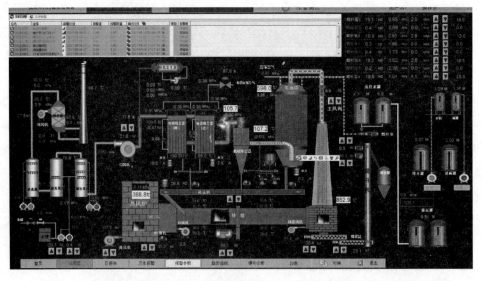

图15-15 绍兴市环兴污泥处理有限公司污泥干化焚烧处理项目中控系统显示屏

（1）应用规模：1200t/d。

（2）工艺流程

污泥经螺杆泵提升后送入喷雾干化塔，经塔顶喷嘴雾化后，与从二次燃烧室排出的高温烟气顺流接触进行干化。干化过程中塔顶进口高温烟气温度为600～700℃，排出的废气温度约为110℃；经干化后污泥含水率从80%降低至约18%，然后直接进入回转窑式焚烧炉进行焚烧。回转窑式焚烧炉为顺流式，即窑体内物料的运动方向与烟气流向相同：干污泥从筒体的头部进入，随着筒体的转动缓慢地向尾部移动；焚烧所需助燃空气，一部分来自于污泥料仓除臭系统抽气，另一部分为环境空气，经由鼓风机鼓入煤燃烧室加热至约 $500\sim1100℃$，从窑头进入回转窑式焚烧炉。随着窑体的转动，干污泥与助燃空气充分接触，完成干燥、燃烧、燃尽的全过程，灰渣由尾部排出。燃烧生成的烟气由尾部排出进入二次燃烧室，在二次燃烧室内，由于助燃空气的作用使烟气温度达到 $850℃$ 以上，并停留 2s 以上，以控制二噁英的生成。

　　焚烧产生的高温烟气进入喷雾干化塔，作为干化过程的热源。喷雾干化塔出口的废气经过脱硫塔、袋式除尘器和净化塔洗涤后达标排放。脱硫塔用于去除烟气中的部分酸性气体；袋式除尘器主要用于去除废气中的粉尘；系统引风机至净化塔风管投加臭氧、安装紫外线灯管，用于去除烟气中的有机臭气；废气再经过洗涤，采用 NaOH 去除 H_2S、SO_2、NO_x 等酸性气体，洗涤后的烟气经过白烟消减装置高空"无烟"排放。

　　脱硫塔沉降的干粉尘和袋式除尘器分离出的干细泥以及从干燥塔出来的干污泥一起送入回转窑焚烧。回转窑和二次燃烧室排出的灰渣经过出渣机、提升机提升后进入储渣罐，最后装车外运。由净化塔排出的污水经过收集后排入污水处理厂处理。污泥储存过程中产生的恶臭气体，经收集后送入回转窑焚烧。

　　(3) 主要工艺参数

　　1) 污泥焚烧减量 90%；

　　2) 含水率偏差小于 5%；

　　3) 脱水污泥含水率从 $65\%\sim85\%$ 干化至 $15\%\sim25\%$；

　　4) 干化污泥呈均匀的颗粒状，粒径为 $300\sim500\mu m$；

　　5) 系统烟尘排放浓度低于 $20mg/m^3$；

　　6) 干化热空气温度为 $650\sim700℃$，焚烧排气温度$>850℃$，烟气停留时间$>2s$。

　　(4) 处理效果

　　工程运行中烟气严格按照《生活垃圾焚烧污染控制标准》GB 18485—2014，达标排放。

15.3　立式多膛焚烧炉

　　立式多膛焚烧炉（立式多段焚烧炉）起源于一个多世纪前的矿物煅烧，20 世纪 30 年代开始用于焚烧城镇污水污泥，是美国应用最为广泛的污泥焚烧装置。20 世纪 90 年代，美国约有 16% 的污水污泥采用焚烧法处理，其中约 76% 的焚烧装置为立式多膛焚烧炉。日本 TSK (Tsukishima Kikai) 公司自 1963 年开始使用立式多膛焚烧炉。

　　立式多膛焚烧炉是一个内衬耐火材料的钢制圆筒，中间为一个中空的铸铁轴，在铸铁轴的周围是一系列耐火的水平炉膛，一般分 $6\sim12$ 层（见图 15-16）。各层都有同轴的旋转齿耙，一般上层和下层炉膛设有 4 个齿耙，中间层炉膛设有 2 个齿耙。每个齿耙上装有一定数量的拨齿，拨齿高约 15cm，间隔约 25cm。经过脱水的泥饼从炉膛顶部进入炉内，依靠齿耙翻动向中心运动并通过中心的孔进入下层，进入下层的污泥向外侧运动并通过该层外侧的孔进入再下面的一层，如此反复，从而使得污泥呈螺旋形态自上向下运动。

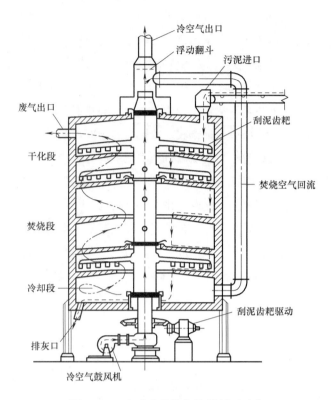

冷空气出口
浮动翻斗 污泥进口
废气出口
刮泥齿耙
干化段
焚烧空气回流
焚烧段
冷却段
刮泥齿耙驱动
排灰口
冷空气鼓风机

图 15-16 立式多膛焚烧炉横断面示意

冷空气自中心轴下端鼓入，一方面使轴冷却，另一方面预热空气，经过预热的部分或全部空气从上部的空气管进入到最底层炉膛，再作为燃烧空气向上与污泥逆向运动焚烧污泥。从整体上来说，立式多膛焚烧炉可分为 3 段，顶部几层起污泥干化作用，称为干化段，温度约 310~540℃，污泥的大部分水分在这一段被蒸发掉。中部几层主要起焚烧作用，称为焚烧段，温度升高到约 760~980℃。下部几层主要起冷却灰渣并预热空气的作用，称为冷却段，温度为 260~350℃。

立式多膛焚烧炉结构紧凑，操作弹性大，适应性强，是一种可以长期连续运行、可靠性相当高的焚烧装置，特别适用于处理污泥和泥渣。立式多膛焚烧炉存在的问题主要是由于机械设备较多，需要较多的维修与保养。搅拌杆、搅拌齿、炉床、耐火材料均易受损伤。立式多膛焚烧炉排放的废气可以通过文丘里洗涤器、吸收塔、湿式或干式旋风喷射洗涤器进行净化处理。当对排放废气中颗粒物和重金属的浓度限制严格时，可使用湿式静电除尘器对废气进行处理。

立式多膛焚烧炉后有时会设有后燃室，以降低臭气和未燃烧的碳氢化合物浓度。在后燃室内，立式多膛焚烧炉的废气与外加的燃料和空气充分混合，完全燃烧。有些立式多膛焚烧炉在设计上，使脱水污泥从中间炉膛进入，而将上部的炉膛作为后燃室使用。

采用烟气再循环（FGR）技术的改进型立式多膛焚烧炉将炉膛内的烟气返回到焚烧段的下方炉膛内再次燃烧。通常通入立式多膛焚烧炉的空气量应比理论需气量多 50%~100%，以适应污泥中有机物含量及进泥量的变化，同时对燃烧区的温度进行调节，但过剩空气贡献的气相环境中剩余的氧与氮气反应是生成氮氧化物的主要原因。加装了 FGR 系统后，大量的过剩空气可由顶部炉腔返回的烟气来替代。由于顶部炉腔内的气体温度很高，为了有效控制燃烧区的炉温，需要回用较大流量的烟气流，但高温膨胀后的气体密度很低，因此 FGR 风机所需的功率并不太大。FGR 风机一般配置有变频器系统，能够最大限度地提高操作弹性、减小功率消耗。

由于立式多腔焚烧炉排出的烟气中含有大量的水蒸气和二氧化碳气体，故烟气的比热值要远高于普通的干燥空气；这种烟气被回用到底部的几层炉腔后，由于气相物的体积流量增大且气体成分改变（惰性成分增多），炉温出现"极值"的几率被削减至最低程度，因此，燃烧反应可在低氧浓度条件下持续进行，同时避免了极端高温的产生，进而避免了熔渣质的形成。若对既有立式多腔焚烧炉进行 FGR 工艺改造，则焚烧炉可在较低的氧浓度下运行。同时，由于废气排放量显著减少，既有的烟气污染物控制系统和引风机装置产生"富余产能"，可利用这些"富余产能"来提高焚烧炉的污泥处理负荷（增加污泥处理量）；也可以保持污泥进料速度不变，从而使运行故障（熔渣质和污泥球的形成几率）降低到最低程度。此外，降低燃烧过程需氧量也就意味着燃烧过程所需的空气量大幅度降低，从而减少了辅助燃料（用来维持炉温）的用量。

15.4　电动红外焚烧炉

1975 年，第一台电动红外焚烧炉被引入到污泥焚烧处理过程，但迄今为止尚未得到普遍推广。电动红外焚烧炉是一种水平放置的可隔热焚烧炉，其横断面示意图见图 15-17。

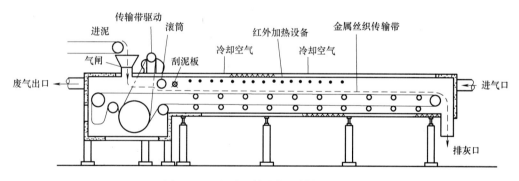

图 15-17　电动红外焚烧炉横断面示意

电动红外焚烧炉的主体是一条由耐热金属丝编织而成的传输带，在传输带上部的外壳中装有红外加热设备。电动红外焚烧炉组件一般预先加工成模块，运输到焚烧场所后再组装起来达到足够的长度。

脱水污泥饼从一端进入电动红外焚烧炉后，被一内置的滚筒压制成厚约 1in（2.54cm）与传输带等宽的薄层，污泥层先被干化，然后在红外加热段焚烧。焚烧灰排入到设在另一端的灰斗中，空气从灰斗上方经过被焚烧灰层预热后从后端进入电动红外焚烧炉，与污泥逆向而行。废气从污泥的进料端排出。电动红外焚烧炉的空气过量率约为 20%～70%。

与立式多腔焚烧炉和流化床焚烧炉相比，电动红外焚烧炉的投资小，适合于小型污泥焚烧系统，但运行耗电量大、能耗高，而且金属传输带的寿命短，每隔 3～5 年就要更换一次。

第16章　污泥处理处置新装备

16.1　绞压式高干压滤机

基于 BUCHER 压滤技术的绞压式高干压滤机是一项新型、高效的污泥深度脱水技术，在常规的药剂投加量条件下，可以使脱水污泥含水率降低到机械脱水的极限，脱水泥饼含固率可达到 50% 左右。BUCHER 压滤机外观如图 16-1 所示。

图 16-1　BUCHER 压滤机外观

1. 工作原理

BUCHER 压滤是一个水力驱动的气缸-活塞系统。在气缸末端，活塞与排水软管相连。排水软管由聚亚安酯制成，并安装在聚丙烯过滤圆筒之上。气缸和活塞系统可以整体缓慢旋转。图 16-2 为 BUCHER 压滤系统。

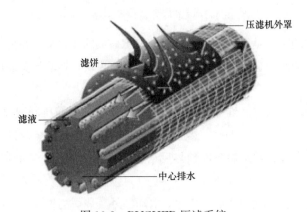

图 16-2　BUCHER 压滤系统

BUCHER 压滤脱水的 4 个过程（见图 16-3）如下：

（1）进料

压缩空间逐渐填满污泥。

（2）压缩

活塞向前移动，减小压缩空间，压滤液透过排水软管进入滤液收集室。

（3）释放

活塞向后移回原位。慢慢旋转，使过滤泥饼逐渐形成片状。活塞回位过程中，气缸内慢慢形成真空，使过滤圆筒得到清理，从而保证下一压滤过程中泥饼得到进一步过滤脱水。

重复步骤（1）、（2）、（3），直至泥饼含水率达到要求。

（4）放空

当压滤过程完成后，通过水力作用打开压滤机外罩，卸下泥饼。

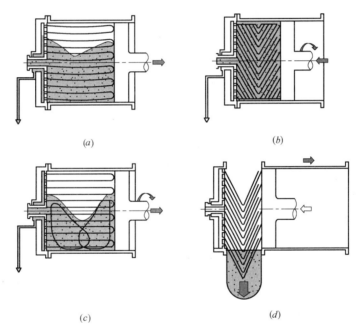

图 16-3　BUCHER 压滤脱水过程示意
(a) 进料；(b) 压缩；(c) 释放；(d) 放空

2. 设备特点

BUCHER 压滤机的特点包括：

（1）脱水泥饼含水率低；

（2）污泥处置和干化费用低；

（3）过程和系统控制可靠；

（4）可以自我优化运行；

（5）可连续运行，且无需监管；

（6）劳动强度小；

（7）维护费用低。

16.2　污泥热解装备

目前污泥的热解已经从试验阶段向应用阶段发展。2006年日本巴工业高温热解技术在韩国投产，并逐渐在日本建立了20余套处理设施，最大规模达到300t/d。2008年美国Entetech在加州的污泥低温热解碳化厂开始运行。在我国，分别于2010年和2015年在武汉建立了规模为10t/d（含水率80%）和60t/d的连续高速污泥热解碳化装置，2011年在山西建立了处理能力为100t/d的低温热解碳化装置。

1. 工作原理

污泥热解是利用污泥中有机物的热不稳定性，在无氧或缺氧条件下对其加热到一定温度，使污泥中的有机物裂解，碳氢比例发生变化，形成利用价值较高的气态物（热解气）和固态物（生物炭），从而实现污泥处置的减量化、稳定化、无害化、资源化。

2. 设备构成

污泥热解是一个系统工程，主要包括污泥的预处理系统、加压系统、热交换系统、热解炉、冷却系统、脱水系统、臭气处理系统等，其中污泥热解炉是污泥热解技术的核心装备。

在实验室层面，目前已开发的污泥热解炉主要有带夹套的外热卧式热解炉（见图16-4）和流化床热解炉（见图16-5），而用于生物质热解的设备如真空移动床、旋转锥及用于快速热解的烧蚀涡流反应器等在污泥热解中还没有应用。外热卧式热解炉中的污泥在低温段热解后容易发生黏壁现象，而且热解油的产率也较低；Lilly等采用流化床热解工艺，污泥的减量化达到了55%左右，但热解产物的回收率也不太理想。

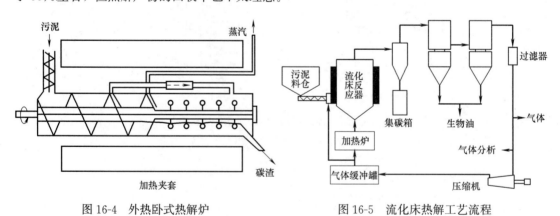

图16-4　外热卧式热解炉　　　　　　图16-5　流化床热解工艺流程

除了采用传统的电炉设备热解污泥外，人们还通过改造和组合热解装置来实现污泥的热解。Menendez等人在研究微波高温热解污泥时，用多状态的微波炉使污泥的干化和热解在单一过程中完成（见图16-6）。为了维持惰性环境，试验开始前30min向样品床通入氮气。Gan用对流加热器和微波炉组合的半工业化微波设备作为反应器，它能调整功率，最大功率为2000W。该设备是由一个电风扇加热器（1280W）通过一个直径为0.05m的连接器附在微波炉外壁，这样热空气能以 96℃不变的温度传入微波炉，并在炉内循环。该组合设备允许污泥的加热和干化在 3 种不同情况下发生：单独的对流加热；单独的微波加热；微波和对流同时加热和干化（联合模式）。

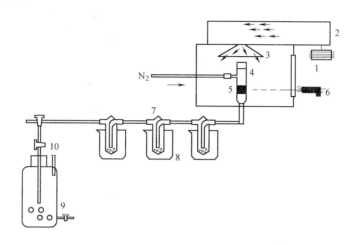

图 16-6　微波热解污泥示意

1—磁电管；2—导波器；3—多向发射器；4—石英反应器；5—泥样；6—红外测温仪；

7—冷凝器；8—冰浴；9—集气瓶；10—气体样品

在实际应用层面，目前污泥热解炉有外热式转炉（见图 16-7）和多段炉（见图 16-8）等。

外热式转炉内设有内筒和外筒，经干化的污泥由投加机的螺旋进料器送至转炉。在热解过程中，内筒缓慢地转动，污泥在内筒受热进行热分解。最初温度达到 200～500℃时约有 75％的有机物分解成干化气体（水、二氧化碳、一氧化碳），加热到 800℃时产生干馏气体和碳化物，其中干馏气体中含有一氧化碳、氰基、氨等。热风炉排出的干馏气体会在 850℃时完全燃烧除臭，并送至转炉外筒，从内筒壁间接加热的污泥排出。这样利用气体燃烧加热污泥，可以大大降低能源成本。

多段炉又称多腔炉或机械炉，最早应用于化学工业焙烧硫铁矿，后来也用于制造煤活性炭，目前开始用来作为污泥热解装置。该炉由几个甚至十几个在水平方向平行叠加的圆形炉床组成，全部炉床均采取自支撑方式固定于由普通钢板卷制而成、内衬耐火材料的圆筒形外壳内。从炉子的顶端炉床接收给入的固体原料，固体原料由安装于低转速中心轴搅拌臂（耙臂）上的搅拌齿（耙齿）由炉床外侧向内侧（在下层炉床上则由内侧向外侧）逐级翻动、排入下一段炉床，并最终从最底层炉床中排出。中心轴及耙臂、耙齿由专设的冷却风机供风强制冷却。

多段炉的特点是炉内的温度和气体可以分层控制，且固体产物与气体产物在炉内可以分开，使各自能进行最佳反应，故在污泥热解过程中可以灵活调节，一些高热值的污泥基本可实现自热平衡，能耗较低，也可实现高温热解气化模式。

总体来说，多段炉构造简单、使用寿命长、对负荷变动适用性较好，但由于物料停留时间长，调节温度时较为迟缓，控制辅助燃料的燃烧较为困难。此外，多段炉移动零件多、易出故障、维修费用高，且排气温度较低，排气需要脱臭或增加燃烧器燃烧。

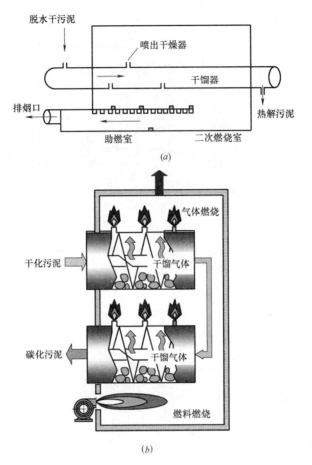

图 16-7 外热式转炉

（a）结构图；（b）热解反应示意图

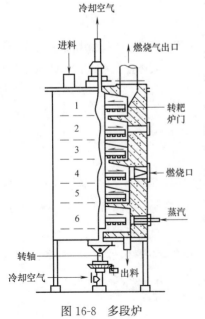

图 16-8 多段炉

（1）热解反应器

热解反应器（见图 16-9）采用卧式圆柱形仓体，内有特别设计的转轴，保证物料的推送速度可控，并可以得到充分搅拌。热解反应器采用间接加热形式，通过反应釜进入热解反应器环形热风仓的热烟气加热反应釜外壁，通过反应釜外壁将热量传递到反应釜内部。设置在物料仓的温度感应探头将物料温度反馈到控制单元，通过调整热风量控制物料温度，使物料在 500℃ 左右热解。

物料进出热解反应器时，分别设有进料密封机和出料密封机，用于隔绝反应釜与外部环境，保证物料在绝氧状态下发生热解反应。

热解反应器由控制系统控制温度、进料量和物料停留时间，通过三者的配合，使热解反应产物与气化工艺得到最佳匹配，从而使系统运行状态达到最佳。

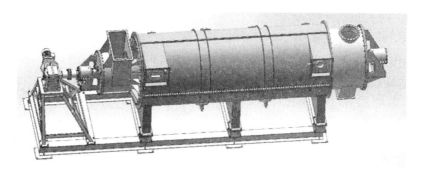

图 16-9　热解反应器

（2）干燥机

干燥机（见图 16-10）采用间接加热形式，以热烟气作为载热媒介。由于热烟气与物料间接接触，系统排放出的热烟气不会带有粉尘，从而降低了烟气处理系统中的除尘压力。

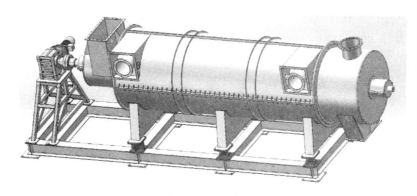

图 16-10　干燥机

3. 设备特点

污泥热解设备具有以下特点：

（1）减量化

污泥减量化效果达到 85%～90%（以污泥含水率 80%计）。

（2）稳定化

重金属通过高温络合稳定转移，其浸出率降低，符合环保要求。

（3）无害化

干馏系统可以有效消减包括病菌、有机化合物在内的多种污染物，干馏在密封、无氧、非燃烧、高温状态下进行，避免了二噁英、呋喃等剧毒污染物的产生，NO_x 与 SO_x 的产生机会也大大降低。

（4）资源化

污泥转变为生物炭可以再利用，产生的合成气体也可以进行利用。

（5）节能

物料连续密封：连续运行，利用物料密封形成无氧区域。

内轴旋转推送物料：非外部壳体整体旋转，最小化推送质量。

热解气热值和热利用：绝氧区域的特殊设计保证了热解气热值，使燃烧系统效率最大化。

生物炭气化：不足热值来源于干馏系统最后一级气化和重整段，降低了对外部热源的依赖。

4. 型号参数

热解反应器和干燥机型号参数分别见表 16-1 和表 16-2。

热解反应器型号参数		表 16-1
型号	处理量(t/d)	驱动功率(kW)
PSI-R-40A	40	7.5
PSI-R-30A	30	7.5
PSI-R-25A	25	5.5
PSI-R-20A	20	5.5
PSI-R-15A	15	5.5
PSI-R-10A	10	5.5

干燥机型号参数		表 16-2
型号	处理量(t/d)	驱动功率(kW)
PSI-D-80A	80	13.5
PSI-D-70A	70	13.5
PSI-D-60A	60	11.5
PSI-D-50A	50	11.5
PSI-D-40A	40	7.5
PSI-D-30A	30	7.5
PSI-D-20A	20	5.5
PSI-D-10A	10	5.5

5. 工程案例

工程名称：孝感污水处理厂污泥处理工程

孝感污水处理厂污泥处理工程规模为 15t/d（以含水率 80％计），所采用的工艺流程见图 16-11，现场设备照片见图 16-12。

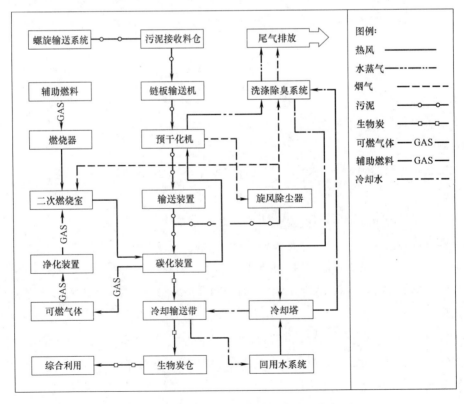

图 16-11　孝感污水处理厂污泥碳化工艺流程

图 16-12　孝感污水处理厂污泥处理工程现场设备

污水处理厂的脱水污泥输送到污泥储仓，污泥储仓底部的定量给料机按照预设出料量将污泥输送到污泥造粒机，污泥造粒机出料通过输送装置送入干燥机干燥。干燥机串联组成干燥系统，可以连续进料和出料。物料被干燥至含水率 20％以下时，通过输送机送到热解系统。热解系统由进料密封机、热解反应器和出料密封机构成。自干燥系统输送过来的物料进入进料密封机，自进料密封机出口被推入热解反应器反应仓内。物料在热解反应器反应仓内逐步升温至 450～500℃，在无氧状态下发生热解反应。物料中的有机质被分解为以 CO、H_2、CO_2、CH_4 为主的合成可燃气体、气态焦油以及固定碳气态，焦油在水蒸气和碳的催化下进一步裂解为 CO 和 CH_4。固定碳自出料密封机排出送入碳渣暂存仓，可燃气体和气态焦油通过气体收集管道排出热解反应器，被送入后续的燃烧器作为燃料利用。燃烧器出来的热风被送入干燥机和热解反应器，作为系统运行所需要的热源。

16.3　污泥水热处理装备

16.3.1　亚/超临界水氧化装备

污泥亚/超临界水氧化技术目前基本处于研究阶段，还没有规模化应用，因此其核心反应器基本为试验装备。

连续流动反应装置，如图 16-13 所示。该反应装置的核心是一个由两个同心不锈钢管组成的高温高压反应器。被处理的污泥先被匀浆，然后用一个小的高压泵将其从反应器外管的上部输送到反应器。进入反应器的物料先被预热，在移动到反应器中部时与加入的氧化剂混合，通过氧化反应，污泥得到处理。生成的产物从反应器下端的内管入口进入热交换器。反应器内的压力由减压器控制，其值通过压力计和一个数值式压力传感器测定。在反应器的管外安装有电加热器，并在不同位置设有温度仪测定温度。整个系统的温度、流速、压力的控制和监测都设置在一个很容易操作的面板上,同时有一个用聚碳酸酯制备的安全防护板来保护操作者。在反应器的中部、底部和顶部都设有取样口。

污泥超临界处理流程及装备(见图16-14),采用逆流罐式反应器与蒸发壁式反应器相结合的结构形式,并进行空间分区,其功能在垂直方向从上到下划分为超临界区、过渡区和亚临界区,在水平方向从外到内划分为承压壁、夹层空间、蒸发壁和反应区,因此可以实现脱盐、防腐、防堵塞等多项功能,也方便进行催化剂的装载,可以用作流化床反应器,同时还能够防止盐沉积的发生和降低反应器的腐蚀速率。

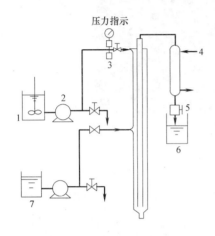

图 16-13 超临界反应器

1—匀浆罐;2—加料泵;3—预热器;4—热交换器;
5—放液阀;6—放液储池;7—氧化剂储池

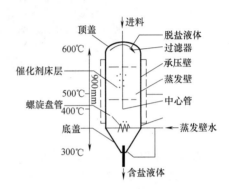

图 16-14 污泥超临界处理装置
反应器示意

16.3.2 湿式氧化装备

1. 工作原理

WAO技术是在高温(125~320℃)和高压(0.5~20MPa)条件下通入空气(或臭氧、过氧化氢等),使废水中的高浓度难降解有机污染物在液相中氧化成易于生化处理的小分子有机物、CO_2和水等无机物的化学过程。

2. 设备构成

湿式氧化所涉及的主要设备包括:

(1) WAO反应器:WAO反应器是整个湿式氧化系统的核心部分。WAO系统的工作条件是在高温、高压下进行,而且所处理的物料通常具有一定的腐蚀性,因此对反应器的材质要求较高,需要其具有良好的抗压强度,且内部的材质必须耐腐蚀,如不锈钢、镍钢、钛钢等。此外,WAO反应器内要求混合均匀,目前常用的WAO反应器为内循环鼓泡反应器和柱塞流鼓泡反应器(见图16-15)。

(2) 热交换器:废水进入WAO反应器之前,需要通过热交换器与出水液体进行热交换,因此要求热交换器具有较高的传热系数、较大的传热面积和较好的耐腐蚀性,且必须具有良好的保温能力。对于悬浮物含量多的物料常采用立式逆流管套式热交换器,对于悬浮物含量少的

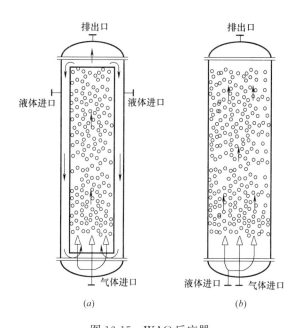

图 16-15　WAO 反应器

（*a*）内循环鼓泡反应器；（*b*）柱塞流鼓泡反应器

有机废水常采用多管式热交换器。

（3）气液分离器：气液分离器是一个压力容器。氧化后的液体经过热交换器后温度降低，使液相中的 O_2、CO_2 和易挥发的有机物从液相进入气相而分离。气液分离器内的液体，再经过生物处理或直接排放。

（4）空气压缩机：WAO 中为了减少费用，常采用空气作为氧化剂，在空气进入高温高压反应器之前，需要使空气通过热交换器升温和通过压缩机提高压力，以达到所需要的温度和压力。通常使用往复式压缩机，根据压力要求来选定段数，一般选用 3～4 段。

Fassell 和 Bridges 还设计了阶梯水平式 WAO 反应器（见图 16-16），该反应器由 4～6 个连续搅拌小室组成。这种反应器通过 5 个方面进行改进：（1）通过减小气泡的尺寸，增加了传质

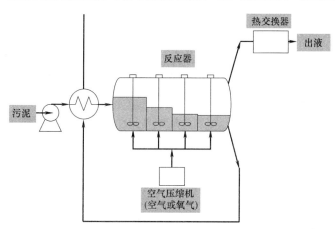

图 16-16　阶梯水平式 WAO 反应器

面积；（2）改变反应器内的流形，使液体充分湍流，增加氧气和液体的接触时间；（3）由于强化了液体的湍流程度，气泡的滞膜厚度有所减小，从而降低了传质阻力；（4）反应室内有气液相分离设备，因而有效地增加了液相的停留时间，减小了液相的体积，提高了热转化的效率；（5）出水液体用于进水液体的加热，蒸汽通过热交换器回收热量，并被冷却为低压的气体或液相。该反应器的主要特点是在每个小室内都增加了搅拌和曝气装置，因而有利地改善了氧气在污泥中的传质情况。该反应器的主要工作温度在 480～520K 之间，压力在 4.0MPa 左右，停留时间在 30～60min 范围内。该反应器的缺点是使用机械搅拌的能量消耗、维修和转动轴的高压密封问题。此外，与竖式反应器相比，反应器水平放置将占用较大的面积。

3. 设备特点

湿式氧化装备具有以下特点：

（1）易降解有机质（蛋白质、脂肪、糖类）被氧化分解；

（2）病毒、病菌、寄生虫等有害生物被有效灭活；

（3）重金属进入液相并在重金属脱除单元被分离脱除；

（4）固体产物以无机物为主；液体产物含短链有机酸，易生物降解；

（5）使污泥脱水性能得到改善，易于固液分离。

4. 工程案例

工程名称：海宁市盐仓污水处理厂污泥处置技改工程

建设单位：海宁紫薇水务有限责任公司；

污泥厂设计规模：100t/d（含水率 80%）；

污泥处理工艺：部分湿式氧化法污泥高速资源化处理工艺；

占地面积：约 600m² 。

污泥湿式氧化工艺流程如图 16-17 所示。

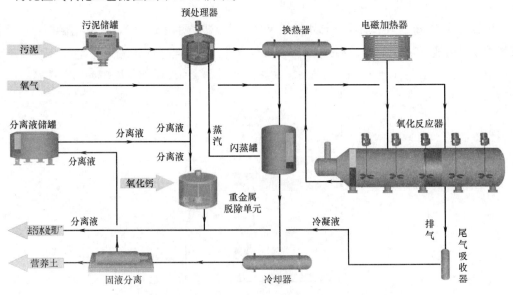

图 16-17 海宁市盐仓污水处理厂污泥湿式氧化工艺流程

其中，氧气纯度为 60%～70%；氧化反应器（见图 16-18）内反应温度为 170℃，压力为 1.7～2.0MPa。污泥在氧化反应器中经细胞破壁和氧化处理后，部分重金属变为溶解态，经固液分离后进入分离液（酸性），然后通过调节 pH 值被沉淀。固液分离后的污泥含水率在 40% 左右，为黄褐色无臭固体，可进行土地利用。

图 16-18　海宁市盐仓污水处理厂污泥湿式氧化装置

设备供应商

（按公司首字母拼音顺序排序）

（1）安德里茨（中国）有限公司

（2）北京绿创生态科技有限公司

（3）北京艺科天和环境工程技术有限公司

（4）北京中科博联环境工程有限公司

（5）大连利浦环境能源工程技术有限公司

（6）芬兰奥图泰公司

（7）景津环保股份有限公司

（8）康碧环境技术（北京）有限公司

（9）上海复洁环保科技股份有限公司

（10）上海市离心机械研究所有限公司

（11）上海同臣环保有限公司

（12）上海同济普兰德生物质能股份有限公司

（13）苏伊士新创建有限公司

（14）天华化工机械及自动化研究设计院有限公司

（15）天通新环境技术有限公司

（16）云南水务投资股份有限公司

（17）浙江环兴机械有限公司

（18）中持水务股份有限公司

参 考 文 献

[1] 张辰. 污水处理厂改扩建设计 [M]. 北京：中国建筑工业出版社，2008.

[2] 张辰. 污泥处理处置技术研究与工程实例 [M]. 北京：化学工业出版社，2006.

[3] 张辰. 污泥处理处置技术研究进展 [M]. 北京：化学工业出版社，2005.

[4] 高廷耀，顾国维. 水污染控制工程（下册）[M]. 第三版. 北京：高等教育出版社，2007.

[5] 张自杰. 排水工程（下册）[M]. 第四版. 北京：中国建筑工业出版社，2000.

[6] 何品晶，顾国维，李笃中. 城市污泥处理与利用 [M]. 北京：科学出版社，2003.

[7] 王洪臣. 城市污水处理厂运行控制与维护管理 [M]. 北京：科学出版社，1999.

[8] 张大群. 污泥处理处置适用设备 [M]. 北京：化学工业出版社，2012.

[9] 王罗春，李雄，赵由才. 污泥干化与焚烧技术 [M]. 北京：冶金工业出版社，2010.

[10] 柴晓利，赵爱华，赵由才. 固体废物焚烧技术 [M]. 北京：化学工业出版社，2005.

[11] 黄昌勇. 土壤学 [M]. 北京：中国农业出版社，1999.

[12] 住房和城乡建设部标准定额研究所. 城镇污水处理厂污泥处置系列标准实施指南 [M]. 北京：中国标准出版社，2010

[13] 张超，李本高，陈银广. 影响剩余污泥脱水的关键因素研究进展 [J]. 环境科学与技术，2011，34（S1）：152-156.

[14] 陈同斌，高定，黄启飞. 一种用于堆肥的自动控制装置 [P]. 中国专利：ZL01120522. 9，2003-02-19.

[15] 高定，陈同斌，黄启飞. 城市污泥堆肥过程自动测控系统及其应用 [J]. 中国给水排水，2005，21（4）：17-19.

[16] 徐鹏翔，王大鹏，田学志，等. 国内外堆肥翻抛机发展概况与应用 [J]. 环境工程，2013，31（S1）：547-549.

[17] 夏伟. YTCF5020 型翻抛机结构分析与优化研究 [D]. 西安：长安大学，2012.

[18] 张远澄. 污泥与绿化废物滚筒反应器好氧堆肥过程控制研究 [D]. 北京：清华大学，2014.

[19] 迟文慧. 梨形筒式好氧堆肥反应器的开发与试验研究 [D]. 西安：西安建筑科技大学，2012.

[20] 盛金良，朱强，杨志强，等. 污泥好氧堆肥预处理混合破碎机实验研究 [J]. 环境工程学报，2010，4（2）：445-448.

[21] 李云玉. 循环流化床一体化污泥焚烧工艺实验研究 [D]. 北京：中国科学院，2012.

[22] 李佳，陈畅. 流化床污泥焚烧炉 Pyrofluid® 技术及应用 [J]. 中国给水排水，2009，25（14）：56-58.

[23] 李洋洋. 火电厂协同处置污泥环境安全及运行工况影响研究 [D]. 北京：清华大学，2011.

[24] 陈月庆. 热电厂污泥焚烧炉燃烧优化研究及实例分析 [D]. 合肥：合肥工业大学，2010.

[25] 李燕乔. 利用水泥厂煅烧设备处理污水厂污泥及综合利用研究 [D]. 长春：长春理工大学，2010.

[26] 刘红. 污泥在水泥窑中焚烧处理的基础问题研究 [D]. 北京：北京工业大学，2008.

[27] 史骏. 污泥干化与水泥窑焚烧协同处置工艺分析与案例 [J]. 中国给水排水，2010，26（14）：50-55.

[28] 韩大伟. 利用生活垃圾焚烧厂处理处置污水厂污泥研究 [D]. 重庆：重庆大学，2008.

[29] 陈兆林，温俊明，刘朝阳，等. 市政污泥与生活垃圾混烧技术验证 [J]. 环境工程学报，2014，8 (1)：324-328.

[30] 郑国砥，陈同斌，高定，等.《城镇污水处理厂污泥处置　林地用泥质》的编制原则 [J]. 中国给水排水，2011，27 (15)：103-105.

[31] 余杰，郑国砥，高定，等. 城市污泥土地利用的国际发展趋势与展望 [J]. 中国给水排水，2012，28 (20)：28-30.

[32] 郑国砥，陈同斌，高定，等. 城市污泥土地利用对作物的重金属污染风险 [J]. 中国给水排水，2012，28 (15)：98-101.

[33] 刘洪涛，张悦. 国情背景下我国城镇污水厂污泥土地利用的瓶颈 [J]. 中国给水排水，2013，29 (20)：1-4.

[34] 王洪臣. 污泥处理处置设施的规划建设与管理 [J]. 中国给水排水，2010，26 (14)：1-6.

[35] 杨军，郭广慧，陈同斌，等. 中国城市污泥的重金属含量及其变化趋势 [J]. 中国给水排水，2009，25 (13)：122-124.

[36] 李艳霞，陈同斌，罗维，等. 中国城镇污泥有机质及养分含量与土地利用 [J]. 生态学报，2003，23 (11)：2464-2474.

[37] 王涛，吴薇，薛娴，等. 近50年来中国北方沙漠化土地的时空变化 [J]. 地理学报，2004，59 (2)：203-212.

[38] 孙爱洋. 我国土地沙漠化治理现状与保护性耕作的意义 [J]. 今日科苑，2007 (16)：9.

[39] 王辉，王全九，邵明安. 表层土壤容重对黄土坡面养分随径流迁移的影响 [J]. 水土保持学报，2007，21 (3)：10-13.

[40] 路远，张万祥，孙榕江，等. 天祝高寒草甸土壤容重与孔隙度时空变化研究 [J]. 草原与草坪，2009 (3)：48-51.

[41] 周立祥，胡霭堂，戈乃. 城市生活污泥农田利用对土壤肥力性状的影响 [J]. 土壤通报，1994 (3)：126-129.

[42] 马成泽. 有机质含量对土壤几项物理性质的影响 [J]. 土壤通报，1994，25 (2)：65-67.

[43] 张学洪，陈志强，吕炳南，等. 污泥农用的重金属安全性试验研究 [J]. 中国给水排水，2000，16 (12)：18-21.

[44] 朱志梅，杨持，曹明明，等. 多伦草原土壤理化性质在沙漠化过程中的变化 [J]. 水土保持通报，2007，27 (1)：1-5.

[45] 海龙，王晓江，胡尔查，等. 内蒙古几个沙地土壤理化性状调查研究 [J]. 内蒙古林业科技，2010，36 (1)：6-10.

[46] 王军辉. 污水厂污泥在园林绿化上的应用研究 [D]. 南京：南京农业大学，2005.

[47] 王硕，鲍建国，刘成林. 城市污泥特性研究与园林绿化利用前景分析 [J]. 环境科学与技术，2010 (S1)：238-241.

[48] 李宇庆，陈玲，赵建夫. 施用污泥堆肥对木槿生长的影响研究 [J]. 农业环境科学学报，2006，25 (4)：894-897.

[49] 付华，周志宇，张洪荣，等. 苜蓿施用污泥效果的研究 I 对苜蓿生长及元素含量的影响 [J]. 草业学报，2001，10 (4)：67-71.

[50] 王新，周启星，陈涛，等. 污泥土地利用对草坪草及土壤的影响 [J]. 环境科学，2003，24（2）：50-53.

[51] 后藤茂子，茅野充男，山岸顺子，等. 长期施用污肥导致重金属在土壤中蓄积 [J]. 水土保持应用技术，1999（3）：1-4.

[52] 刘秀梅，聂俊华，王庆仁. 植物对污泥的响应及其根系对重金属的活化作用 [J]. 农业环境科学学报，2002，21（5）：447-449.

[53] 江定钦，徐志平，阮琳. 园林垃圾堆肥化过程中理化性质的变化及堆肥对几种园林植物生长的影响 [J]. 中国园林，2004，20（8）：63-65.

[54] Rittmann B E, McCarty P L. Environmental biotechnology: principles and applications [M]. New York: McGraw-Hill, 2001.

[55] Metcalf & Eddy, Inc. Wastewater engineering: Treatment and reuse [M]. Fourth Edition. New York: McGraw-Hill, 2003.

[56] ZabloDSi Z. Physical and chemical changes in sewage sludge-amended soil and factors affecting the extract ability of selected macroelements [J]. Folia Universitatis Agriculturae Stetinensis, 1998, 69: 91-104.

[57] Pinamonti F. Compost mulch effects on soil fertility, nutritional status and performance of grapevine [J]. Nutrient Cycling in Agroecosystems, 1998, 51 (3): 239-248.

[58] Navas A, Bermudez F, Machin J. Influence of sewage sludge application on physical and chemical properties of Gypsisols [J]. Geodeerma, 1998, 87 (1/2): 123-135.

[59] Martens D A, Frankenberger W T. Modification of infiltration rates in an organic-amended irrigated soil [J]. Agronomy Journal, 1992, 84 (4): 707-717.

[60] Marshall T J, Homes J W. Soil physics [M]. Cambridge: Cambridge University Press.

[61] JoséIgnacio Querejeta, Antonio Roldán, Juan Albaladejo, et al. Soil physical properties and moisture content affected by site preparation in the afforestation of a semiarid rangeland [J]. Soil Science Society of America Journal, 2000, 64 (6): 2087-2096.

[62] Mazen A, Faheed F A, Ahmed A F. Study of potential impacts of using sewage sludge in the amendment of desert reclaimed soil on wheat and jews mallow plants [J]. Brazilian Archives of Biology & Technology, 2007, 50 (4): 371-392.

[63] Zaman M, Di H J, Sakamoto K, et al. Effects of sewage sludge compost and chemical fertilizer application on microbial biomass and N mineralization rates [J]. Soil Science & Plant Nutrition, 2002, 48 (2): 195-201.

[64] Guerrero F. Use of pine bark and sewage sludge compost as components of substrates for pinus pinea and cupressus arizonica production [J]. Journal of Plant Nutrition, 2002, 25 (1): 129-141.

[65] Mcbride M B, Evans L J. Trace metal extractability in soils and uptake by bromegrass 20 years after sewage sludge application [J]. Canadian Journal of Soil Science, 2002, 82 (3): 323-333.

[66] Mata-González R, Sosebee R E, Wan C. Shoot and root biomass of desert grasses as affected by biosolids application [J]. Journal of Arid Environments, 2002, 50 (3): 477-488.

[67] Wester D B. Effects of biosolids on tobosagrass growth in the Chihuahuan desert [J]. Journal of Range Management, 2001, 54 (1): 89-95.